Nicolas Vanier
Das Schneekind

Zu diesem Buch

Nichts fasziniert Nicolas Vanier mehr als die Schnee- und Eiswelten des Nordens. Er bereiste Lappland und Sibirien, und immer wieder zog es ihn vor allem nach Alaska und Kanada. Weltberühmt wurde er mit seiner Durchquerung des amerikanischen Kontinents, begleitet nur von seinem Schlittenhundegespann. Aber sein größtes Abenteuer war ein anderes: Mit seiner Frau und seiner anderthalbjährigen Tochter Montaine lebte er für ein Jahr in der Wildnis im hohen Norden Kanadas. Der kurze arktische Sommer ermöglicht ihnen, sich ein Blockhaus zu bauen. Ganz auf sich allein gestellt, bestehen sie dann den grimmigen Winter. Wie die Menschen in alten Zeiten ernähren sie sich vom Jagen, Fischen und Sammeln. Was sie brauchen, müssen sie der Natur abtrotzen. Überleben heißt hier Einswerden mit der Natur – es ist ein Leben von wunderbarer Einfachheit, Klarheit und Poesie.

Nicolas Vanier, geboren 1962 im Senegal, ist wie sein Vorbild Jack London Abenteurer und Schriftsteller zugleich. Er lebt als Züchter von Schlittenhunden, als Publizist und Filmemacher mit seiner Familie in Frankreich und Kanada. Zuletzt erschienen von ihm auf deutsch »Der Sohn der Schneewüste« und »Gold unter dem Schnee«. www.nicolas-vanier.com

Nicolas Vanier
Das Schneekind

Eine Familie unterwegs durch die Schneewüsten Kanadas

Aus dem Französischen
von Reiner Pfleiderer

Mit 35 Farbfotos

Ein MALIK Buch

Piper München Zürich

Sämtliche Fotos in diesem Buch entstammen dem Archiv von Nicolas Vanier.

Von Nicolas Vanier liegen in der Serie Piper vor:
Die weiße Odyssee (3467)
Das Schneekind (3720, 4733)
Der Sohn der Schneewüste (4012)
Der weiße Sturm (4311)

FSC

Dieses Taschenbuch wurde auf FSC-zertifiziertem Papier gedruckt. FSC (Forest Stewardship Council) ist eine nichtstaatliche, gemeinnützige Organisation, die sich für eine ökologische und sozialverantwortliche Nutzung der Wälder unserer Erde einsetzt (vgl. Logo auf der Umschlagrückseite).

Taschenbuchsonderausgabe
Juni 2006

Titel der französischen Originalausgabe:
»L'Enfant des neiges«

erschienen im Verlagsprogramm Malik
Umschlagkonzept: Büro Hamburg
Umschlaggestaltung: Birgit Kohlhaas
Umschlagfotos: Nicolas Vanier
Foto Seite 2: Jon Van Zyle
Satz: Dr. Ulrich Mihr GmbH, Tübingen
Papier: Munken Print von Arctic Paper Munkedals AB, Schweden
Druck und Bindung: Clausen & Bosse, Leck
Printed in Germany
ISBN-13: 978-3-492-24733-7
ISBN-10: 3-492-24733-4

www.piper.de

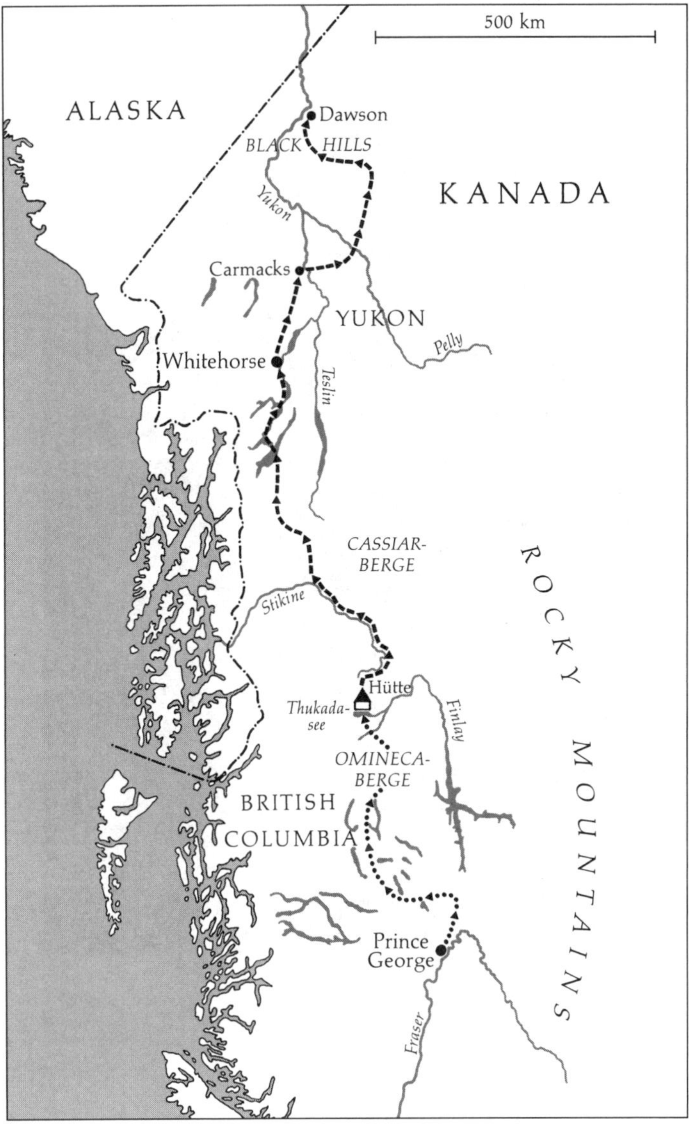

auf Pferden

mit Hundeschlitten

PROLOG

BERGE UND NOCHMALS BERGE. EIN MEER VON GIPFELN, bis zum Horizont. Und endloses Weiß, soweit das Auge reicht, kaum bedrängt vom Grün des Waldes im Grund der verschlafenen Täler. Eine vollkommene, bedrükkende Stille, die etwas Unmenschliches hat, denn sie schließt Bewegung und Wärme aus, ohne die es kein Leben gibt.

Ja, alles ist starr, still und kalt wie der Tod. Selbst die Flüsse und Bäche, die zuvor mit ihrem silbrigen Tanz die Landschaft belebten, schlafen. Der Winter hat die Erde tiefgefroren und ein Leichentuch über sie gebreitet. Nicht eine Spur, kein Lichtschein im fahlen Dämmerlicht.

Die Stunden verstreichen, die Kilometer ziehen vorüber. Hinter einem Gipfel, der aussieht wie Tausende andere bereits überflogene, teilt sich das Gebirge unter dem Flugzeug, und ein Tal taucht aus dem abendlichen Dunkel auf.

Noch immer dasselbe Weiß, dieselbe stille Weite, dieselbe endlose Einsamkeit.

Plötzlich eine Spur auf dem starren Fluß, schnurgerade, halb unter einer dünnen Schneedecke verborgen. Nach und nach tritt sie deutlicher hervor, eine dunkle, leicht bläuliche Linie im makellosen Weiß.

Am Ende der Spur Hunde, die einen Schlitten ziehen. Der Atem, den ihre schmalen Schnauzen ausstoßen, hüllt sie in eine graue Wolke aus Rauhreif. Sie tragen Geschirre und ziehen paarweise einen schwer beladenen Schlitten aus Holz und Leder.

Vor ihnen ein Mann, der mit Schneeschuhen den tiefen und flockigen Schnee niedertrampelt. Und hinter dem Schlitten eine Frau, auch sie mit Schneeschuhen. Von Zeit zu Zeit stemmt sie sich mit ihrem ganzen Gewicht von der einen oder der anderen Seite gegen das Gepäck, damit der Schlitten die Spur hält.

Hinten auf dem Schlitten schläft, mit warmem Biber und Fuchs bekleidet und zusätzlich in dicke Pelze gemummt, ein kleines Mädchen. Ihr Atem kondensiert in der eisigen Luft zu einer Wolke und vermischt sich mit dem Atem der Hunde und dem ihrer Mutter, die hinter ihr geht und ein wachsames Auge auf sie hat. Der Mann und die Frau sprechen nicht, sparen sich den Atem für den anstrengenden Marsch. Sie ziehen langsam und still ihres Wegs, passend zu dem Land, das sie umgibt. Kleine Ameisen in einer Welt der Riesen.

Trotzdem bleiben sie stehen, als das Flugzeug über sie hinfliegt und einen gelben Streifen an den metallischen Abendhimmel malt. Sie hören das Dröhnen, das die Stille durchbricht, blicken zum Himmel, den eine Bewegung belebt, die nicht die ihre ist. Dann ist das Flugzeug verschwunden, und wieder kehrt Stille ein, noch vollkommener und bedrückender als zuvor.

Mit anbrechender Nacht wird es noch kälter. Das Thermometer zeigt −45 °C. Der Leithund, ein herrlicher schwarzweißer Laika, biegt plötzlich in Richtung Ufer ab und versinkt bis zur Brust im Schnee. Der Mann kommt zurück, tritt ein zweites Mal die weiße Spur fest. Die Hunde mobilisieren ihre letzten Kräfte, denn sie wissen, es ist das letzte Mal nach einem schweren Marschtag, und erklimmen die Böschung. Und dann verschwinden Mensch und Tier im Wald. Die Spur, die sie hinterlassen, verweht langsam der Schnee, der im Nordwind wie schwebend über den Fluß streicht.

Etwas später bricht zwischen den Rottannen eine dünne Rauchsäule hervor und steigt kerzengerade in den Himmel, an dem Nordlichter flackern, leuchtend smaragdene und goldene Schleier, die das eisige und endlos weite Land in ein flüchtiges Licht tauchen.

ERSTER TEIL

KAPITEL 1

WIR SIND NOCH KEINE HALBE STUNDE UNTERWEGS, und schon weint Montaine. Sie fühlt sich auf dem Zweiersattel nicht wohl, obwohl wir sie zu Hause in der Sologne daran gewöhnt haben.

»Hat sie schon genug?«

»Sieht so aus, als hätte sie Angst.«

Ein gezwungenes Lächeln huscht über Dianes Gesicht.

Tatsächlich sind wir nicht so guter Dinge oder so glücklich, wie wir es eigentlich sein sollten, heute, am ersten Tag eines Abenteuers, von dem wir schon vor der Geburt Montaines vor anderthalb Jahren geträumt haben.

Statt dessen steht uns die Angst ins Gesicht geschrieben. Auch unsere vier Pferde haben Angst. Angst vor dem schwammigen Boden, dem Gepäck, das wir ihnen auf den Rücken gebunden haben, den Menschen, die ihnen noch fremd sind …

Und so kommt es, wie es kommen muß. Fünf Minuten später, als wir auf einem steinigen, von jungen Fichten überragten Hang am Fluß entlangreiten, geht das hintere, mit 60 Kilo Ausrüstung und Proviant bepackte Pferd plötzlich durch. Mehrmals ausschlagend jagt es in kopfloser Flucht an mir vorbei und reißt mein Pferd mit, und das, auf dem Diane und das Kind sitzen. Montaine erschrickt und fängt zu schreien an. Diane, eine gute Reiterin, fällt ihrem Pferd in die Zügel, doch die beiden Packtiere preschen in vollem Galopp davon und verstreuen hinter sich Töpfe, Proviantsäcke, Seile, das Gewehr und Patronen.

Das fängt ja gut an!

Wir steigen ab. Montaine trocknet sich die Tränen, die sich in ihrem kleinen, braungebrannten Gesicht mit den Regentropfen vermischen.

»Alles in Ordnung, mein Schatz?«

Montaine reibt sich die Augen und unterdrückt einen Schluchzer.

»Und was machen wir jetzt?«

Diane starrt den Weg entlang, auf dem die beiden verschwundenen Pferde große Hufabdrücke im Morast hinterlassen haben. Seile liegen im Gras, ein Stück weiter die Ausrüstungsteile, die bei jedem Bocksprung aus den Säkken und Kisten geschleudert worden sind.

Der Regen wird stärker. Wütend prasselnd zieht er glitzernde Furchen in den Boden.

Damit Montaine nicht klatschnaß wird, setze ich sie in den eigens für sie angefertigten Rucksack aus Segeltuch und Leder, den Diane auf dem Rücken trägt.

Erstens, die Pferde einfangen.

Zweitens, die Pferde wieder bepacken, das heißt, die Ausrüstung, die mehrere hundert Meter weit verstreut liegt, wieder einsammeln, auf die Packsättel verteilen und festzurren.

Drittens, Montaine wärmen, denn sie zittert schon vor Kälte.

Nein, umgekehrte Reihenfolge.

Zuerst Montaine wärmen, dann der Rest.

Eine Grundregel, die wir von nun an stets befolgen müssen, worin der Rest auch bestehen mag.

Montaine, Montaine, Montaine! Wir sind erst eine Stunde unterwegs, und schon wird mir bewußt, welches Wagnis wir eingehen. Natürlich haben wir mit gewissen

Schwierigkeiten gerechnet, aber nicht damit. Der Auftakt ist ernüchternd und holt uns aus den schönen Träumen der letzten Jahre in die Wirklichkeit zurück. Zwei Pferde vor Schreck durchgegangen, Tränen, Regen und trister Alltag. So sieht die Wirklichkeit aus! Wir haben uns vorgestellt, wie wir bei strahlendem Sonnenschein gemütlich durch sattgrüne Täler reiten, wie Montaine lachend mit ihren kleinen Händen auf Schmetterlinge und Eichhörnchen zeigt, die vor dem vergnügt vorausgaloppierenden Otchum flüchten. Denkste! Nichts von alledem. Selbst Otchum läßt traurig den Kopf hängen und rollt sich, müde und durchnäßt, im Schutz einer dichten Kiefer zu einer Kugel zusammen.

Diane sucht Hoffnung in meinem Blick. Ich würde gern Zuversicht ausstrahlen, doch auch ich werde von Zweifeln geplagt.

Erstens, Montaine wärmen.

Wir binden die beiden Pferde an zwei Kiefern am Wegrand, dann ziehe ich einen Armvoll trockenes Reisig unter einer Fichte hervor und entzünde ein Feuer.

Diane blickt mit der erschöpften Montaine in die Flammen und wiegt sie in den Schlaf, und ich mache mich auf die Suche nach den Pferden.

Das erste finde ich ziemlich schnell. Es grast auf einer Lichtung. Das zweite ist ein Stück weiter stehengeblieben. Die Seile des Packsattels haben sich in den Erlen verheddert und es in seiner Flucht gestoppt. Ich sammele die Seile ein, dann die Planen, mit denen wir das Gepäck abdecken, alle zwei auf zwei Meter groß und wasserundurchlässig. Der Abend dämmert bereits, als ich zum Feuer zurückkehre.

Der Anblick Montaines, die im Schein des heruntergebrannten Feuers in den Armen ihrer triefnassen Mutter schläft, versetzt mir einen Stich.

Diane lächelt mich durch den Regen an.

»Sie ist eingeschlafen.«

»Wir rasten hier.«

»Schon?«

»Na ja, in einer knappen Stunde ist es dunkel. Wir sind spät aufgebrochen, und für heute haben wir, glaube ich, genug.«

»Ja, vor allem Montaine.«

Im Regen schlagen wir das Zelt auf. Im Regen verschlingen wir hastig unser Abendessen. Im Regen fesseln wir den Pferden die Vorderläufe und lassen sie frei. Im Regen kriechen wir ins Zelt. Im selben Augenblick erwacht Montaine und beginnt, die Arme ihrer Mutter suchend, zu weinen.

»Pst, sonst weckst du Otchum. Er schläft.«

Montaine hält die Tränen zurück und ruft leise nach Otchum.

»Tschu-Tschu!«

»Pst, er schläft.«

Dann kuschelt sie sich an ihre Mutter und schläft wieder ein.

Ich habe eine unruhige Nacht. Der Regen trommelt mit deprimierender Gleichmäßigkeit aufs Zelt. Montaine wälzt sich im Schlaf und rutscht irgendwann aus dem Schlafsack. Damit sie sich nicht erkältet, wache ich über sie. Ernüchtert, wie ich bin, male ich das Bild unseres ersten Reisetags in den schwärzesten Farben.

Endlich dämmert es. Fahles Licht dringt durch das Grau. Ich schlüpfe in meine feuchte Hose und krieche ins Freie. Nebel verhüllt die Berge, so daß man sich im Flachland wähnen könnte. Überall Wasser. Am Himmel, am Boden, es trieft von den Bäumen, steht im Gras.

Und keine Spur von den Pferden. Nicht einmal ein fernes Bimmeln der Glöckchen. Nur das nervtötende Prasseln des Regens, der einfach nicht nachlassen will.

Otchum liegt unter einer Fichte im Trockenen. Seine Schnauze hebt sich kurz zum Morgengruß und sinkt dann wieder in die warme Kuhle seines angewinkelten Beins, so daß gerade noch ein Auge hervorschaut, dem nicht die kleinste meiner Bewegungen entgeht.

»So ein Sauwetter, was, Otchum?«

Ein Blinzeln und ein leichtes Zucken der Ohren als Antwort.

Ich sammele Reisig, reiße Rinde von einer Birke und lege alles unter einen alten, borkigen Baumstamm, der die ersten Flammen schützt, ehe er selbst zu glimmen beginnt. Ich sammele mehr oder weniger trockenes Holz und mache ein großes Feuer.

Der Morgen erscheint mir nun nicht mehr ganz so düster. Ich mache mich auf die Suche nach den Pferden. Die Spuren führen den Weg entlang nach Norden und verlieren sich auf einer Lichtung im hohen Gras. Die blühende Wiese ist mit blauen Geranien, Rittersporn, Goldruten und Heidelbeersträuchern übersät. Alle Blüten recken die bunten Köpfe zum Licht, wie um das Grau des Morgens zu durchdringen und etwas weiter zu sehen.

Am Saum eines Tannen- und Kiefernwaldes, in dem auch vereinzelte, meist abgestorbene Birken stehen, stoße ich wieder auf die Spuren der Pferde. Ich irre eine Weile umher, schmunzele über die Eichhörnchen, die mich mit schrillen Schreien beschimpfen, dann habe ich die Pferde endlich aufgestöbert. Sie sind zusammengeblieben und glotzen, schmutzig und triefend vor Nässe, verdrossen unter hohen Kiefern hervor, die trotz ihres dichten Geästs den Regen durchlassen.

Ich bringe sie zum Lager zurück. Diane und Montaine sitzen am Feuer und trocknen sich an den Flammen.

»Waren sie weit weg?«

»Es geht.«

Montaine hebt den Finger.

»Ferde.«

»Ja, Montaine, das sind Pferde.«

»Willst du weiter?«

»Hmmm…«

Wir trinken heißen Kaffee und sprechen nicht viel, nur über die Verletzung des Dicken, wie wir das dickste unserer vier Pferde getauft haben.

Überhaupt haben wir bei den Namen für die Tiere unsere Phantasie nicht sonderlich angestrengt und dem Praktischen den Vorzug gegeben: der Dicke, wie gesagt, der Junge, der Alte und der Weiße. Einfacher geht's nicht.

Wir haben sie in der Umgebung von Prince George zwei Tage lang probegeritten, ehe wir sie gekauft haben. Wir haben uns insgesamt ein Dutzend angesehen. Ein Rancher aus der Gegend hatte sie nach den Kriterien, die wir ihm aus Frankreich übermittelt hatten, ausgesucht: »Ruhige, sehr ruhige Pferde. Sie dürfen gern etwas älter sein, sollten aber Erfahrung als Lasttiere haben, vor allem Erfahrung«, hatte ich verlangt und auf *packing horses* bestanden – in Erinnerung an ein unerfreuliches Erlebnis mit Pferden, die nie zuvor einen Packsattel getragen hatten. Eine sehr amüsante Geschichte, zugegeben, aber für die Beteiligten nicht ungefährlich… Jeder Versuch, die Tiere erst abzurichten, wäre Wahnsinn, wenn man ein Kleinkind dabei hat. Und die gesamte Expedition ist bis ins Kleinste so geplant, daß das Risiko für das Kind praktisch gleich Null ist. Ich habe als einziger nie daran gezweifelt, daß das möglich ist… und zu zweit wollten wir es beweisen!

Wir haben also ein Dutzend Pferde gesattelt und beladen, ehe wir uns für zwei entscheiden: »den Alten«, der mit seinen 15 Jahren mindestens so ruhig wie kräftig ist, und »den Weißen«, einen relativ ruhigen Schecken mit weißbraunem Kopf und sicherem Tritt, der hinter dem Alten laufen soll.

Und als Reittiere nahmen wir »den Dicken«, einen gemütlichen Rotfuchs für Diane und das Kind, und »den Jungen«, ein kleines rassiges Pferd mit guten Reiteigenschaften und athletischem Bau, vielleicht etwas lebhaft, aber wie dafür geschaffen, an der Spitze zu laufen und, wenn nötig, einen Sprint hinzulegen. Das ist das Team!

Die Probleme begannen natürlich gleich auf dem Lastwagen, wo der Alte den anderen zeigen wollte, wer der Chef ist. Der Dicke bekam trotz seiner Körperfülle eine tüchtige Abreibung, und seitdem klafft ein tiefer Riß unter seinem Auge.

Darüber sprechen wir heute morgen und untersuchen die Wunde. Kein schöner Anblick. Sie ist leicht vereitert und zu groß, um von allein zu verheilen.

»Du hättest sie nähen sollen.«

»Zu spät.«

Die Feuchtigkeit macht alles noch schlimmer. Diane reinigt die Wunde mit einem Antiseptikum, während ich Montaine auf dem Arm habe. Sie kann hier nicht laufen, denn der Boden ist mit Erlen überwuchert und mit dichtem Gras bedeckt, das zu hoch für sie ist.

Ich seufze. Von heute an muß einer von uns beiden ständig auf sie aufpassen, rund um die Uhr, und das ein Jahr lang, ohne auch nur eine Sekunde nachlässig zu werden. Ob wir das durchhalten werden?

Montaine quengelt und klammert sich noch stärker an mich.

»Nicht sehr lustig, der Regen, was, mein kleiner Liebling?«

»Hmmm.«

Ich lege sie wieder ins Zelt und bleibe, einen neuerlichen Seufzer ausstoßend, bei ihr. Ich warte, bis Diane mich ablöst, und schlüpfe dann wieder ins Freie.

Minuten später kommt Diane nach. Der Regen will nicht nachlassen, im Gegenteil, er wird noch stärker.

»So ein Sauwetter!«

»Seit drei Tagen, es ist wie verhext.«

»Am liebsten würde ich heute hierbleiben. Bei dem Regen macht es keinen Spaß, noch dazu mit der Kleinen. Sie wird sich noch eine Erkältung holen, und das wäre ...«

Ich lasse den Satz unvollendet.

»Aber so wird es immer bleiben.«

»Ich hoffe nicht.«

»Ich spreche nicht vom Regen.«

»Ich weiß! Aber ich möchte ihr nicht schon in den ersten Tagen alles verleiden. Warten wir noch einen Tag, vielleicht hört der Regen ja auf.«

»Na schön.«

Wir verbringen den Tag abwechselnd im Zelt, vier auf vier Meter, oder am Feuer. Wir gehen angeln, doch der Fluß ist schlammig, führt Bäume mit sich und schwillt immer mehr an. Die Forellen beißen nicht.

Der Abend naht, Schwarz ersetzt das Grau. Es regnet und regnet. Deprimierend! Und dazu das nervtötende Prasseln der Tropfen auf die Zeltbahn. Katerstimmung, schon am zweiten Abend. Das Gefühl, daß wir schon seit Tagen hier sind, daß der Regen niemals aufhören wird, daß wir niemals ans Ziel unseres Abenteuers gelangen, das noch so fern, so fern ist ...

KAPITEL 2

ES REGNET NOCH IMMER. DOCH MIR SCHEINT, DASS DIE Wolkendecke nicht mehr so tief hängt. Sie ist nicht mehr so dicht und vor allem nicht mehr ganz so grau. Ein Hoffnungsschimmer.

Ich stehe früh auf, um die Pferde zu suchen und anzubinden, ehe ich einen Kaffee trinke. Sie stehen hinter der windgeschützten Grasböschung, wo ich sie gestern abend zurückgelassen habe. Ich nehme ihnen die Fesseln ab.

Die Fesseln aus einfacher Schnur oder Lederriemen werden um die beiden Vorderläufe geschlungen und verhindern im Prinzip, daß das Tier sich zu weit entfernt. Im Prinzip, denn mit etwas Übung können manche Pferde trotz der Fesseln kilometerweit galoppieren, ohne zu straucheln. Pferde wie der Alte, der aber zu sehr Herdentier ist, um alleine loszuziehen. Bei den drei anderen erfüllen die Fesseln ihren Zweck, das heißt, sie verhindern, daß sie in der Nacht ausbüxen, lassen ihnen aber soviel Bewegungsfreiheit, daß sie eine saftige Weide aufsuchen können. Hoffen wir, daß es so bleibt!

Seit meiner Sibirienreise verwende ich eine Fesselmethode, die ebenso einfach wie genial ist. Ich habe sie bei den Tofalaren gelernt, einem Jägervolk, das in den Bergen der nördlichen Mongolei lebt.

Man nimmt ein Seil mit einem Knoten an jedem Ende,

legt es doppelt um ein Vorderbein, dreht es vier oder fünf Mal und schlingt es dann um das zweite Bein, wo man das Ganze befestigt, indem man die Knoten in die entstandene Schlaufe steckt. Ich habe die Methode einem alten *packer* aus Prince George erklärt und vorgeführt. Er konnte es nicht fassen, wie einfach und wirkungsvoll sie ist: »Wenn man fast nichts hat, kommt man auch mit fast nichts aus« – eine Devise, die früher auch für die Inuit gegolten hat, die in Ermangelung von Baumaterial beispielsweise äußerst zweckmäßige Häuser aus Schnee bauten und für die ich eine grenzenlose Bewunderung hege.

Um die Pferde ins Lager zurückzubringen, brauche ich nicht alle vier am Zügel nehmen. Zwei genügen, dann folgen die anderen von allein. Es ist nicht zu fassen. Sie sind erst seit drei Tagen zusammen und bereits unzertrennlich. Der alte Herdentrieb der Pflanzenfresser, das Erbe einer Zeit, in der nur die Gruppe Schutz vor Raubtieren bot.

Ich binde also nur die beiden kräftigsten an, den Dikken und den Weißen, und lasse die beiden anderen weiden. Sie werden nicht weglaufen.

Der Regen hat kein bißchen nachgelassen, und das Feuer qualmt wie ein Schlot. Montaines Geplapper dringt aus dem Zelt und vermischt sich mit dem Gezwitscher der wenigen Vögel, die der Nässe trotzen: grüne Waldsänger und ein melodisch trällernder Vireo, dessen graues Gefieder an die Farbe des Himmels erinnert …

Diane beißt die Zähne zusammen und schlüpft in eine klamme Hose, nachdem sie ihre Tochter warm angezogen hat. Kaum ist Montaine vors Zelt getreten, hält sie nach Otchum Ausschau, ruft nach ihm, bekommt einen Wutanfall, wenn es sein muß, denn sie will ihn unbedingt sehen, ihn streicheln, mit ihm plaudern. Ha, ihr Tschu-Tschu! Otchum, ein guter Junge, läßt sich alles augenzwinkernd gefallen und betrachtet mich mit einer Miene, als wollte er sagen: »Auf was für einen Trip hast du uns jetzt wieder geschleppt?«

Wir drängen uns ums Feuer und stampfen den Boden rundherum platt, damit die Kleine nicht stolpert und womöglich in die Flammen fällt. Die arme Montaine ist einen so holprigen und schwammigen, mit Wurzeln und Sträuchern überwucherten Boden nicht gewohnt. Sie legt kaum einmal zehn Meter zurück, ohne daß sie der Länge nach hinfällt und heulend nach ihrer Mutter ruft, bis man ihr aufhilft. Das schwierigste ist, nie die Geduld zu verlieren. Wird »Geduld« das Schlüsselwort bei dieser x-ten und doch so besonderen Reise in den hohen Norden?

Unsere Reise soll, grob skizziert, von Prince George in British Columbia über die Rocky Mountains des kanadischen Nordens nach Alaska führen. 700 Kilometer zu Pferd und über 1700 Kilometer mit dem Hundeschlitten. Ein Jahr, vielleicht etwas weniger, wenn die Hunde schnell sind. In der Übergangszeit, wenn der hohe Norden den Atem anhält, ehe der Winter Seen und Flüsse erstarren läßt, werden wir in einer Blockhütte wohnen, die wir uns in den Cassiar-Bergen bauen wollen. In einer der wildesten Gegenden, die ich kenne, über 200 Kilometer Luftlinie vom nächsten Dorf und einen guten Monat zu Fuß von der nächsten Straße entfernt. Ein viermonatiger Aufenthalt, den der Wechsel der Jahreszeiten erzwingt und den ich dazu nutzen möchte, bestimmte Tiere, insbesondere Bären und Wölfe, zu beobachten.

Ich habe viele Jahre meines Lebens damit zugebracht, wie ein Nomade den hohen Norden zu durchstreifen und Landstriche zu durchqueren, langsam zwar, aber ohne jemals irgendwo länger zu verweilen. Um so mehr freue ich mich auf diesen mehrmonatigen Aufenthalt. Die andere Besonderheit dieser Reise ist natürlich die Zusammensetzung des Teams ...

Aber wir sind erst den dritten Tag unterwegs, und es regnet noch immer.

Wir rüsten zum Aufbruch und verteilen das Gepäck nach Volumen und Gewicht auf zwei Kisten, die der Alte trägt, und zwei Leinensäcke – eine sibirische Methode, die sich bei weichen Gegenständen empfiehlt –, die auf dem Rücken des Weißen Platz finden. Wir brauchen zwei Stunden, um die Pferde zu satteln, die Säcke zu verschnüren, die Last gleichmäßig zu verteilen und mit Planen abzudecken, die Sattelgurte zu spannen. Mit etwas Übung und bei günstigerem Wetter müßte diese Arbeit in anderthalb Stunden zu schaffen sein, aber kaum schneller, denn wir sind nur zu zweit, und während der eine arbeitet, muß der andere auf Montaine aufpassen.

Diane deutet auf die Pferde und erklärt Montaine:

»Du darfst nicht hinter ihnen vorbeilaufen, Montaine. Das ist gefährlich.«

Montaine macht große Augen und sieht sie verständnislos an. In der Sologne wuselt sie zwischen den Beinen der Pferde umher, ohne daß sie gescholten wird. Aber unsere eigenen Tiere kennen wir gut, und bei denen hier wissen wir nicht, wie sie reagieren. Diane liebt Pferde und vertraut ihnen grundsätzlich. Ich weniger, denn schreckhaft, wie sie sind, haben sie mir auf Reisen schon so manch bösen Streich gespielt. Einmal, in Nevada, habe ich auf einem schroffen, gefährlichen Bergkamm die Herrschaft über drei Packpferde verloren, weil das erste plötzlich durchging. Ein Geräusch hinter ihm hatte es erschreckt: sein eigener Furz, der etwas lauter ausgefallen war als sonst!

Daher ist Vorsicht geboten.

Nach Ansicht der Leute droht unserem Baby auf den 3000 Meter hohen Pässen, die wir mitten im Winter bei 40 Grad Kälte mit den Hunden überqueren werden, die größte Gefahr. Ich sehe das anders. Wenn ihr eine Gefahr droht, dann vor allem von den Pferden. Die Kälte ist nicht unberechenbar, sie bereitet einem keine bösen Überraschungen. Der Winter ist nicht tückisch, er ist hart, aber mehr auch nicht.

Bei Pferden hingegen heißt es aufpassen! Der gestrige Vorfall hat es gezeigt. Deshalb haben wir beschlossen, Montaine heute auf dem Rücken zu tragen. Durch einen Regenmantel vor der Nässe geschützt und an ihre Mutter geschmiegt, schläft sie innerhalb von Minuten ein. Recht so!

Wir ziehen ein wenig traurig unseres Wegs und spähen in einen undurchdringlichen Nebel, der mit zunehmender Höhe immer dichter wird. Wir folgen einem alten Pfad, der seit mindestens zehn Jahren nicht mehr benutzt wird. Er müßte uns zu einem Paß hinaufführen, hinter dem sich das Gebiet um den Willistonsee erstreckt. Von dort werden wir durch verschiedene Täler direkt nach Norden reiten, das Indianerdorf Ware im Westen liegen lassen und zum Finlay-Fluß vorstoßen.

Ursprünglich wollte ich über Ware reisen, aus zwei Gründen. Der erste ist praktischer Natur, und zwar insofern, als wir dort ein Proviantdepot hätten anlegen können. Der zweite ist sentimentaler Natur, denn Charlie Boya, der Häuptling des Dorfs, ist ein Freund von mir. Doch ein genaueres Studium der Karten und vor allem verschiedene Berichte von Buschpiloten, Jagdführern und Trappern haben mich von dem Vorhaben abgebracht. Im Gegensatz zu dem, was die Karten sagen, existiert hinter Fort Ware seit über zehn Jahren kein Weg mehr. Die Gegend ist äußerst unwegsam: dichte Wälder, unüberwindliche Berge und Sümpfe. Die Indianer reisen nur noch auf den Flüssen, im Sommer im Kanu, im Winter mit dem Schneemobil. Sie verwenden keine Pferde mehr, und die meisten warten lieber auf den Scheck der staatlichen Wohlfahrt, als zum Jagen oder Fischen in die Berge zu gehen. Wie übrigens in ganz Kanada, wie überall im hohen Norden... Man reist weder mit Pferden noch mit Hunden. Wer auf die Jagd geht, läßt sich von einem Flugzeug absetzen oder braust im Motorboot die Flüsse hinauf, sofern er nicht einfach vom Geländewagen aus jagt und Wege benutzt, die die Holzfäller in die gewinnbringendsten Wälder schlagen. Wälder, deren Tierbestand dezimiert wird, weil sie von den Indianern, die sich an keine Abschußquoten halten müssen, überjagt werden. Die Maßnahmen, die der Staat zum Schutz der Tiere ergriffen hat, zeigen kaum Wirkung. Sie vertiefen allenfalls den Graben zwischen den Weißen, die der Urbevölkerung ihre Jagdprivilegien neiden, und den Indianern, die ihre Rechte mißbrauchen.

Traurige Zeiten für die Indianer. Die Alten sind in einer Kultur verwurzelt, deren Werte nicht mehr zeitgemäß sind. Und die Jugend ist entwurzelt und außerstande, eine neue Identität zu finden, die ihr ein Leben im Einklang mit ihrer Zeit erlauben würde. Wie die Inuit suchen auch die Indianer des hohen Nordens bislang vergeblich nach einer Tür, die sie in unser Jahrhundert führt.

Wir haben uns also für die direkte Route entschieden, um ein Gebiet zu umgehen, das zu Pferd offenbar unpassierbar ist.

Wir folgen dem Pfad, den die Jahre mehr oder weniger ausgelöscht haben. Er führt an einem Fluß entlang, der immer reißender wird, je näher der Paß rückt. An sonnigen Tagen muß die Landschaft mit ihren blühenden Wiesen einen herrlichen Anblick bieten. Wir sehen einen bunten Teppich aus Glockenblumen, Goldruten und Geranien, dazwischen immer wieder Moosblumen und Schuppenheiden, hübsche kleine Gebirgssträucher, denen Heidelbeeren den Platz streitig machen. Kleine Trupps von Ammern beäugen uns, wenn auch nur mit mäßigem Interesse, denn sie sind zu sehr damit beschäftigt, sich warm zu halten. Genau wie wir. Mit hochgeschlagenem Kragen und eingemummt bis zu den Ohren, erklimmen wir schweigsam die Bergwiese und stellen uns dabei die Gipfel vor, die der Nebel verhüllt.

Und dann passiert es wieder, aber diesmal habe ich es geahnt. Dem Weißen rutscht ein Packsattel unter den Bauch, und er geht durch. Ich lasse seinen Zügel los und halte den Alten zurück. Der Weiße prescht an Diane vorbei. Ihr Pferd macht einen Satz zur Seite, beruhigt sich aber sofort wieder. Dafür ist der Weiße im nächsten Moment rechts hinter einer felsigen Anhöhe verschwunden, natürlich nicht ohne Teile des Gepäcks, das wir ihm sorgsam auf den Rücken gebunden haben, im Erlengestrüpp zu verstreuen.

Ich stoße einen Seufzer aus.

Diane gibt mir Montaine, die bei dem Zwischenfall aufgewacht ist, und setzt dem entlaufenen Pferd nach. Mit Montaine auf dem Rücken bepacke ich den Alten noch mal neu. Keine leichte Übung. Ich ziehe die Gurte fester, als ich sollte. Aber egal.

»Langsam wird es mir zu bunt.«

»Hmmm.«

Montaine nickt zustimmend. Mit ihrer kleinen Hand tätschelt sie dem Alten den Kopf, was er sichtlich genießt. Otchum ist Diane nachgejagt, und Montaine hält überall nach ihm Ausschau.

»Tschu-Tschu!«

Diane kehrt zurück, den Weißen im Schlepp.

»Ich bin ganz schnell zurückgekommen. Da hinten sind frische Spuren von einem riesigen Grizzly.« Sie ist beunruhigt, aber zugleich begeistert.

Und wie kann es anders sein: Otchum hat seine Spur aufgenommen. Das hat noch gefehlt! Voller Sorge beladen wir den Weißen. Eine gute Viertelstunde später sind wir fertig, und noch immer kein Otchum. Ich entzünde mit ein paar Zweigen von dürren Sträuchern ein Feuer und mache mich zu Pferd auf die Suche. Ich stoße auf die Spuren. Sie sind wirklich ziemlich groß und sehr frisch. Ein Männchen, mindestens vier Zentner schwer und nicht unbedingt freundlich… Otchum ist ihm gefolgt. Die Abdrücke der Hundepfoten wirken lächerlich klein neben der Spur des gefährlichen Sohlengängers.

Ich bin besorgt, weniger um mich, denn ich bin bewaffnet und gewarnt, als vielmehr um Otchum, der von Natur aus Jäger ist, mit Bären aber keine Erfahrung hat.

Otchum ist ein sibirischer Laika. Ein Jäger vom Baikalsee hat ihn mir als Welpe geschenkt, und ich spannte ihn vor den Schlitten, obwohl er dafür mit sechs Monaten noch sehr jung war. Um Wachstumsschäden zu vermeiden, spannt man Schlittenhunde normalerweise nicht vor Vollendung des ersten Lebensjahres an. Otchum – der Name ist der eines kleinen, inzwischen verschwundenen Volksstammes, der im Norden des Sees lebte – ist eigentlich gar kein Schlittenhund, sondern ein Jagdhund, wie er von sibirischen Jägern darauf abgerichtet wird, Zobeln, Wolwerinen und Bären nachzusetzen. Trotzdem spannte ich ihn aus Spaß mit den anderen an, und zu meinem Erstaunen zog er vom ersten Tag an, als habe er nie etwas anderes getan.

2000 Kilometer später und nach einem Winter mit Temperaturen bis –60° C hatte sich Otchum zum Leithund hochgearbeitet und trotzte mit unglaublicher Ausdauer der Kälte und allen Strapazen.

Aus diesem Grund behielt ich diesen großartigen kleinen Hund, der zu einem Spitzenathleten gereift war, bei mir, als meine Teamkameraden mit den 30 Schlittenhunden nach Frankreich zurückreisten. Zusammen durchquerten wir Sibirien und stießen mit Ponys, Rentieren und Kanus bis zum Nordpolarmeer vor. Doch die Bären hielten Winterschlaf, und als es wieder Sommer wurde (obwohl ein sibirisches Sprichwort sagt: »Der Winter dauert zwölf Monate, die restliche Zeit ist Sommer«), befanden wir uns jenseits des Polarkreises, wo es keine Bären gibt. Dann kehrten wir nach Frankreich zurück, und alles, was er dort jagte, wenn auch mit viel Talent, waren Rehe und Wildschweine, aber eben keine Bären.

Später waren wir mit seinen Söhnen, neun Hunden, die aus einer Kreuzung mit einer Grönländerin hervorgegangen waren, in den Norden zurückgekehrt und hatten Lappland durchquert. Nur leider mitten im Winter, und da schlafen Bären bekanntlich.

Folglich ist das heute Otchums erster Bär, obwohl er schon viel in der Welt herumgekommen ist. Und nicht irgendein Bär, sondern der gefürchtete Grizzly, dem in Kanada jedes Jahr 20 Menschen zum Opfer fallen.

Kein Wunder also, daß ich besorgt und mit zittriger Stimme nach meinem Otchum rufe. Bald verlieren sich die Spuren zwischen den Felstrümmern, die zusammen mit den Sträuchern und Bäumen, die sie mit in die Tiefe gerissen haben, am Fuß des Abhangs ein undurchdringliches Chaos bilden.

Ich gebe die Suche auf und kehre um. Nebelschwaden verhüllen den Paß. Diane macht ein bekümmertes Gesicht, denn sie liebt diesen Ausnahmehund ebenso wie ich. Montaine spürt, daß etwas nicht stimmt, und sieht uns groß an.

»Gut, suchen wir uns einen Lagerplatz im Schutz des Passes. Falls er zurückkommt, findet er mühelos unsere Spur.«

»Was soll das heißen, ›falls er zurückkommt‹?«

Ein Seufzer als Antwort.

Wir marschieren eine halbe Stunde, dann rasten wir am Saum eines Waldes. Ich schlage rasch das Zelt auf, damit Montaine sich unterstellen kann, und entzünde ein riesiges Feuer, als könnte ich damit den Regen vom Lager fernhalten. Doch unsere Hauptsorge ist nicht mehr der verflixte Regen, sondern der Grizzly.

Eine Stunde vergeht. Wir schlagen die Zeit mit Teetrinken tot, eine Gewohnheit, die ich bei sibirischen Rentierzüchtern angenommen habe, mit denen ich ein halbes Jahr umhergezogen bin. Und noch immer kein Lebenszeichen von Otchum. Mein Magen krampft sich zusammen. Ich befürchte das Schlimmste. Was soll aus meinem schönen Projekt, aus meiner Begeisterung werden ohne meinen wichtigsten Hund, den Rudelchef, das Leittier, meinen Freund? Wie soll ich ohne ihn zehn Hunde lenken? Das Gespann wäre wie ein Vogel ohne Flügel, der dazu verdammt ist, traurig auf dem Boden umherzuhüpfen, statt durch die Lüfte zu schweben.

Dianes Moral, die der Regen ebensowenig erschüttern konnte wie die Mucken der Pferde, hat ebenfalls einen Knacks bekommen.

Bald senkt sich die Nacht über unser Lager. Die Pferde, die in der Nähe auf einer saftigen Gebirgswiese geweidet haben, schlafen jetzt friedlich, obwohl der Regen in dünnen Fäden über ihr Fell rinnt. Keine Sterne, kein Mond. Kein Eulenschrei in der dunklen Nacht. Kein Otchum. Wir schlafen mit einem dicken Knoten in unseren leeren Mägen ein.

KAPITEL 3

HALB SECHS UHR MORGENS.

Obwohl der Regen aufs Zelt trommelt, höre ich am Eingang ein Kratzen.

Ich fahre in die Höhe und stecke den Kopf hinaus.

»Otchum!«

Der Teufelskerl sieht mich mit lachenden Augen an. Sie leuchten im fahlen Dämmerlicht.

»Wieso machst du dir Sorgen?« scheint er mir sagen zu wollen. »Ich bin dem dicken Teddy nur ein bißchen nachgerannt, um zu sehen, was er drauf hat.«

»Du Racker! Du Strolch!« Und ich streichele ihm überglücklich die Schnauze. Diane hat mich gehört, und auch Montaine ist wach geworden. Sie ruft nach ihm. Otchum schiebt den Kopf ins Zelt und begrüßt alle mit seinem schönsten Lachen.

Ja, Otchum lacht. Ich bilde mir das nicht nur ein, auch wenn ich, wie ich gerne zugebe, einen Narren an diesem Hund gefressen habe.

Die Dämmerung erscheint uns schöner, das Gebirge weniger bedrohlich und der Regen fast erträglich. Von nun an ist der Regen unser ständiger Begleiter. Wir müssen mit ihm leben oder die Heimreise antreten …

Mit aufgestelltem Schwanz übernimmt Otchum die Spitze unserer kleinen Karawane und trabt zügig in Richtung Tal. In der Ferne glitzert das silberne Band des Flusses, das sich in seiner Mitte schlängelt. Laut Karte folgt ein alter Pfad, zweifellos ein alter Trapper-Trail, auf den nächsten 50 Kilometern seinem Lauf. Wir erreichen problemlos die Baumgrenze. Auf der Suche nach einer Passage dringen wir in den Wald vor und nehmen mit einem Pfad vorlieb, den Wapitihirsche und Elche ausgetreten haben. Unter lautem Gegacker fliegen ein Kragenhuhn und seine Küken vor uns auf. Sie entkommen Otchum nur knapp.

Wir steigen ab, damit wir zwischen den Bäumen besser manövrieren können. Diane trägt die zwölf Kilo schwere Montaine auf dem Rücken, während ich mit drei Pferden vorausmarschiere. Montaine deutet mit dem Finger auf die Vögel und ruft:

»Piep! Piep!«

Otchum setzt einem Eichhörnchen nach. Schimpfend entwischt es ihm, und Montaine quietscht vor Vergnügen.

Der Pfad verschwindet, doch talwärts lichtet sich der Wald, und wir schwingen uns wieder in den Sattel. Gegen 13 Uhr erreichen wir den Fluß. Zeit für ein Nickerchen.

Der Regen, der vorübergehend nachgelassen hat, ohne aber ganz aufzuhören – wir geben uns keinen Illusionen hin –, wird wieder stärker. Und als Montaine wenig später friedlich unter einer Plane schläft, die wir zwischen den Bäumen gespannt haben, gießt es wie aus Kübeln. Die Eltern warten geduldig, die Pferde verschnaufen, von ihrer Last befreit, und Otchum träumt im Schutz einer Tanne von den Hühnern, die er jetzt fressen könnte.

Am Nachmittag vergeuden wir viel Zeit mit der Suche nach einem Pfad, der nur auf der Karte existiert. Nach zwei Stunden geben wir es auf und schlagen uns, immer am Fluß entlang, durchs Weidengestrüpp. Gegen 17 Uhr sind wir es leid. Seit der Pause haben wir kaum drei Kilometer zurückgelegt.

Die Landschaft ist herrlich. Der Fluß schlängelt sich durch einen Birken- und Kiefernwald, den leuchtend hellgrüne Pappeln sprenkeln. Erlen und Weiden, die anmutig ihre Zweige neigen, säumen die Uferböschungen. Hier und da tut sich eine Bresche auf und gibt den Blick auf blühende Wiesen frei. Nicht einmal das Grau vermag die scharfen Kontraste zu verwischen und die Vielfalt der Farben zu schmälern.

Ich entzünde mit Birkenrinde ein Feuer und lege eine Unmenge dürres Holz nach. Bald schlagen die Flammen drei bis vier Meter hoch und bescheinen die umstehenden Bäume, an denen glitzernd das Wasser herunterrieselt. Regentropfen fangen das Licht des Feuers ein und funkeln. Diane backt ein köstliches Fladenbrot, und trotz des Regens, den wir mit Verachtung strafen, klingt der Tag versöhnlich aus.

Zwei Tage lang ziehen wir ohne nennenswerten Zwischenfall durch das grüne Tal, mal im Wald, mal am Fluß entlang oder, wenn am Ufer ein Fortkommen unmöglich ist, sogar in seinem flachen Bett. Montaine gewöhnt sich allmählich an den neuen Rhythmus. Da sie im Sattel ziemlich rasch ermüdet, bleibt sie meist brav in ihrem Rucksack und bestaunt von dort die Wunder dieser grandiosen Gebirgslandschaft.

Wir tun so, als schenkten wir dem Himmel keine Beachtung, der unablässig seine Wassermassen über uns auskippt. Längst haben die Flüsse ihre schöne blaugrüne oder kristallklare Farbe verloren. Schlammig braun wälzen sich die aufgewühlten Fluten nun zu Tal und führen eine Unmenge von Bäumen und anderen Pflanzen mit, die sie von den Ufern gerupft haben.

Das stimmt mich ein wenig bedenklich. Diesen Fluß hier könnten wir, obwohl er angeschwollen ist, noch ohne größere Probleme durchqueren. Doch in spätestens zwei Tagen müssen wir über den Pelly setzen, und der, so fürchte ich, wird es uns nicht so leicht machen. Stromabwärts stoßen wir immer häufiger auf Wildspuren: Wapitihirsche und Großohrhirsche – zweifellos die letzten, die wir zu sehen bekommen, denn wir stoßen an die Nordgrenze ihres Lebensraums –, Elche, Karibus in Rudeln von fünf bis zehn Tieren, meist Kühe mit Kälbern, und natürlich einige Bären, in erster Linie Schwarzbären. Otchum flitzt vergnügt von Fährte zu Fährte und bellt wie verrückt, wenn er ein Tier gestellt hat. Er bleibt dann zehn Meter vor ihm stehen, und erst wenn er 20 Minuten lang vergeblich auf uns gewartet hat, kehrt er etwas unwillig und mit zerknirschter Miene zu uns zurück.

Auf diese Weise legt er täglich gut 100 Kilometer zurück, und sobald wir von den Pferden steigen, sinkt er erschöpft zu Boden.

Eines Nachmittags, als wir einem Wildwechsel durchs Erlengestrüpp folgen, stoßen wir auf eine Schwarzbärin mit zwei Jungen, niedlichen Teddys, die man am liebsten auf den Arm nehmen möchte. Uns trennen höchstens 20 Meter, doch offenbar sind sie so damit beschäftigt, sich mit Himbeeren vollzustopfen, daß sie uns weder gehört noch gesehen haben. Wir beobachten die possierliche Szene eine Zeitlang, dann stoße ich einen Pfiff aus, damit die kleine Familie den Weg freimacht, ehe unsere Pferde wieder einen Schreck kriegen und durchgehen.

Montaine hat sich nichts von der Darbietung entgehen lassen und sagt den Bären ganz selbstverständlich »Auf Wiedersehen«, als handele es sich um drei Freunde, die gekommen sind, um uns eine gute Reise zu wünschen.

Die Begegnung mit dem Grizzly hat Otchum anscheinend tief beeindruckt. Jedenfalls hält er sich jetzt auffallend zurück und knurrt nur leise und aus sicherer Entfernung.

In den allermeisten Fällen zieht der Amerikanische

Schwarzbär (Baribal) die Flucht dem Angriff vor, selbst in Begleitung von Jungen. Ganz anders sein Vetter, der Grizzly, auch wenn man in bezug auf ihn zu Übertreibungen neigt. Gewiß, er tötet nicht wenige Menschen, aber ihn deshalb als blutrünstige Bestie hinzustellen, geht doch zu weit, vor allem wenn man weiß, warum diese Menschen umgekommen sind. In 99 von 100 Fällen ist falsches Verhalten die Ursache. Die wichtigsten Grundregeln lauten: sich nie einer Mutter mit Jungen nähern, die Tiere nie bei der Mahlzeit stören, sie nie verletzen (was bei der Jagd häufig geschieht) oder ganz allgemein überraschen und ihnen dabei zu nahe kommen.

Als wir zu Pferd die amerikanischen Rocky Mountains überquerten und dabei durch unberührte Täler kamen, warnten uns die wenigen Bewohner dieser Landstriche vor Meister Petz und rieten uns dringend, uns Colts anzuschaffen, Lebensmittel stets an Bäumen aufzuhängen, die Pferde mit Glöckchen zu versehen und was weiß ich noch alles. Kurzum, obwohl wir nur einige Verhaltensmaßregeln beherzigten, kam es während unserer fünfmonatigen Expedition durch Grizzly-Land zu keinem Zwischenfall. Dieselbe Erfahrung machte ich in Sibirien, nördlich und südlich des Baikalsees, wo es von Bären wimmelt. Mit Glück hat das nichts zu tun, und das gilt für die meisten Gefahren des hohen Nordens. Was hat man uns nicht alles über Wölfe, die Kälte, Schneestürme erzählt? Einige berühmte Schriftsteller und Forscher sind daran nicht ganz unschuldig. Wer die Risiken dramatisiert, wertet die eigene Leistung auf. Ein alter Trick, der um so besser funktioniert, als der hohe Norden nicht gerade ein bevorzugtes Reiseziel von Urlaubern ist.

Der Grizzly ist also das einzige Tier – und in weit geringerem Maß auch der Vielfraß –, vor dem man auf der Hut sein muß. Aus diesem Grund habe ich auch Otchum mitgenommen, statt ihn bei der Meute im Jura zu lassen – von der Freude, die uns seine Gesellschaft bereitet, einmal ganz abgesehen.

Im übrigen erfüllt Otchum seine Aufgabe als Wachhund bestens. Er bezieht stets in der Nähe des Zeltes Posten und paßt auf, wenn sich etwas nähert, Pferde, Füchse oder was auch immer … In dieser Hinsicht können wir beruhigt sein, zumal die geladene Winchester stets griffbereit liegt. Das Zelt ist eine Festung, in der sich eine Königin, wie meine Montaine, bedienen und verhätscheln läßt.

Ein Wunder! Heute morgen regnet es nicht. Es nieselt nur ganz leicht. Fast ist man versucht, die Sonnenbrillen hervorzukramen.

Wir beladen unsere vier Pferde in der Rekordzeit von 75 Minuten und brechen auf. Wenn meine Berechnungen stimmen, sind es noch acht Kilometer bis zum Pelly. In einem wolkenverhangenen Gebirgstal ist die Orientierung nicht gerade leicht. Nach einiger Zeit öffnet sich das Tal zu einem großen Sumpf, in dem wir zwei kapitale Elchbullen aufscheuchen. Einer hat ein mächtiges Geweih, der andere ist, obwohl schwerer, weniger gut bestückt, zweifellos ein alter Bulle, der seinen Zenit bereits überschritten hat. Wie bei Rothirsch oder Rehbock wird das Geweih auch beim Elch im hohen Alter zurückgesetzt.

Der Sumpf erleichtert das Fortkommen nicht, und wir müssen absteigen, um den Dicken zu schonen, der auf der leicht geschwollenen rechten Vorderhand lahmt. Wir reiten abwechselnd auf dem Jungen, und Montaine reist im Rucksack auf unserem Rücken.

Der Sumpf ist überflutet und in der Mitte unpassierbar. Wir ziehen an seinem Rand entlang, bis wir auf ein undurchdringliches, bis zu zwei Meter hohes Erlengestrüpp stoßen. Wir versuchen unser Glück im Wald, doch der ist ebenso dicht. Überall verkohlte Bäume von einem länger zurückliegenden Waldbrand, wie sie hier häufig entstehen, wenn am Ende eines heißen Sommers Gewitter niedergehen. Wenigstens in dieser Hinsicht haben wir nichts zu befürchten!

Es wird Abend, und der Pelly ist noch immer nicht in Sicht. Wir werden unruhig, zumal das leichte Nieseln vom Morgen längst wieder in den gewohnten Landregen übergegangen ist. Doch dann, welch ein Anblick: Krickenten, Schellenten, Kragenenten, Reiherenten und Strandläufer kreisen über dem Sumpf, drehen plötzlich bei und stoßen in einen der schilfumsäumten Teiche hinab, in dem Biber ihrer Arbeit nachgehen und silberglänzende Spuren durchs gerippte Wasser ziehen.

Mitten in der Nacht hört der Regen auf – ob so der Fluß nicht weiter anschwellen wird? – und setzt am nächsten Morgen wieder ein. So ein Mist! Ich stehe auf und frage mich, warum ich so schlecht gelaunt bin – weil ich mir wegen der Regenpause falsche Hoffnungen gemacht habe oder weil im Schutz der Nacht die Pferde ausgerissen sind. Ich suche eine Stunde lang in einem weiten Halbkreis um unsere Lager, ehe ich auf tiefe Hufabdrücke stoße, die in einen Birken- und Pappelwald führen. Am Fuß des Berges verliert sich die Spur auf dem steinigen Boden. Ich kehre ins Lager zurück, um festzustellen, ob Diane sie auf der anderen Seite des Sumpfes entdeckt hat. Es könnte ja sein, daß die Pferde am Fuß des Berges umgekehrt sind.

»Nichts«, sagt Diane, die Montaine auf dem Rücken trägt, »nur eine Elchkuh mit ihrem Kalb.«

»Warum hast du sie nicht mitgebracht? Wir hätten sie satteln können!«

Das fröhliche Gesicht von Montaine, die wie ein junger Vogel piepst, heitert mich etwas auf.

Wir trinken einen Liter Kaffee, dann nehme ich die Suche nach den Pferden wieder auf. Ich entdecke sie 100 Meter von der Stelle entfernt, wo ich vorhin umgekehrt bin. Aber finden allein genügt nicht. Der Alte nimmt Reißaus, und der Rest der Bande galoppiert hinterher. Trotz der Fesseln. Der Alte war ihnen ein guter Lehrer.

Zum Teufel mit den verwünschten Gäulen! Ich tobe, denn zu allem Überfluß sind sie auch noch den Berg hinaufgerannt. Ich muß durchs nasse Gestrüpp hinterher. Zwei oder drei Mal rutsche ich auf dem schlüpfrigen Hang aus und falle hin.

»Verdammt, diese Mistviecher!«

Ich koche vor Wut. Ich muß mich zusammenreißen, sonst verpasse ich ihnen noch eine Kugel, um sie Mores zu lehren …

Ich habe sie fast erreicht, da jagen sie im Galopp wieder den Hang runter. Der Dicke lahmt noch stärker und hat Mühe, ihnen zu folgen.

»Dämliches Vieh!«

Ich schlage einen weiten Bogen und pirsche mich von vorn an sie heran. Da sind sie. Sie grasen friedlich zwischen den Felsen und würdigen mich keines Blickes, als ich ihnen einen Strick um den Hals lege. Nur der Alte hebt kurz den Kopf und glotzt mich an, als wollte er sagen: »Ach, du bist es!« Ich weiß nicht, ob ich lachen oder heulen soll!

Ich werde Pferde nie verstehen, und das hat mentale Gründe, da kann Diane noch so oft behaupten, daß sie ein »gewisses Maß an Intelligenz« besäßen. Es sei mir gestattet, daran zu zweifeln, auch wenn ich mir damit den Zorn derer zuziehe, die eine Schwäche für diese Tiere haben, die ja durchaus ihre nützlichen Seiten haben. Tatsächlich würde ich mich nicht zu der Behauptung versteigen, daß ich Pferde nicht mag. Gut, sie gehen mir ziemlich oft auf die Nerven und jagen mir gelegentlich einen Schrecken ein, aber ich bin gern mit Pferden unterwegs, ehrlich. Manchmal gewinne ich sie sogar lieb. Einmal, auf einer Expedition in Kanada, habe ich ein schnuckliges kleines Klassepferd richtig ins Herz geschlossen.

Meine Wut verfliegt ebenso rasch, wie sie gekommen ist, und ich kehre versöhnt ins Lager zurück. Die Vorderhand des Dicken ist – wen wundert's? – noch dicker angeschwollen. Diane ist besorgt.

»Das sieht nicht gut aus. Der kann frühestens in einer Woche wieder normal laufen, wenn wir Glück haben.«

Da haben wir's. Einmal mehr muß ich bei einer Reise zu Pferd auf Schusters Rappen umsteigen.

Der Dicke lahmt tatsächlich immer schlimmer. Wir legen die vier Kilometer bis zum Pelly zurück, dann halten wir an. Wie soll es weitergehen? Sollen wir den Fluß durchqueren? Ebensogut könnten wir uns Mühlsteine um den Hals hängen und ins Wasser gehen.

»Was sollen wir tun?« Diane blickt beklommen in die reißende Strömung, in der ganze Baumstämme treiben.

»Keine Ahnung.«

Und das ist die Wahrheit!

KAPITEL 4

ES REGNET NUNMEHR SEIT ZEHN TAGEN, GENAUER gesagt seit eben dem Tag, an dem uns ein Freund mit seinem Lastwagen an einem alten Holzfällercamp an der Mackenzie-Straße abgesetzt hat. Am Tag vor unserer Abreise strahlte die Sonne noch von einem blauen Himmel, und die Gletscher funkelten auf den Gipfeln des Felsengebirges, in dessen unberührter Natur wir jetzt ein Jahr lang wie die alten Waldläufer leben wollten.

Bereits am nächsten Tag, als wir ohne einen Blick zurück und ohne Bedauern die Schotterdecke der Straße verließen und an der Bergflanke in einen Waldweg einbogen, setzte Regen ein. Ein Pech, das um so ärgerlicher war, als in den Tagen zuvor, als wir in der Umgebung von Prince George herumfuhren, um die Pferde zu kaufen, kein Wölkchen das makellose Blau des Himmels getrübt hatte. Wir mußten in unserem Kleinlaster sogar die Klimaanlage einschalten, so heiß war es!

In Öljacken gemummt, denken wir heute morgen etwas wehmütig daran zurück, wie wir im klimatisierten Auto durch die Gegend gondelten und in Pubs einkehrten, uns mit einem kühlen Bier erfrischten und riesige Sandwiches verdrückten.

Der Pelly, längst nicht so gastlich wie eine gemütliche Kneipe, bietet den betrüblichen Anblick eines unüberwindlichen Hindernisses. Unsere Chancen, ans andere

Ufer zu gelangen, sind kaum besser als die Aussichten eines Igels, Freitag abends unbeschadet die Autobahn zu überqueren.

Wir studieren die Karte und beschließen, statt tage- oder gar wochenlang darauf zu warten, daß der Fluß wieder abschwillt, seinem Lauf zu folgen und 50 Kilometer von hier einen seiner größeren Zuflüsse zu durchqueren.

Hinter der Mündung müßte der Pelly gut ein Drittel weniger Wasser führen. Vielleicht können wir es dort wagen, zunächst ohne Gepäck, dann ein zweites Mal mit unserem kostbarsten Schatz, Montaine.

Das Vorhaben kann uns zwei oder drei Tage kosten, aber wir haben ja keine Eile. Wir haben Proviant für einen Monat und können zusätzlich jagen und angeln, ganz zu schweigen von den zahlreichen Beeren, die bald reif sein müßten: Heidelbeeren, Himbeeren, Preiselbeeren. Und etwas später werden Pilze unseren Speisezettel bereichern. Wir müssen nur mit dem Allernotwendigsten haushalten: Mehl, Zucker, Salz und dem wertvollen Milchpulver für Montaines Fläschchen. Auf die Berge zu klettern, um eine Schneeziege zu fangen und zu melken, wäre jedenfalls keine ideale Lösung!

Das Gebirge fällt hier direkt gegen den Fluß ab. Die Hänge sind ziemlich steil, und Geröllhalden und dichte Tannenwälder erschweren das Fortkommen. Das Ufer, auf dem wir uns befinden, scheint nicht das günstigere zu sein, ganz im Gegenteil. Immer wieder bleiben die Packsättel an den Bäumen hängen, scheuern und schrappen an den borkigen, feuchten Stämmen entlang. Wir tasten uns förmlich vorwärts, legen gerade mal einen Kilometer in der Stunde zurück.

Zum Glück hört der Regen am Nachmittag auf. Die Wolken reißen auf, und hier und da zeigt sich sogar ein Zipfel blauer Himmel. Gibt es den überhaupt noch?

Nach zehn Tagen Dauerregen wagen wir kaum noch daran zu glauben. Die Gegend ist ganz nach Otchums Geschmack. Kragenhühner, Tannenhühner, Elchspuren in Hülle und Fülle. Er amüsiert sich prächtig. Doch um 14 Uhr ist das Fest vorbei. Er kehrt winselnd und blutend zurück. Im Hals, in den Lefzen, in Zunge und Schnauze stecken gut 50 Stacheln eines Stachelschweins. Montaine heult. Ein richtiger Anfall. Sie wird hysterisch.

»Nein, nein, nein. Armer Tschum-tschum.«

Sie beruhigt sich erst, als wir sie auf den Arm nehmen und ihren Kopf an unsere Schulter betten. Doch das hilft uns nicht weiter. Nur zu zweit können wir Otchum von den mit kleinen Widerhaken versehenen Stacheln befreien, die sich bei jeder Bewegung und jeder Berührung mit der Pfote noch tiefer ins Fleisch bohren. Es ist immer das alte Lied: Der Hund nimmt die Witterung eines Stachelschweins auf, nähert sich ihm und treibt es mit wildem Gebell in die Enge. Das Stachelschwein rollt sich wie ein Igel zu einer Kugel zusammen, so daß nur noch die Stacheln zu sehen sind. Der Hund tritt näher, und darauf hat das Schwein nur gewartet. Es wirbelt herum und schlägt dem Angreifer die gesträubten, fünf bis acht Zentimeter langen Schwanzstacheln ins Gesicht, die es, wenn es den Körper schüttelt, sogar zwei bis drei Meter weit schleudern kann! Wutentbrannt fällt der Hund über den Gegner her und beißt in das Nadelkissen. Der Kampf endet, sobald die Schmerzen unerträglich werden. Ohne Hilfe verendet der Hund oder der Wolf (ja, auch unerfahrene junge Wölfe tappen in die Falle) unter unsäglichen Qualen.

Wir entfernen mit der Hand, was sich entfernen läßt. Leicht ist das nicht. Die Stacheln sitzen ein bis zwei Zentimeter tief und lassen sich nur schwer herausziehen. Bei jeder einzelnen leidet der Hund Qualen. Schon nach der zehnten hat Otchum genug. Er dreht und windet sich, um der Behandlung zu entgehen. Montaine ist, eingewikkelt in eine Plane, mittlerweile eingeschlafen, erschöpft von den vielen Tränen, die sie seinetwegen vergossen hat.

»Das klappt nie!«

»Es muß, sonst krepiert er uns.«

»Haben wir kein Beruhigungsmittel in der Reiseapotheke?«

Gute Idee. Ich ziehe die schriftlichen Tips zu Rate, die mir mein Onkel und früherer Expeditionskamerad Pierre Michaut, ein gelernter Apotheker, mitgegeben hat... Valium, Betäubungsspritze. Das müßte helfen. Auf einen Stich mehr oder weniger kommt es Otchum nicht an! Eine Viertelstunde später ist er etwas benommen, aber nicht so weggetreten, daß wir in Ruhe operieren könnten, und aus Angst, ihn in ein Koma zu versetzen, aus dem er nicht mehr erwacht, wage ich nicht, ihm eine zweite Injektion zu geben. Wir versuchen, ihn zu fesseln. Unglaublich, welche Kräfte dieser Hund entwickeln kann. Nichts zu machen! Also wappnen wir uns mit Geduld. Wir quälen Otchum zwei Stunden lang und ziehen einen Stachel nach dem anderen heraus. Eine Prozedur, die für ihn ebenso nervenaufreibend ist wie für uns.

Als wir aufhören, stecken noch etwa 15 Stacheln in seinem Maul, genauer gesagt, in Gaumen und Zunge, eine oder zwei davon im Zahnfleisch.

Montaine wacht auf, und so beschließen wir, weiterzuziehen und einen Lagerplatz zu suchen, ehe wir die Operation fortsetzen. Uns bleibt ohnehin keine andere Wahl. Vom Zusammenpressen der Stacheln und dem Festhalten des Hundes sind unsere Hände völlig verkrampft.

Otchum trottet kleinlaut und traurig hinter der Karawane her, während über den Baumwipfeln wieder bedrohlich schwarze Wolken aufziehen.

Am Abend operieren wir abwechselnd. Otchum hält still und klappt auch brav das Maul auf, doch sowie die

Hand nach dem Stachel faßt, dreht er energisch den Kopf weg. So geht es zehn, zwanzig, hundert Mal. Unsere Geduld wird auf eine harte Probe gestellt. Für einen einzigen Stachel brauchen wir eine Viertelstunde. Ich bin genervt, und Otchum spürt es. Diane hat sich besser im Griff. Sie kann 20 Anläufe nehmen, ohne die Geduld zu verlieren. Trotzdem wechseln wir uns ab, denn die Arbeit strengt an. Diane geht mit fünf zu zwei Stacheln in Führung. Später, als wir endlich ins Zelt kriechen, habe ich auf vier zu sechs verkürzt. Noch stecken sechs oder sieben Stacheln im Maul. Aber unser Otchum ist gerettet.

Zweieinhalb Tage später erreichen wir den Nebenfluß. Wir taxieren Breite, Tiefe und Strömung und gelangen zu dem Ergebnis, daß er kein unüberwindliches Hindernis darstellt. Wir könnten es gerade so schaffen.

»Siehst du, es geht!«

»Gerade noch.«

»In der Mitte werden die Pferde keinen Grund mehr haben.«

»Das schon, aber da hinten ist die Strömung nicht so stark.«

Diane bleibt skeptisch. Montaine mustert das Hindernis mit gerunzelter Stirn. Die Pferde glotzen blöde.

»Gut, sollen wir jetzt gleich rüber und am anderen Ufer unser Lager aufschlagen oder sollen wir lieber bis morgen warten?«

Diane zögert keine Sekunde.

»Sofort, dann haben wir es hinter uns!«

»Einverstanden. Ich reite mit dem Jungen und den beiden Packpferden voraus, und du wartest, bis ich drüben bin, ehe du mit Montaine nachkommst, okay?«

»Okay.«

Lächeln.

»Es wird schon klappen. Wenn es mit Montaine Probleme gibt, binde ich die Packpferde drüben an und helfe dir.«

Der Junge dreht widerwillig den Kopf zur Seite. Ich stoße ihm die Fersen in die Weichen, damit er wieder nach vorn schaut. Er setzt einen Huf vor, dann den anderen, tritt aber auf der Stelle. Er will partout nicht ins Wasser.

Ich reite ein Stück am Ufer entlang, schlage einen weiten Bogen und halte direkt auf den Fluß zu. Der Junge watet ins Wasser, bleibt aber nach wenigen Schritten stehen. Der Alte überholt ihn. Ich lasse ihn gewähren und lockere seine Leine, die um meinen Sattelknauf gewikkelt ist. Beim Anblick des Gefährten stürzt sich der Junge förmlich in die Fluten. Wir tauchen immer tiefer ein. Die Strömung ist doch stärker als erwartet. Sie drückt so kräftig gegen die Packsättel und die Flanken der Pferde, daß eins nach dem anderen den Boden unter den Füßen verliert. Der Alte und der Weiße streben unbeirrt dem anderen Ufer zu, nur den einen Gedanken im Kopf: so schnell wie möglich drüben ankommen. Doch der Junge gerät in Panik. Plötzlich beginnt er, mit den Vorderläufen zu strampeln, und geht unter! Ich muß ihn loslassen und schwimmen. Ich werde ein Stück abgetrieben und gegen den Weißen gedrückt, der mittlerweile wieder Grund hat, doch die Strömung ist noch so stark, daß ich selbst keinen Halt finde. Also verlege ich mich aufs Tauchen und schwimme kurzerhand unter dem Bauch des Weißen wie unter einer Brücke hindurch! Ein, zwei Züge, und ich habe wieder Grund. Die Pferde sind bereits drüben und grasen, als sei nichts gewesen, mit Appetit auf der Uferböschung. Ich drehe mich um und sehe, daß Diane mit Montaine auf dem Rücken Anstalten macht, mir zu folgen.

»Warte!«

Zu spät. Schon ist nur noch der Kopf des Pferdes zu

sehen, darüber Diane, die Arme um seinen Hals geschlungen, und zuoberst Montaine, die sich fest an den Rücken ihrer Mutter klammert und mit weit aufgerissenen Augen, aber ohne zu weinen, schreit:

»Mama! Mama!«

Der Dicke hat wieder Grund unter den Füßen, und Diane taucht aus den Fluten auf. Sie redet auf Montaine ein, um sie zu beruhigen. Diane ist klatschnaß, doch Montaines Oberkörper ist trocken geblieben.

»Warum hast du denn nicht gewartet?«

»Das Pferd hat verrückt gespielt, so ganz allein. Ich wollte nicht warten, bis es uns abwirft, deshalb bin ich losgeritten.«

Das soll mir eine Lehre sein. Wenn ich künftig eine Passage teste, darf ich immer nur zwei Pferde mitnehmen. Wenn ein Tier allein zurückbleibt, dreht es sofort durch, vor allem der Dicke.

Wir entzünden ein großes Feuer. Montaine lacht und klatscht vergnügt in die Hände, als Otchum durch den Fluß schwimmt.

»Bavo, Tschum-Tschum, bavo!«

Sie läuft ihm entgegen und begrüßt ihn, noch bevor er sich geschüttelt hat. Sie wird von oben bis unten naßgespritzt und lacht noch vergnügter.

In der Zwischenzeit wäscht Diane im Fluß die Stoffwindeln unserer Großmütter, mit denen wir Montaine wickeln.

»Hoffentlich wird sie bald sauber!« seufzt sie. Tatsächlich können wir uns schlecht vorstellen, ihr im Winter bei 40 Grad Kälte die Windeln zu wechseln.

Der Himmel wirkt noch immer bedrohlich. Wolken ziehen vorbei und zerreißen an den schneebedeckten Gipfeln, die von Zeit zu Zeit durch das dunkle Grau blinzeln. Dann erhaschen wir einen Blick auf einen Kamm, einen Hang, einen Paß. Ein richtiges Puzzle, dessen Teile man aus der Erinnerung zusammensetzen muß, um von der Landschaft ein vollständiges Bild zu bekommen.

»Bei Sonnenschein muß es hier traumhaft sein.«

Seufzen.

Wir wärmen uns am Feuer. Unsere nassen Sachen hängen dampfend an zehn Stöcken, die ich in den Boden gerammt habe.

Etwas später kuscheln wir uns in den Schlafsäcken, die wir zu einem großen zusammengefügt haben, aneinander und wärmen uns gegenseitig. Montaine, die sich mittlerweile an ihre neue Schlafstelle gewöhnt hat, ist in ihrem kleinen Schlafsack bald eingeschlafen. Otchum hat es sich unter dem Vorzelt auf einem Sattel bequem gemacht. Die Pferde weiden ungestört in der Nähe. Wir hören ihre Glöckchen in der nächtlichen Stille bimmeln. Es regnet nicht.

Alles ist friedlich. Es geht uns gut.

KAPITEL 5

EIN KALTER, BÖIGER WIND IST AUFGEKOMMEN UND rüttelt am Zelt. Die Wolken jagen über den Himmel, als sei der Teufel hinter ihnen her, und lassen nur gelegentlich ein paar Tropfen fallen, als hätten sie es zu eilig für eine Pinkelpause.

Die Pferde streichen ums Zelt, und das Gebimmel wird auf Dauer unerträglich. Otchum schreitet ein und vertreibt sie, doch wenig später sind sie wieder da.

»Kling'ling, kling'ling!«

Genervt stehe ich auf. Die Morgendämmerung liegt über dem Tal, schwer wie die Lider eines Schlafenden, und Schatten verhüllen noch die windzerzauste Landschaft. Waldsänger, Meisen und Tyrannen, die üblichen Begleiter der Dämmerung, schweigen. Kein Zirpen ertönt in der Dunkelheit.

Die Vögel sind vor dem Wind in den dichten Wald geflüchtet. Ich gehe zu Fuß am Fluß entlang, um die Uferböschung zu erkunden und eine Passage zu suchen. Wie ein Kanute einen Wasserlauf studiert, so muß auch ein Reiter lernen, einen Fluß zu lesen. Eine ideale Furt findet sich im allgemeinen oberhalb einer Stromschnelle, unmittelbar vor der Schwelle, hinter der die Strömungsgeschwindigkeit des Wassers zunimmt. Dort ist der Fluß weniger tief und die Strömung am schwächsten. Einen Kilometer oberhalb des Lagers finde ich eine geeignete

Stelle. Auf den ersten 20 Metern ist das Wasser nur 60 bis 80 Zentimeter tief, dann folgt ein tieferer Abschnitt mit relativ schwacher Strömung. Nach zehn Metern geht der Boden in eine sanft ansteigende, sandige Böschung über, die einen bequemen Ausstieg erlaubt. Otchum bellt sich im Wald heiser. Er jagt Rothörnchen, die ihn von ihren sicheren Hochsitzen aus verspotten.

Auf dem Rückweg ins Lager bemerke ich im dichten Wald einen weißen Fleck. Unsere vier Pferde! Ein Ausreißversuch kurz vor dem Zusammenpacken? Ich pfeife. Sie bleiben wie ertappt stehen, heben den Kopf, spitzen die Ohren und saugen geräuschvoll die Luft ein. Sie erkennen mich und beruhigen sich sofort. Ich nehme ihnen die Fußfesseln ab und führe den Jungen und den Alten am Zügel zurück. Der Dicke lahmt noch immer.

Noch ehe ich Montaine hinter den Bäumen sehen kann, höre ich sie plappern und nach ihrem Otchum rufen. Beim Anblick des Freundes strahlt ihr blühendes Gesicht. Otchum, kein Spielverderber, läßt sich umarmen, streicheln, auf die Pfoten treten und seufzt nur ein wenig, als sie ihm lachend die Finger in die Nasenlöcher schiebt.

Durch unsere Kleidung vor Wind und Regen geschützt, blicken wir mißmutig in die kalten Fluten des Flusses.

»Eigentlich ist mir heute nicht nach Baden.«

»Mir auch nicht.«

Doch es muß sein.

Montaine hält sich wacker. Sie umklammert ihre Mutter so fest, daß sie ihr fast die Luft abschnürt, und verschlingt das Spektakel förmlich mit den Augen, riesigen Augen, die auf den Aufnahmen, die ich bei der Durchquerung des Flusses für unseren Film* mache, das ganze

---

* *L'Enfant des neiges*, ein vom Autor selbst gedrehter abendfüllender Film, schildert den Verlauf dieser Reise (Anm. d. Verlages).

Bild einzunehmen scheinen. Wieder werden wir pitschnaß, doch uns fällt ein Stein vom Herzen. Der Pelly liegt hinter uns. Zur Feier des Tages bleiben wir drei Stunden am Feuer sitzen – unter dem fadenscheinigen Vorwand, daß Montaine sich ausruhen und aufwärmen muß. Schließlich, gegen 14 Uhr, beschließen wir angesichts der vorgerückten Stunde, nicht mehr weiterzuziehen. Wir schlagen am Pelly unser Lager auf und nutzen eine kurze Aufheiterung zum Angeln. Aus ein und demselben Strudel ziehen wir fünf schöne Regenbogenforellen. Montaine, die auf einem Felsen am Ufer sitzt, bekommt einen Anfall und schreit hysterisch, als der erste Fisch vor ihren Füßen zappelt. Sie flüchtet in die Arme ihrer Mutter und beobachtet aus dem Augenwinkel das seltsame, glitschige Tier. Beim zweiten Fisch ist sie schon ruhiger, den dritten streichelt sie mit schüchterner Hand, beim vierten bricht sie in Lachen aus, und beim fünften bekommt sie einen Koller, als ich ihn ihr wegnehme und in einem Beutel verstaue. Sie lernt schnell.

Am Abend beobachtet Montaine, wie die Forellen in der Pfanne brutzeln. Ohne Scheu kostet sie von dem Fleisch und verlangt bald einen Nachschlag.

»Mehr, mehr!«

Es schmeckt ihr. Sie hat sich endgültig mit den Wasserbewohnern versöhnt.

Ein Wunder! Am Morgen scheint die Sonne und überflutet die Erde mit ihrem goldenen Licht. Die Wiesen dampfen wie feuchte Wäsche in den ersten warmen Strahlen, Vögel schwirren von Baum zu Baum und trällern ihre schönsten Lieder in den blauen Himmel. Der Fluß erstrahlt in seinem Glanz, und der silberne Ton des Wassers ist wie die Farbe der Gletscher, die, weiter oben, mit gläsernen Zungen an den Gipfeln lecken. Montaine bestaunt mit großen Augen die Schönheit der Welt. Wir breiten unsere Sachen am Boden aus. Nach zwei Wochen ununterbrochenem Regen ist alles feucht.

Gegen Mittag, als wir uns in den Sattel schwingen, hat ein Westwind den blauen Himmel weiß, dann grau übertüncht. Die Stechmücken, die uns bislang verschont haben, fallen in Schwärmen über uns her. Diane und ich schmieren uns mit Muskol ein, einem extrem wirksamen kanadischen Präparat, anschließend verteilen wir es auf Montaines Kleidern – beim direkten Kontakt würde die empfindliche Babyhaut Schaden nehmen. Myriaden von Stechmücken und ebenso viele schwarze Fliegen erfüllen die Luft mir ihrem Sirren. Bei jedem Umspringen des Windes verflüchtigt sich die Insektenwolke, ist aber gleich darauf wieder da, eine wahre Plage, die Geißel des Nordens. Diane, die Montaine auf dem Rücken trägt und sie deshalb nicht sehen kann, macht sich Sorgen:

»Sitzen viele auf ihr drauf?«

Nein, die Mücken interessieren sich anscheinend nicht übermäßig für Montaine. Ein Glück! Um so mehr aber für Diane, die eine magnetische Anziehungskraft auf sie ausübt.

»Quälgeister!«

Sollen wir dem Regen nachtrauern, weil er die Insekten ferngehalten hat? Das ist die harte Realität der Taiga im Sommer. Stechmücken oder Regen. Ich singe ein Loblied auf den Winter. Keine Nässe, keine Insekten, keine Sümpfe, nur tiefe Stille und eine eisige Kälte, die Seen und Flüsse zufrieren läßt und so ein bequemes Reisen ermöglicht. Wie sagte Scott, der berühmte Polarforscher: »Gebt mir den Winter, gebt mir Hunde, alles andere könnt ihr behalten.«

»Und was ist mit dem Herbst?«

»Der Indianersommer ist herrlich, Feuerfarben, Sonne, niedrige, aber angenehme Temperaturen, nicht eine Stechmücke.«

»Sonne?«

»Normalerweise schon. Es gibt eigentlich immer eine Schönwetterperiode von zwei bis drei Wochen vor dem Winter, vor dem ersten Schnee und dem ersten strengen Frost.«

Bis dahin muß unsere Hütte am Thukadasee stehen. Meine Hunde werden von Fort Saint James aus mit dem Wasserflugzeug dorthin gebracht werden. Zuvor werden sie von Air Canada im Direktflug gratis von Paris nach Vancouver befördert und dann mit dem Lastwagen zum Flugplatz meines Freundes Clarence Hogan gekarrt.

Ursprünglich hatte ich die Absicht, sie von Anfang an mitzunehmen, einige als Lasttiere zu verwenden und die anderen frei herumspringen zu lassen. Doch dieses Vorhaben mißfiel dem Gewässer- und Forstamt der Region Mackenzie, das nicht ohne Grund befürchtete, die heulende Meute könnte junge Elche über Berg und Tal hetzen. Otchums Söhne sind gefürchtete Jäger, und im Jura, wo Jérôme Allouc sie zusammen mit seinen eigenen Hunden versorgt, haben sie bei ihren Ausflügen im Wald schon so manches Wildschwein gerissen und an Ort und Stelle verschlungen. Geraten sie an einen kräftigen Keiler, kehren sie mit blutigen Wunden zu Jérôme zurück, doch ihr Instinkt ist stärker, und bei der nächsten Gelegenheit gehen sie erneut auf die Jagd.

Mein Plan war also nicht durchführbar, schon gar nicht im Juni, wenn das Wild wegen der vielen diesjährigen Jungen, die vor dem Winter zu Kräften kommen müssen, besonders anfällig ist. Natürlich hätte ich die vier oder fünf gehorsamsten Hunde mitnehmen und darauf abrichten können, stets in unserer Nähe zu bleiben, doch dazu hätte ich die Meute auseinanderreißen müssen. Und das wollte ich nicht. Ich hatte sie ja hauptsächlich aus Otchums Nachkommen zusammengestellt, um ein homogenes, bestens eingespieltes Gespann zu erhalten.

Die Meute wird also erst Ende August zu uns stoßen. Jérôme und Alain Brénichot, der mich auf meiner Expedition durch Sibirien begleitet hat, werden sie uns bringen. Meine Freunde werden mit den Pferden zurückreiten und sie anschließend verkaufen.

Wenn wir doch nur schon an dem See wären. Ich träume schon lange davon, eine Blockhütte zu bauen. Ob es uns gelingen wird, obwohl einer von uns ständig auf Montaine aufpassen muß? Ich habe keine Ahnung, wie wir es anstellen werden. Ich habe noch nie eine Hütte gebaut oder auch nur dabei geholfen, entsprechend bescheiden sind meine Kenntnisse auf diesem Gebiet. Gewiß, seit ein, zwei Jahren schaue ich mir jede Hütte, an der ich vorbeikomme, genau an, studiere die Verzapfung, die Kerben, die Dachkonstruktion, aber ich habe keinen Bauplan. Wir haben zu oft von dieser Hütte gesprochen, zu oft von ihr geträumt, um sie nicht eines Tages an einem der schönsten Plätze, die ich kenne, zu bauen! Und in den 15 Jahren, die ich den hohen Norden durchstreift habe, bin ich an so manchem hübschen Fleckchen vorbeigekommen.

Seinen Gedanken nachzuhängen ist das beste Mittel, die Stechmücken zu vergessen. Wir denken nicht nur an die Hütte, sondern häufig auch an zu Hause, an die Sologne und an die Menschen, die wir lieben. Wir reisen in die Vergangenheit, das hilft, die Gegenwart zu ertragen. Stunde reiht sich an Stunde. Montaine ist eingedöst und träumt ebenfalls. Offensichtlich von Otchum, denn sie murmelt im Schlaf seinen Namen.

Wir ziehen gemächlich am Fluß entlang. Es geht durch Kiefernwälder, über wasserdurchtränkte Flechtenteppiche oder durch Sümpfe, die mit Erlen oder Weiden übersät sind. Am Spätnachmittag gelangen wir erneut an einen Nebenfluß, der wenig einladend aussieht. Obwohl am Ufer kaum Gras wächst, schlagen wir unser Lager auf. Damit die Pferde in der Nähe bleiben, binde ich den Dicken und den Weißen an zwei Kiefern und lasse die beiden anderen frei herumlaufen. Später am Abend wird gewechselt.

Ich entzünde ein Feuer und erklimme allein den Berg, der den Fluß überragt, um mir ein Bild von der Route zu machen. Otchum hüpft ausgelassen neben mir her, während ich mir alles um mich herum genau anschaue: Vögel, Flechten, Sträucher, Blumen, Beeren, Pilze. Der Wald ist herrlich mit den duftenden Pappeln, den majestätischen Kiefern, den weißen Birken, die gegen die dunklen Tannen abstechen. Ich bin im Gebirge, und das Gebirge ist in mir. Seine Schönheit scheint durch mich hindurch wie durch Glas, und ich berausche mich an den Gerüchen und Farben und sauge sie genüßlich in mich auf. Ein seltenes Glücksgefühl durchströmt mich, macht mich für den leisesten Windhauch empfänglich und schärft meine Sinne.

Jedes Geräusch, das ich vernehme, durchdringt meinen Geist, ich sehe mir jede Spur an, hülle mich in diese Umgebung, so wie man sich in eine warme Decke wikkelt, wenn man friert. Mit zunehmender Höhe schrumpfen die Bäume und erschweren mit ihren knorrigen Ästen den Aufstieg. Ich weiche auf Lichtungen aus, Wildwechsel weisen mir den Weg. Es wimmelt hier von Schwarzbären, wie die Spuren beweisen, die sie überall hinterlassen haben. Kein Wunder bei den vielen Beeren, die hier gedeihen: Wacholderbeeren auf den trockenen Lichtungen, Moosbeeren an den sprudelnden Bächen, dazu Heidelbeeren und eine Vielzahl anderer wilder Früchte.

Allmählich lichtet sich der Wald und weicht Gebirgsmatten, auf denen Berufskraut, Goldruten, Enzian und viele andere Blumen blühen, die ich nicht zu bestimmen vermag, malvenfarbene, scharlachrote, gelbe …

Die Wolken am Himmel zerfasern, beginnen zu leuchten und zerreißen zu langen Fransen in rosafarbenen Tönen. Ich bewundere einen Augenblick den kristallklaren Glanz des Gletschers, der sich an eine große, von Tannen gesäumte Moräne lehnt. Ich fühle mich wie neu belebt, als ich aus dem Wald trete. Eine neue Welt tut sich vor mir auf. Ich blicke weit über Flußtäler hinweg, die ein warmes, weiches Licht durchflutet.

Ich klettere noch höher. Mehrere Schneehuhnfamilien schimpfen ungehalten über Otchums unermüdliche Attacken. Eine Henne flieht auffallend langsam, um ihn von ihren Küken abzulenken, die er eigentlich erwischen könnte. Sie fliegt dicht über dem Boden 30 Meter weit und läßt dann den Flügel hängen, als sei er gebrochen, flattert aber sofort weiter, wenn Otchum sie einholt. Bald sind die beiden so weit entfernt, daß sich die Küken in einem Dickicht aus Zwergkiefern in Sicherheit bringen können. Sowie die Gefahr gebannt ist, eilt die Mutter zu ihrem Nachwuchs zurück.

Ich bleibe auf einer Geländeerhebung am Fuß des Gletschers stehen. Von hier aus habe ich eine weite Sicht, sogar über die Berge hinweg, die unser Lager überragen. Mit dem Fernglas studiere ich lange den Nebenfluß – er ist auf den nächsten zwei bis drei Kilometern unpassierbar –, dann sorgfältig die Topographie der Berge. Eine Art Plateau erstreckt sich gut 50 Kilometer weit nach Norden. Obwohl felsig und von einigen kleinen Schluchten durchschnitten, ist es für uns ein ideales Gelände. Natürlich, das ist die Lösung. Wir meiden die überfluteten Täler und reisen einfach oberhalb der Baumgrenze.

Zu meiner Rechten bemerke ich in der Ferne eine kleine Karibuherde. Im Sommer flüchten die Tiere vor den Stechmücken aus den Tälern in größere Höhen. Bei unserer Expedition durch die amerikanischen Rocky Mountains haben wir Großohrhirsche und Wapitis nicht selten in über 4000 Metern Höhe angetroffen!

»Auf den Spuren der Karibus« wird also das Motto der nächsten Tage lauten. Ich präge mir die leichteste Route ein, die zu den Matten oberhalb der Waldgrenze führt, dann kehre ich, benommen von soviel Schönheit, ins Lager zurück.

KAPITEL 6

DORT, WO WIR UNS JETZT BEFINDEN, HAT ZU BEGINN des 20. Jahrhunderts ein Franzose namens Charles Bedeaux den Versuch unternommen, mit 120 Pferden und mehreren Citroëns das Gebirge zu überqueren. Die Waldläufer aus der Gegend haben sich halb totgelacht, als der reiche Franzose sein Gepäck auslud, darunter tragbare WCs, eine Badewanne nebst einer Anlage zur Warmwasserbereitung, Überseekoffer mit Kleidern, Schuhen und diverser Damenunterwäsche seiner Frau, nicht zu vergessen die zahlreichen Kisten mit Wein, Champagner und Kaviar, die er mit sich führte.

Dieser Mann, an den man sich in den Saloons von Fort Saint John bis heute erinnert, wollte die mächtige Bergkette des Felsengebirges in ihrer ganzen Breite überqueren und bis zum Pazifik vorstoßen. Wenn man weiß, wieviel Mut und Ausdauer zu einem solchen Unternehmen gehören und wie viele Entbehrungen zwei so erfahrene Männer wie Lewis und Clark auf sich nehmen mußten, als sie dieses Kunststück zusammen mit der Indianerin Sacajawa als erste vollbrachten, muß das Vorhaben des Franzosen einfach lächerlich erscheinen. Für das Doppelte bis Dreifache der handelsüblichen Preise ließ er sich von den besten Ranchern der Gegend die Ausrüstung zusammenstellen. Ein Frühjahr lang sorgte der Exzentriker für Gesprächsstoff und kurbelte die lokale

Wirtschaft an. Doch als er mit seiner Badewanne, seinem Champagner und seinen Citroëns von Fort Saint John aufbrach, um den Kampf gegen dichte Wälder, Schluchten, Flüsse und Bergriesen aufzunehmen, hätte kein Narr einen Dollar gegen einen Tausender gewettet, daß er auch nur die Hälfte der Strecke bewältigen würde. Tatsächlich kam er nicht sehr weit. Doch immerhin legte er mit seinen Citroëns über 200 Kilometer zurück und bewies damit, sofern es eines solchen Beweises bedurfte, seine eiserne Entschlossenheit.

An diesen zumindest höchst originellen Mann denke ich, als wir durch den Wald zu den Matten hinaufsteigen. Der Boden ist mit verkohlten Baumstümpfen übersät, die wir überspringen oder umgehen müssen. Ich marschiere an der Spitze und trage Montaine auf dem Rücken, wobei ich sorgfältig darauf achte, daß sie sich nicht an den Ästen verletzt. Montaine ist begeistert und deutet mit dem Finger auf Eichhörnchen, die Otchum im Sprung zu erhaschen versucht, oder Kragenhühner, die lärmend in die oberen Etagen der Kiefern flüchten.

Wir triefen von Schweiß, und die Pferde quälen sich den steilen Hang hinauf. Gegen 13 Uhr legen wir eine Pause ein, nehmen den Tieren die Packsättel ab und essen einen Happen. Während wir neue Kräfte sammeln, hält Montaine einen Mittagsschlaf.

Zwei Stunden später, als sie aufwacht, setzt Regen ein und vertreibt die Stechmücken. Er begleitet uns bis nach oben und hüllt die Landschaft in einen undurchdringlichen und bedrohlichen Nebel.

Wir konsultieren sorgfältig Karte und Kompaß, dann steigen wir wieder in den Sattel. Schneeregen peitscht unsere Gesichter. Montaine läuft das Wasser über die Wangen, doch sie ist tapfer und quengelt nicht. Auf der kahlen weiten Hochebene wirkt unsere kleine Karawane mit einem Mal sehr verloren.

»Bist du sicher, daß wir uns hier oben nicht verirren?« fragt Diane leicht beunruhigt.

»Absolut! Auf jeden Fall machen wir bald Rast. Zwei, drei Kilometer von hier habe ich in einer Senke oberhalb des Waldes eine Wiese entdeckt.«

Der Platz ist in der Tat sehr schön. Mitten durch die Wiese, auf der sich Murmeltiere und Dickhornschafe tummeln, gurgelt ein Wildbach. Wieder reißt die Wolkendecke auf, und zufrieden wie selten genießen wir beim Abendessen, bestehend aus Brathuhn und Forelle, die Aussicht auf schneebedeckte Gipfel und dunkle Kämme, auf Hänge und Schluchten mit sanft geschwungenen Linien. Die mal tiefdunklen, mal zartgrünen Wälder fangen gelegentlich einen Sonnenstrahl ein, der malvenfarben durch eine Wolke sticht.

Zwei Tage lang ziehen wir in über 2800 Metern Höhe über das windgepeitschte Plateau und legen pro Tag beachtliche 30 Kilometer zurück. Dann müssen wir Karibus und Dickhornschafe hinter uns lassen und wieder in das enge, tief eingeschnittene Tal hinabsteigen. Wir wählen einen Hang, der nicht sehr steil, aber dicht mit Erlen bewachsen ist. Wir folgen gerade einem Pfad, den Tiere ausgetreten haben, als plötzlich, ohne das geringste Geräusch, der mächtige Kopf eines Grizzlys aus dem Gestrüpp vor uns auftaucht. Das Blut gefriert mir in den Adern. In der nächsten halben Sekunde bäumt sich der Junge auf und wirft mich so blitzartig aus dem Sattel, daß ich nichts dagegen tun kann. Zum Glück marschiert Diane in diesem Augenblick mit Montaine auf dem Rükken hinter mir, um den Dicken zu schonen, der nach wie vor lahmt. Doch auch sie kann die Pferde nicht aufhalten. Sie reißen sich los und jagen davon. All das geschieht innerhalb einer Sekunde. Der Grizzly saugt, ohne sich zu rühren, die Luft ein und beobachtet uns mit funkelnden kleinen Augen. Der Junge ist mit meinem Karabiner auf und davon, und so stehe ich dem gefährlichen Sohlengänger nur mit einem Messer bewaffnet gegenüber. Nicht eine Sekunde denke ich daran, daß er kehrtmachen könnte. Niemals! Wer einen Grizzly überrascht, das weiß ich nur zu gut, setzt sich einem mörderischen Angriff aus. Ich fühle mich dem Ungetüm mit den gewaltigen Krallen wehrlos ausgeliefert, und nur eine stumme Wut verhindert, daß ich zittere.

Diane hat sich hinter mir keinen Millimeter von der Stelle gerührt und raunt Montaine, die erschrocken ist, als ich abgeworfen wurde und die Pferde davonpreschten, nur ein leises »Pst« zu.

Mein Kopf ist leer. Ich weiß nicht, was ich tun soll. Ich kann nur auf den Angriff warten und versuchen, ihm mit aller Kraft das Messer ins Herz zu stoßen. Fliehen kommt nicht in Frage, denn wie jeder weiß, reizt Davonlaufen ein Raubtier zum Angriff. Der Grizzly hebt leicht den Kopf und schnuppert, läßt uns aber nicht aus den Augen, dann sinkt er weich auf die Pfoten zurück. Wieder saugt er die Luft ein, dann macht er ärgerlich brummend kehrt und trollt sich, nicht ohne sich alle paar Meter nach uns umzudrehen. Mein Herz pocht so rasend schnell, wie ich es nie für möglich gehalten hätte. Kalter Schweiß rinnt mir von der Stirn und verschleiert meinen Blick. Ich muß weiß wie Schnee sein. Ich drehe mich langsam zu Diane um. Unsere Blicke begegnen sich. Ihre unerschütterliche Ruhe erregt meine Bewunderung. Kein Schrei, keine überflüssige Bewegung. Sie hat nicht mit der Wimper gezuckt und, mit dem Kind auf dem Rücken, haargenau das getan, was wir uns vorgenommen hatten, falls wir unter solchen Umständen einem Grizzly begegnen sollten.

Ist die Gefahr vorüber, schwinden die Kräfte. Die Spannung entweicht aus dem Körper wie die Luft aus einem Luftballon. Wir setzen uns, um uns zu fassen. Wir begreifen, in welcher Gefahr wir geschwebt haben. Nie zuvor bin ich so unvermittelt einem Tier derart ausgeliefert gewesen. Einmal, bei der Robbenjagd auf dem Packeis in Labrador, hatte ich vor einem Eisbär, der mich verspeisen wollte, einen ähnlichen Bammel, doch damals war ich bewaffnet, und das ist ein himmelweiter Unterschied.

Otchum hat sich in den entscheidenden Sekunden ebenso still verhalten wie wir. Jetzt hören wir sein wütendes Gebell ein Stück weiter unten am Wald. Von seinem Jagdinstinkt getrieben, hat er die Verfolgung aufgenommen.

Warum hat er nicht gebellt, als der Bär vor uns stand? Warum hat er sich in den wenigen Augenblicken, in denen die geringste Bewegung, der kleinste Laut der Begegnung eine verhängnisvolle Wendung hätte geben können, nicht gerührt? Hat er tief in seinem Hundeinnern die zwingende Notwendigkeit gespürt, nichts zu tun, reglos zu verharren und sogar einen tiefverwurzelten Instinkt zu unterdrücken?

So viele Fragen, die unbeantwortet bleiben müssen. Eins freilich scheint mir sicher: Hätte der Bär angegriffen, wäre Otchum zur Stelle gewesen und hätte uns mit jeder Faser seines kleinen Körpers verteidigt. Davon bin ich zutiefst überzeugt, und bald wird die Zukunft zeigen, daß ich mich nicht in ihm täusche.

Otchums Bellen verklingt in der Tiefe des Waldes, als ich mich auf die Suche nach den Pferden mache. Vorher habe ich noch ein großes Feuer entzündet und einen ordentlichen Vorrat Brennholz gesammelt. Tiere fürchten die Flammen, Diane und Montaine kann also nichts passieren. Ich laufe ein Stück über die Bergwiese bis zu der Stelle, wo ich die Pferde habe verschwinden sehen. Zum Glück sind die Hufabdrücke im kurzen Gras gut zu sehen. Die Spur, der ich folge, vereinigt sich bald mit einer zweiten – der Junge und der Dicke, nach den Ausrüstungsgegenständen zu urteilen, die am Weg verstreut liegen. Auf dem steinigen Grund einer Schlucht verliert sich die Spur. Ich suche eine geschlagene halbe Stunde, beschreibe immer weitere Kreise, ehe ich sie am Waldrand wiederfinde. Ich entnehme den Abdrücken, daß sie im Schritt gegangen sind. Obwohl die Gefahr vorüber ist, werde ich erst beruhigt sein, wenn ich den Jungen gefunden und den Karabiner aus dem Futteral gezogen habe. Ob er noch da sein wird?

Ich muß möglichst schnell zurück zu Diane und Montaine, und zwar mit dem Gewehr. Was ist, wenn der Grizzly umkehrt? Und was, wenn es hier noch mehr Grizzlys gibt und ein anderer in ihre Nähe kommt? Ich bin unruhig und besorgt.

Ich dringe in den Wald vor. Unsere beiden vierbeinigen Gefährten sind einem Karibupfad gefolgt. Im Kopf erstelle ich eine Liste der Gegenstände, die am Wegrand liegen: eine Plane, eine Leine, ein Bauchgurt, die beiden Packsäcke nebst Inhalt, eine Satteltasche, eine Jacke… Ob alles andere noch da sein wird?

Eine Viertelstunde später habe ich sie endlich eingeholt. Der Junge und der Dicke weiden seelenruhig auf einer Lichtung, die in der Mitte ein blumengesäumter Bach durchschneidet. Der Karabiner ist noch da. Ich schwinge mich in den Sattel und galoppiere, ohne die Ausrüstung einzusammeln, ins Lager zurück.

Zuerst sehe ich die Rauchfahne, die in den rötlichen Himmel steigt, dann Diane und Montaine, die am Feuer morsche Äste zerkleinern. Mein Herz krampft sich zusammen. Montaine und ihrer Mutter lächeln mir entgegen. Wie erleichtert muß Diane sein. Zwei Stunden war sie mit Montaine allein, wohl wissend, daß im nahen Wald ein Grizzly herumschleicht.

Ich gebe Diane einen der beiden Karabiner und erkläre ihr noch einmal, wie man eine Patrone in den Lauf repetiert. Dann reite ich mit dem Jungen wieder los, um den Weißen und den Alten zu suchen.

Es dauert eine Stunde, ehe ich sie oberhalb einer Schlucht aufstöbere. Doch leider fehlen die Kisten mit den Lebensmitteln, der Reiseapotheke und diversen anderen Utensilien, die alle unentbehrlich sind, denn auf eine Reise wie unsere nimmt man selbstverständlich nur das Allernotwendigste mit. Ich irre eine Weile durch die Schlucht, dann durch einen Wald aus verkrüppelten Tannen und Erlen. Schließlich entdecke ich die Packsättel. Die Proviantsäcke sind über den Boden verstreut und teilweise angenagt. Ich springe aus dem Sattel, binde das Pferd an und trete, den Karabiner im Anschlag, vorsichtig näher. Noch ein Grizzly? Wenn ja, ist er bestimmt noch da und wird seine Beute ohne Zögern verteidigen.

Was für ein Tag! Aber mit den vier Patronen in meiner Winchester bin ich etwas mutiger.

»Laß dich bloß nicht blicken, sonst kannst du was erleben!«

Doch es rührt sich nichts. Ich bücke mich und nehme die Spuren genauer in Augenschein.

Kein Zweifel, das ist kein Grizzly, sondern ein Vielfraß. Und den Namen hat er mehr als verdient, wenn man sich die Schweinerei hier ansieht. Die Säcke sind aufgeschlitzt, Mehl und andere Lebensmittel im weiten Umkreis verstreut.

»Komm raus, du Mistvieh, dann wirst du mich kennenlernen.«

Ich bin wütend und würde viel darum geben, wenn ich dem gemeinen Dieb eine auf den Pelz brennen könnte. Ich sammle alles ein, was noch brauchbar ist. Die Packungen mit Montaines Milchpulver sind zum Glück unversehrt. Die Pferde schnauben und legen die Ohren an. Sie wittern den Vielfraß, und das behagt ihnen ganz und gar nicht.

Ich belade sie und reite zurück. Es ist fast dunkel, als ich im Lager ankomme. Otchum ist noch nicht wieder aufgetaucht. Wir machen uns Sorgen.

»Warum kommst du denn nicht zurück, Otchum? Laß den Grizzly in Ruhe. Er kann dir mit einem Prankenhieb den Kopf abreißen.«

Montaine und ich rufen vergeblich. Ich bin wirklich sehr besorgt. Um Mitternacht habe ich noch kein Auge zugetan. Kaum bin ich in Morpheus' Arme gesunken, weckt mich ein Kratzen am Zelt.

»Mein Tschum-Tschum!«

Auch Diane, die normalerweise nicht mal Kanonendonner wecken kann, ist aus dem Schlafsack geschlüpft. Montaine brummelt etwas und schlummert beruhigt wieder ein.

Es dauert bis drei Uhr früh, bis wieder einigermaßen Ruhe eingekehrt ist.

KAPITEL 7

ICH KOMME LANGSAM ZU MIR UND LAUSCHE IM HALBschlaf, die Augen noch geschlossen, den Geräuschen, die von draußen hereindringen. Dem Bimmeln der Glöckchen, in einiger Entfernung zu meiner Rechten, leicht erhöht. Prima, die Pferde haben sich nicht allzu weit entfernt. Dem Sirren der Mücken, die zwischen den beiden Zeltwänden gefangen sind. Dem Säuseln des Westwinds, der schönes Wetter verspricht. Dem Gezwitscher der Ammern, Strandläufer und Stärlinge, die sich an einem murmelnden Bach tummeln. Dem gleichmäßigen Atem Otchums, der direkt neben mir gegen die Zeltwand bläst. Und schließlich dem durchdringenden, spitzen Schrei eines Adlers, der in der Luft seine Kreise zieht.

Ich öffne das eine Augenlid halb. Das fahle Licht des heraufziehenden Tages. Ich schließe das Auge wieder und strecke mich behaglich im Schlafsack aus. Otchum hat die Bewegung bemerkt. Gähnend steht er auf. Der Adler ist weitergeflogen. Die Aussicht, vor der Bergkulisse gemütlich einen heißen Kaffee zu trinken, lockt mich ins Freie.

Ich liebe den Morgen und sein sanftes, beruhigendes Licht mit den vielen Nuancen. Ich liebe es, wenn langsam und maßvoll dosiert die Farben hervortreten und mit der friedlichen Kraft des Unabänderlichen das Dunkel verdrängen. Das ist etwas ganz anderes als die Abenddämmerung, die farbliche Apotheose eines Tages, wenn der Himmel Feuer fängt, funkelnde Gletscher letzte Blitze aussenden und flammenumloderte Wolken den Himmel erglühen lassen. Der Morgen ist ein Spektakel für die Armen, der Abend eine Oper für die Reichen.

Die Pferde grasen auf dem windgeschützten Hang einer von Hemlocktannen gesäumten Schlucht. Weiter oben bemerke ich im geriffelten Braun der Felsen einen kleinen weißen Fleck: drei Schneeziegen, die, wie immer, über einen unzugänglichen Grat spazieren. Von allen Tieren, die zu beobachten mir vergönnt war – Gemsen, Dickhornschafen, Steinböcken –, ist die Schneeziege das exzentrischste. Mit dem langen weißen Fell, das kurioserweise unterhalb der Knie endet, dem höckerartigen Widerrist und dem Haarbüschel, das auf der hinteren Rückenpartie sprießt, sieht sie eher komisch aus, und doch stockt einem der Atem, wenn man eine Schneeziege auf einem tellergroßen Felsensims über einem 300 Meter tiefen Abgrund balancieren sieht. Man fragt sich, wie sie dorthin gelangt ist und wie sie wieder wegkommt, und denkt unwillkürlich, daß sie sich diesmal in eine sehr prekäre Lage gebracht hat, aus der es kein Entrinnen gibt. Doch wer so denkt, verkennt die unglaubliche Behendigkeit, den erstaunlichen Gleichgewichtssinn und die enorme Kraft dieser Kletterkünstlerin. Zwei, drei Sprünge, und schon findet sie Halt auf einem Felsvorsprung, in einer Spalte. Eine wahre Felstänzerin!

Die Schneeziege fasziniert mich, und ich hoffe, daß ich im Herbst die Zeit finden werde, einige Tiere zu beschleichen und in ihrem eigenen Reich aus größerer Nähe zu beobachten.

Wie neu belebt von den warmen Sonnenstrahlen, die über die Bergflanke streichen, brechen wir das Lager ab und ziehen durch den Tannenwald talwärts in Richtung Fluß. Kragen- und Tannenhühner flüchten lärmend in die Bäume. Wir erlegen drei Männchen mit dunklem, weißgeflecktem Gefieder. Unser Abendessen. Montaine klatscht bei jedem Schuß Beifall und schreit: »Vogel, Vogel.« Und wenn einer auffliegt und laut mit den Flügeln schlägt, ruft sie »Peng, peng!« und wundert sich, wenn die Gewehre stumm bleiben. Diane versucht ihr zu erklären, daß man Vogelmütter nicht schießen darf, doch es ist vergebliche Müh. In einem fort ruft Montaine: »Papa, peng! Papa, peng!«

Wir müssen ihr jeden erlegten Vogel zeigen, damit sie ihn eingehend untersuchen kann. Sie streichelt die Federn, hebt die geschlossenen Lider, kratzt am Schnabel, spreizt die Zehen an den Füßen. Erst dann ist sie zufrieden, und wir können weiterziehen.

Wir tragen Montaine abwechselnd, denn der Wald ist so dicht und das Gefälle so stark, daß an Reiten nicht zu denken ist.

Am Fuß des Hangs taucht vor uns zwischen den Pappeln ein riesiger Elch auf, mindestens zwei Meter Schulterhöhe, mit mächtigem Geweih, mehr als 15 Enden pro Schaufel. Er sucht auf seinen staksigen Beinen das Weite, und Otchum setzt ihm kläffend nach.

Eine Stunde später erreichen wir den Talgrund, müssen aber zu unserer Enttäuschung feststellen, daß der Fluß unpassierbar ist. Deprimiert schlagen wir das Lager auf, und zu allem Überfluß öffnet auch noch der Himmel seine Schleusen. Es ist schon spät, und wir schlingen hastig ein karges Mahl hinunter, damit wir bald ins Trokkene flüchten und in die warmen Schlafsäcke kriechen können. Der Regen trommelt die ganze Nacht hindurch aufs Zelt und zerstört jede Hoffnung, daß der Fluß in den nächsten Tagen abschwellen könnte. Und damit nicht genug: Etwa 20 Kilometer von hier mündet er in den Finlay, einen noch größeren Fluß, den wir ebenfalls überqueren müssen. Hinter dem Finlay geht es hinauf in die Cassiar-Berge. Dort gibt es nur ein paar Wildbäche, die uns vor keinerlei Probleme stellen werden. Aber wie sollen wir diese beiden Wasserautobahnen überqueren? Ich wälze mich im Schlafsack von einer Seite auf die andere und finde keinen Schlaf. In welche Lage habe ich meine kleine Familie gebracht? Dieser verfluchte Regen. Wird er denn niemals aufhören? Am nächsten Morgen ist meine Stimmung ebenso trüb wie das Wetter. Nicht einmal die Bergflanken ringsum sind zu sehen.

Wir gönnen den Pferden eine Ruhetag. Sowie es etwas aufklart, werde ich auf den Berg klettern oder den Flußlauf nach einer Furt absuchen, doch ich bezweifle, daß es eine Passage gibt. Diane macht sich auf die Suche nach den Pferden, und ich bleibe mit Montaine am Feuer. Eine Plane, die ich zwischen den Bäumen gespannt habe, schützt uns vor dem Regen. Montaine macht bei ihren Gehversuchen im Wald erstaunliche Fortschritte. Sie hat schnell gelernt, den Hindernissen auszuweichen, über die sie anfangs gestolpert ist: Wurzeln, Kriechpflanzen, lose Steine, Grasbüschel. Vor allem rappelt sie sich alleine wieder auf, und das ist für uns, die wir zigmal am Tag unsere Arbeit unterbrechen mußten, um der kleinen Waldprinzessin aufzuhelfen, der erfreulichste Fortschritt.

Sie spielt am Feuer mit Otchum. Der Regen stört sie nicht, ja, sie scheint ihn nicht einmal zu bemerken. Drei Wochen sind wir nun schon unterwegs, und das Glück ist uns wahrlich nicht hold. Scheußliches Wetter, Wege, die nur auf der Karte existieren, unpassierbare Flüsse, ein Grizzly und ein Vielfraß. Was haben wir getan, daß der Gott der Taiga uns so bestraft?

Ich höre von Diane kein Wort der Klage. Mit stoischem Gleichmut erträgt sie die Widrigkeiten einer Reise, die unter denkbar ungünstigen Umständen begonnen hat. Doch im Grunde erstaunt mich das nicht. Auch im Verlauf meiner Sibirienreise war Diane zu mir gestoßen, und zusammen mit meinem Freund Nikolaj, dem Anführer eines Ewenen-Clans, der Rentiere züchtet und bei dem ich den halben Winter und den ganzen Sommer verbrachte, ritten wir über das Werchojansker Gebirge. Ein höchst beschwerlicher Ritt: 250 Kilometer durch unwegsame Berge, Sümpfe und Wälder, täglich 14 Stunden im Sattel, von Stechmücken und Bremsen geplagt. Dianes Zähigkeit beeindruckte mich, und mehr noch ihre unerschütterliche Moral. Sie murrte kein einziges Mal, obwohl ihr alle Knochen weh taten, obwohl sie sich den Hintern wund geritten hatte. Am Ende der Reise waren wir so kaputt wie die Pferde, und das will etwas heißen. Ich hegte eine tiefe Bewunderung für dieses zierliche Persönchen, das, wenn es darauf ankam, eine eiserne Entschlossenheit an den Tag legte.

Auch jetzt enttäuscht Diane mich nicht, ganz im Gegenteil. Wie gern hätte ich ihr bei ihrer ersten großen Reise durch die *wilderness* den Regen und die ständigen Probleme erspart. Wann können wir endlich bei strahlendem Sonnenschein reiten und dabei die märchenhafte Landschaft betrachten und Montaines fröhlichem Geplapper lauschen?

Anderthalb Stunden später kehrt Diane mit den vier Pferden zurück. Sie hat sie flußabwärts am Rand eines Sumpfgebiets gefunden, in dem es von Bibern wimmelt.

»Ich habe mindestens zehn gezählt, und jede Menge Enten«, erzählt sie begeistert.

Diane beobachtet leidenschaftlich gern wilde Tiere. Jedesmal, wenn wir welche entdecken, strahlt ihr Gesicht vor Freude. Jede Bewegung, jede Kleinigkeit verschlingt sie mit den Augen. Wenn wir unterwegs auf einen Schwarzbären oder eine Karibuherde stoßen, lacht ihr die Sonne, selbst wenn dunkle Wolken am Himmel hängen.

Das ist einer der Gründe, die sie dazu bewogen haben, ein Jahr lang in der Wildnis zu leben. Und wenn ich sehe, wie Montaine reagiert, möchte ich jede Wette eingehen, daß sie ihrer Mutter nachschlägt. In ihrem Kindergesicht flammt dieselbe Begeisterung auf, wenn sie einen Vogel oder irgendein anderes Tier entdeckt.

Wir rupfen Tannenhühner. Das Fleisch dieses Waldhuhns gehört zum Köstlichsten, was diese Breiten zu bieten haben, ein wahrer Leckerbissen. Auch Montaine kommt auf den Geschmack und verschlingt beinahe ein ganzes allein!

Ich nutze den Nachmittag zu einem Erkundungsmarsch, zunächst talaufwärts, wo der Fluß eher noch reißender wird, dann talabwärts. Einen Kilometer von unserem Lager entfernt entdecke ich eine mögliche Passage und führe ein halbstündiges Zwiegespräch mit mir selbst.

»Nein, zu breit«, sagt der eine Nicolas.

»Ach was«, sagt der andere, mutigere, »das geht locker. Wir reiten bis zu dem überfluteten Felsen, und dann schräg hinüber ans andere Ufer.«

»Quatsch! Vor dem Felsen ist es viel zu tief.«

»Schon, aber die Strömung ist schwach.«

»Wie man's nimmt. Und dahinter, ist sie da vielleicht auch schwach?«

»Nein, aber dort ist es nicht so tief.«

»Nicht so tief? Das ist doch von hier aus gar nicht zu sehen!«

»Ich vermute es.«

»So, du vermutest es. Und wenn du dich irrst?«

»Du nervst. Was sollen wir denn tun? Hier rumhängen und warten, bis wir schwarz werden?«

»!!!«

Eine Einigung ist nicht in Sicht, und da ich den Streit leid bin, trete ich den Rückzug ins Lager an. Unterwegs beobachte ich Trupps von Seidenschwänzen, die mit ihren leuchtenden Farben dem tristen Grau des Himmels eine heitere Note verleihen. Doch ich kann nicht so lange verweilen, wie ich möchte, denn dummerweise habe ich vergessen, die unverzichtbare Mückenschutzcreme einzustecken. Die Blutsauger fallen in Schwärmen über mich her und bringen mich so in Rage, daß ich am liebsten mit dem Stock auf die sirrende Wolke eindreschen möchte.

Zum Schutz gegen Mückenstiche haben sich die Indianer und andere Waldläufer früher mit Schlamm eingeschmiert, der, in der Sonne getrocknet, das Gesicht wie eine Maske aus Ton bedeckt. Da die Maske Risse bekommt, wenn man nur eine Miene verzieht, muß sie ständig gekittet werden. Leider finde ich keinen geeigneten Schlamm, und so bleibt mir keine andere Wahl, als die Beine in die Hand zu nehmen.

Es gibt solche Abende, an denen das Reisen bitter schmeckt. Seiner schönen Seiten beraubt, wird es einem um so verhaßter, als man keine Möglichkeit hat, der ernüchternden Realität zu entrinnen, in der man gefangen ist wie in einem endlosen Sumpf.

KAPITEL 8

BEIM ANBLICK EINES HOFFNUNGSVOLL STIMMENDEN Morgenhimmels verfliegt die Reisemüdigkeit, so wie gewöhnliche Kopfschmerzen vergehen. Man schläft damit ein und wacht ohne wieder auf, in dem angenehmen Gefühl, eine tückische Viruskrankheit besiegt zu haben, die um so gefährlicher ist, als sie ansteckend wirkt und langwierig sein kann. Ich habe Männer gekannt, die von einer unheilbaren Reisemüdigkeit befallen wurden und erst von ihr genasen, als sie wieder zu Hause waren. Besonders häufig tritt diese Krankheit im Winter auf, wenn die unvergleichliche Stille, in der schon ein Murmeln wie ein Frevel wirkt, das Gefühl der Einsamkeit in den endlosen Weiten noch verstärkt.

»Zum Teufel mit dem Fluß. Der wird uns nicht länger aufhalten. Wenn es sein muß, bauen wir uns eben eine Brücke!«

Entschlossen brechen wir auf, tapfer einem neuerlichen eisigen Bad entgegensehend. Doch als wir an Ort und Stelle eintreffen, bremst das Tosen des überschwappenden Flusses unseren Elan.

»Ich geh da nicht rein«, entfährt es Diane.

Montaine, die auf ihrem Rücken sitzt, späht ihr über die Schulter und mustert die Strömung mit argwöhnischer Miene. Ich könnte schwören, daß sie verstanden hat.

»Gut, hör zu. Ich gehe mit dem Jungen und dem Alten

voraus. Wenn es klappt, kommst du nach. Wenn es mir zu gefährlich wird, kehre ich um, und wir überlegen uns etwas anderes.«

»Was denn?«

»Ich weiß nicht. Wir suchen eine andere Passage, weiter oben oder weiter unten, keine Ahnung.«

»Na schön.«

Resigniert bindet Diane die beiden Pferde an, und ich will gerade in Aktion treten, da ruft sie mit zittriger Stimme:

»Mensch, der Weiße blutet ja!«

»Aua, aua«, wiederholt Montaine und deutet auf den Bauch des Pferdes, dorthin, wo der Sattelgurt sitzt.

Die Wunde sieht wirklich böse aus, und das ist um so ärgerlicher, als wir nur eine Möglichkeit sehen, dem Pferd zu helfen: Wir müssen ihm den Packsattel abnehmen, wenn die Wunde sich nicht verschlimmern soll. Aber dann müßten wir einen Teil der kostbaren Ausrüstung zurücklassen. Also versuchen wir, über der Wunde ein Stück aus dem Gurt herauszuschneiden. Aber dadurch machen wir alles nur noch schlimmer, denn nun scheuert der Riemen an den Wundrändern. Wir versuchen etwas anderes. Wir nehmen dem Tier den Sattel ab, ersetzen den Gurt durch einen breiteren Riemen und schneiden kurzerhand ein Loch heraus, das doppelt so groß ist wie die Wunde. Das Bad hat sich um eine Stunde verzögert, und unsere Motivation ist dadurch nicht größer geworden.

»Es muß aber sein!«

Solche Sprüche kosten und bringen nichts, deshalb sollte man sie aus seinem Wortschatz streichen, wenn man in Gegenden unterwegs ist, in denen Taten wichtiger sind als Worte. Also los!

Ich reite mit dem Jungen voraus und nehme den Fluß schräg in Angriff, damit sich die Pferde auf den ersten Metern mit aller Kraft frontal gegen die starke Strömung stemmen können. Würde ich im rechten Winkel in die Stromschnelle reiten, würden die beiden Pferde mit Sicherheit stürzen. Sie tasten sich langsam vor, suchen festen Halt auf dem steinigen Grund. Ich lasse sie gewähren und achte nur darauf, daß sie die gewünschte Richtung einhalten, das Tempo überlasse ich ihnen. Der Junge kommt gut voran und absolviert den ersten Teil des Parcours fehlerfrei. Der Alte folgt uns, doch die Strömung drückt mächtig gegen den Packsattel. Er verliert den Boden unter den Füßen und kippt, hilflos mit den Beinen strampelnd, zur Seite. Die Strömung erfaßt ihn und reißt ihn gut 20 Meter mit, ehe er auf dem schmalen Kiesstreifen wieder Halt findet, auf dem wir in 30 Zentimeter tiefem Wasser stehen. Die Plane hängt auf der linken Seite herunter, die Seile sind verrutscht. Jeden Augenblick kann der Packsattel mit dem kostbaren Inhalt vollends zur Seite kippen, und dann gute Nacht! Mir bleibt keine Wahl. Ich lasse den Jungen zurück und wate zu dem Alten, der offenbar mit dem Gedanken spielt, den Fluß wieder in der umgekehrten Richtung zu durchqueren. Ein paar Meter vor ihm rutsche ich auf einem bemoosten Stein aus und plumpse ins Wasser. In panischer Angst setzt der Alte sein Vorhaben in die Tat um und flüchtet zu seinen Gefährten ans Ufer. Ich kann ihm nicht folgen. Ich kann nur das Gepäck im Auge behalten. Es sitzt fest, und so drehe ich mich nach dem Jungen um. Doch der ist dem Beispiel seines Artgenossen gefolgt und hat bereits die Hälfte der Strecke zurückgelegt. Ich stehe also mitten im Fluß in 30 Zentimeter tiefem, eiskaltem Wasser und kann weder vor noch zurück. Natürlich könnte ich ans andere Ufer schwimmen, denn im tiefen Wasser ist die Strömung nicht sehr stark, aber dann müßte Diane mit Montaine und den vier Pferden nachkommen, ein Risiko, das ich um alles in der Welt nicht eingehen möchte. Andererseits erscheint es mir zu gefährlich, zu den anderen zurückzuschwimmen. Die Strömung würde mich todsicher mitreißen und gegen die Felsen werfen, die stromabwärts aus dem Wasser ragen.

»Was soll ich tun?« schreit Diane gegen das Tosen an.

Ich beginne zu schlottern und habe ein taubes Gefühl in den Beinen. Meine Füße sind starr vor Kälte und hängen wie Blei an mir.

»Komm mit dem Jungen zu mir. Laß die beiden anderen los, sie werden ihm folgen. Dann sehen wir weiter.«

»Was?«

Ich brülle und gestikuliere.

»Komm mit dem Jungen zu mir!«

Ich spüre meine Beine nicht mehr. Bestimmt sind sie bis zu den Leisten blau.

Diane durchquert die Stromschnelle ohne Zwischenfall, die anderen drei Pferde folgen. Montaine klammert sich so heftig an ihren Hals, daß sie ihr fast die Luft abschnürt. Ich schwinge mich in den Sattel. Ein kalter Wind fegt über den Fluß. Ich klappere mit den Zähnen und habe nur noch einen Gedanken: ein Feuer, an dem ich mich aufwärmen kann.

»Du bist ja ganz durchgefroren!«

»Das ist noch gelinde ausgedrückt. Also, ich versuche jetzt, ans andere Ufer zu kommen. Wenn es nicht geht, komme ich zurück, und wir kehren um.«

»Nichts da, ich komme mit. Wenn es mit Montaine Probleme gibt, ist es besser, wir sind zu zweit.«

»Also gut.«

Der Junge scheut vor dem tiefen Wasser, ebenso der Dicke, der eine Pirouette dreht, statt weiterzugehen, obwohl Diane ihm kräftig die Fersen in die Flanken stößt. Schließlich macht der Alte den Anfang und stürzt sich in die Fluten. Der Weiße hinterher. Das Wasser ist verdammt tief, daher auch die schwache Strömung. Auf halber Strecke dreht der Junge ohne ersichtlichen Grund plötzlich durch. Er will sich aufrichten, schlägt mit den Vorderhufen aus und streckt, die entsetzten Augen weit aufgerissen, den Kopf aus dem Wasser. Ich lasse die Zügel los, und das blöde Vieh biegt in Richtung Diane ab und versucht, auf den Dicken zu klettern. Montaine schreit. Der reinste Horror.

»Beeil dich, schnell weg!« rufe ich Diane zu, während ich vergeblich versuche, den Jungen zurückzuhalten.

Diane tritt dem Dicken in die Weichen, und Montaine, bis zur Brust im Wasser, klammert sich an ihren Rücken. Ein paar Schwimmzüge, und ich bin bei ihnen. Ich helfe ihnen aus dem Wasser. Diane steigt vom Pferd, und ich ziehe Montaine aus dem Rucksack, der fest auf ihrem Rücken sitzt, und drücke sie ihr in die Arme. Montaine beruhigt sich sofort, als sie unsere gelösten Gesichter sieht. Wir entdecken einen verkohlten Baumstrunk, in den der Blitz eingeschlagen hat, und entzünden ein vier Meter hohes Feuer.

»Das war unsere letzte Flußüberquerung«, sage ich ohne Umschweife. »Nie wieder.«

»Diesmal hatte ich wirklich Angst«, gesteht Diane.

»Wir hatten alle Angst, zuviel Angst, sogar die Pferde.«

»Dann durchqueren wir den Finlay also nicht?«

»Nein. Der ist bestimmt noch tiefer. Bisher hatten wir Glück, aber wir sollten es nicht überstrapazieren.«

»Abgesehen vom Wetter.«

Und Diane hebt den Blick verzweifelt zum Himmel, an dem sich wieder regenschwere Wolken ballen.

»Richtig, so bald werden die Flüsse nicht abschwellen.«

Wir kauern am Feuer, dessen Flammen im Wind hoch in den Abendhimmel lodern. Unsere Sachen trocknen einigermaßen, obwohl ein Nieselregen einsetzt und bald in einen kalten Sprühregen übergeht, der uns frühzeitig ins Zelt treibt. Wir legen uns hin, doch die quälende Ungewißheit läßt uns lange nicht einschlafen.

KAPITEL 9

DER WIND HAT DIE WOLKEN VERJAGT. ROSA UND VIOlette Schleier färben den gezackten Horizont der Berge. Nebel schwebt über den Wäldern, die sich hier und dort an die Vorberge schmiegen, und breitet sich wie eine Daunendecke über den Fluß.

Ein Seeschwalbenpaar wassert auf einem toten Seitenarm des Flusses und stößt laute und schrille Rufe aus. Über den Kiesstrand stelzen Regenpfeifer und kleine Wasserläufer, die anmutig mit dem Kopf wippen. Unglückshäher flattern ums Feuer und picken, zwei Meter von mir entfernt, im Gras verstreute Krümel auf, die Reste unseres Abendessens. In der Ferne ertönt der gespenstische Lockruf eines Seetauchers.

Alles ist friedlich. Der Wind ist bei Tagesanbruch abgeflaut. Die gestrige Lektion hat Früchte getragen. In der Nacht sind mir neue Ideen gekommen. Im Schein des Feuers studiere ich die Karte, während ein Biber, mit einem zweiten im Schlepp, den Seitenarm durchschwimmt und dabei eine silberglänzende Spur zieht. Ein arbeitsreicher Tag beginnt für sie: zur Verstärkung des Damms, der den Seitenarm vom Fluß abtrennt, müssen Bauholz und Schlamm herbeigeschafft werden. Während ich ihnen zerstreut zuschaue, stecke ich in Gedanken eine neue Route durch die Täler und Berge dieser Wildnis ab.

Statt den Finlay zu überqueren und dann nach Norden

in die Cassiar-Berge vorzustoßen, in deren Herzen wir unsere Hütte bauen wollen, werden wir weiter dem Flußlauf folgen, bis wir nach etwa 80 Kilometern an eine Brücke gelangen, die man 1987 unweit einer Goldmine gebaut hat. So seltsam es auch klingen mag: Die Leute, die mitten in den Rocky Mountains, über 200 Kilometer von jeder Zivilisation entfernt, aus vierkantig behauenen Kiefern diese Brücke gebaut haben, waren Franzosen! Tatsächlich ist ein französisches Unternehmen mit 68 Prozent an der Ausbeutung der Goldmine rund zehn Kilometer nördlich des Finlay beteiligt.

Außerdem wurde für die Flugzeuge, die neben 100 Bergarbeitern auch Tausende von Tonnen Material – Maschinen, Fertigbaracken und alles andere, was man für diese Art von Arbeit braucht – in das Gebiet flogen, südlich des Flusses ein Sumpf trockengelegt und ein behelfsmäßiger Flugplatz gebaut. Die Brücke verband den Flugplatz mit der Mine.

Wir müssen einen Umweg von 180 Kilometern machen, und zu Pferd ist das eine Menge, doch wir können die Hälfte der Strecke auf dem Weg zurücklegen, der von dem trockengelegten Sumpf zur Mine und von dort zu verschiedenen Schürfstellen im Norden führt.

Mal ziehen wir an der Bergflanke entlang, durch einen Wald aus Kiefern und jungen Tannen, den immer wieder große Lichtungen mit blühenden Wiesen unterbrechen, mal bahnen wir uns einen Weg durch die Weiden und Pappeln am Flußufer, wo Hornsträucher mit scharlachroten Früchten und Schafsbeersträucher mit schwarzen Beeren den Boden bedecken.

Wir durchqueren oder umgehen große Sümpfe, die mit Winterschachtelhalm bedeckt sind, jener Pflanze, die wegen ihrer verkieselten äußeren Hautschichten von den Indianern zum Polieren von Holz und Geschirr verwendet wird. Außerdem soll Schachtelhalmextrakt gut gegen Kreuzschmerzen sein.

Die Pflanze schmückt die Ränder von Tümpeln, deren bernsteinfarbenes Wasser einen hübschen Kontrast zu den großen goldgelben Seerosen bildet. Enten tummeln sich hier, vor allem Krickenten und einige Pfeifenten, ein Stück weiter ein Löffelentenpaar. Wir schlängeln uns auf einem schmalen, morastigen Streifen zwischen den Tümpeln hindurch und weichen, da wir zuviel Zeit verlieren, auf die Berglehne aus, wo wir beinahe im Erlengestrüpp steckenbleiben. Mit Müh und Not schaffen wir ein bis zwei Kilometer in der Stunde.

Am Abend des dritten Tages erreichen wir den Finlay. Es gießt in Strömen, doch wenigstens hat der Regen die Myriaden von Bremsen und Stechmücken vertrieben, die unsere Pferde in dem unwegsamen Gelände zwei Tage lang gepeinigt haben.

Bei der Vorstellung, eine Woche lang unter ähnlich widrigen Bedingungen dem Lauf des Finlay zu folgen, befällt uns eine gewisse Unlust. Wir verschlingen zum Abendessen eine gebratene Ente und flüchten, ohne die Knochen abzunagen, vor dem sintflutartigen Regen ins Zelt. Wann wird das endlich aufhören?

Die ganze Nacht hindurch rüttelt der Wind an den Zeltbahnen und übertönt sogar das Prasseln des Regens, an das wir uns fast schon gewöhnt haben. Die Pferde wandern am Flußufer auf und ab, und jedesmal, wenn sie dem Zelt zu nahe kommen, vertreibt Otchum sie mit wütendem Gebell. Dann hören wir das aufgeregte Bimmeln der Glöckchen, das gleich darauf im Heulen des Windes und im Brausen des Flusses untergeht.

Am frühen Morgen spielen Kolkraben im Wind. Sie steigen senkrecht in den grauen Himmel und stürzen sich dann mit angelegten Flügeln, akrobatische Schrauben drehend, in die Tiefe, ehe sie knapp über den Baumkronen plötzlich die Flügel ausbreiten und langsam wieder aufsteigen. Sie lassen sich vom Wind emportragen, spielen mit ihm, vollführen allerlei Kunststücke und setzen, vor Vergnügen krächzend, zu einem neuen Sturzflug an. Im Unterschied zu den meisten anderen Vögeln, die im Wind einen Feind sehen, der ihnen das Reisen in luftigen Höhen erschwert, lieben ihn die Kolkraben.

Die Pferde, die mich mit ihrem Gebimmel die halbe Nacht wachgehalten haben, sind kurz vor Tagesanbruch ausgebüxt.

»Blöde Viecher.«

Ich brauche zwei Stunden, um sie wieder einzufangen, und kehre brummig ins Lager zurück. Der Wind macht die Pferde nervös. Der Junge wollte mir sogar einen Kinnhaken verpassen, als ich ihm die Fußfesseln abnahm. Nur durch einen Satz konnte ich seinem Tritt entgehen, doch der Huf zischte nur Zentimeter an meinem rechten Ohr vorbei.

»Dieses Biest!«

Wir brechen auf. Montaine trällert auf dem Rücken ihrer Mutter, und ihre Spatzenstimme schallt fröhlich durch die graue Landschaft. Die Melodie, die der Wind bald deutlich, bald wie aus der Ferne an mein Ohr trägt, vermischt sich mit dem Knirschen der Hufeisen auf Steinen und Wurzeln. Die Wunde des Weißen will nicht heilen, aber wenigstens verhindert das Loch im Gurt, daß sie größer wird. Inzwischen lahmt der Dicke, und der linke Vorderlauf des Jungen schwillt bedenklich an. Wir reiten nicht mehr, sondern gehen zu Fuß. Mit der freien Hand wedeln wir die Stechmücken weg, und die Pferde peitschen sich mit den Schwänzen unablässig die Flanken.

Zum Glück verschonen die Blutsauger Montaine. Der

Milchgeschmack ihrer Babyhaut läßt sie kalt. Sie halten sich lieber an Diane oder die dickfelligen Pferde.

Unser Marsch gleicht dem vom Vortag, doch es geht immer häufiger durch offenes Gelände, Sümpfe und blühende Wiesen. Wenn irgend möglich, meiden wir den Wald. Sträucher, Erlen und Hartlaubgehölze bilden einen dichten Dschungel, obendrein ist der Boden mit verkohlten Stämmen übersät. Gegen Mittag erreichen wir einen ausgedehnten Sumpf. In einem Tümpel schwimmen zwei Singschwanenpaare, deren makelloses Weiß mit unglaublicher Klarheit vom silbrigen Braun des Wassers absticht. Wir umgehen das Hindernis. Manchmal versinken die Pferde bis zum Bauch in einem Schlammloch, das von Pflanzen wie Pfeilkraut und Fingerkraut überwuchert ist; ihre eßbaren Wurzeln dienten den Goldsuchern am Klondike als Nahrung, wenn der Hunger regierte, was durchaus nicht selten war, da die meisten keine Packpferde besaßen und Proviant und Ausrüstung folglich selbst schultern mußten. Kein Wunder also, daß die meisten dieser verwegenen Abenteurer diese Wurzeln kannten und auch Flechtenmehl oder gar gekochtes Mokassinleder nicht verschmähten!

So weit ist es mit uns zum Glück noch nicht, auch wenn uns der Vielfraß und das unfreiwillige Bad im Fluß einen beträchtlichen Teil des Proviants gekostet haben und das eine oder andere bereits knapp wird. Im Sommer bietet die Taiga einen reich gedeckten Tisch: Waldhühner, Enten, Forellen, nicht zu vergessen die zahlreichen Beeren. Wenn wir Grundnahrungsmittel wie Fett, Trockengemüse, Tee, Kaffee, Zucker und Mehl etwas rationieren, können wir lange durchhalten. Mit einem Gewehr und einer Angelrute sogar Monate oder Jahre – bis uns die Munition ausgeht. Ein schöner Elch liefert immerhin 300 Kilo Fleisch! Aber wir träumen von anderen Gaumenfreuden als Fisch oder Fleisch, die jeden Tag auf unserem Speiseplan stehen. Unsere Träume heißen Schokolade, Käse, Butter …

Wer es nicht selbst erlebt hat, kann nur schwer nachvollziehen, welche Wichtigkeit das Essen in der Wildnis bekommt. Das grenzt an Besessenheit. Doch es hilft nichts. Man muß sich damit abfinden, daß man auf gewisse Dinge verzichten muß. Nach 15 Jahren Nomadenleben im hohen Norden, wo es nur wenige oder überhaupt keine Läden gibt – in Sibirien etwa fehlt es selbst in den Dörfern an allem –, habe ich mich leidlich daran gewöhnt. Doch am Lagerfeuer stellt sich oft quälender Heißhunger ein.

»Und du, was würdest du heute abend gern essen?«

Dann werden erlesene Weine aus dem Keller geholt, würzige Käse aufgetischt, knuspriges Brot, dick mit sahniger Butter bestrichen, Schokoladendesserts, Kuchen. Man schwelgt in Phantasien, verliert sich, träumt mit glänzenden Augen, und das Wasser läuft einem im Mund zusammen wie einem jungen Hund, dem man das Brathähnchen verweigert, in das er gerade beißen will.

Während wir unseres Weges ziehen, überschlage ich im Kopf: Wie lange können wir noch Kaffee trinken, wie viele Fladenbrote backen? Doch plötzlich werde ich aus meinen Gedanken gerissen. Die beiden Packpferde sind im schlammigen Sumpfboden steckengeblieben und kommen nicht mehr von der Stelle. Trotz aller Anstrengungen gelingt es ihnen nicht, sich aus dem Morast zu befreien. Mit jeder Bewegung sinken sie tiefer ein.

»Schnell, nimm mein Pferd, schnell!«

Diane stürzt herbei, und Montaine bekommt einen Schreck. Sie sieht unseren angespannten Gesichtern an, daß etwas Bedrohliches im Gange ist, deutet auf die Pferde und bricht in Tränen aus.

Der Weiße liegt erschöpft auf der Seite. Der Alte, vor ihm, schnaubt laut und rollt die vorquellenden Augen.

Ich nehme ohne Zögern einen Stock, schlage dem Alten mit aller Kraft auf die Hinterhand und brülle.

»Vorwärts! Hü, vorwärts!«

Diane kneift die Lippen zusammen.

»Vorwärts! Los! Los!«

Halb wahnsinnig von dem Gebrüll und den Hieben, stemmt sich der Alte aus dem Schlammloch.

»Geschafft!«

Jetzt der Weiße.

Dieselbe Methode, doch nach zwei Minuten sackt er entkräftet zusammen und kommt nicht mehr hoch. Bis zur Hüfte im stinkenden Schlamm stehend, nehmen wir ihm das Gepäck ab. Da wir an die Knoten nicht herankommen, schneiden wir die Seile durch. Dann unternehme ich einen letzten Versuch. Wenn es diesmal nicht klappt, bleibt mir nichts anderes übrig, als einen Kran herbeizuschaffen, um ihn herauszuziehen – beziehungsweise mit dem Karabiner seine Leiden zu verkürzen. Brüllend prügeln wir auf den Weißen ein. In panischer Angst mobilisiert er die letzten Kräfte. Schlamm spritzt nach allen Seiten. Mit verzweifelten Sätzen wuchtet er sich aus dem Loch und entrinnt dem Grab, das er sich selber gegraben hat.

Das war knapp. Im hohen Norden sind schon viele Pferde vor Erschöpfung in einem Sumpf verendet, aus dem sie nicht mehr herauskamen. Im Verlauf meiner verschiedenen Expeditionen sind meine Pferde mehrmals nur knapp dem Tod entronnen, doch ich habe noch nie ein Tier verloren, weder auf diese noch auf irgendeine andere Weise. Reines Glück. Ich klopfe auf Holz.

Wir laden die mit klebrigem Schlamm überzogenen Säcke wieder auf den Weißen, der sich in einen häßlichen, grünlich schimmernden Braunen verwandelt hat.

Montaine hat sich beruhigt und lacht schon wieder. Wir rasten, sobald wir den Waldrand erreichen, und entzünden ein Feuer. Montaine hält einen erholsamen Mittagsschlaf, die braune Patschhand auf Otchums Hals, der sich neben ihr zusammengerollt hat. Ein entzückendes Bild! Die abgesattelten Pferde ruhen sich aus, die Augen halb geschlossen, den Kopf gesenkt, ein Bein angewinkelt. Wir legen uns ins Gras und dösen. Wolken ziehen langsam über den bleiernen Himmel und zerreißen an den Bergen zu langen Fetzen.

Am nächsten Tag erreichen wir die Stelle, wo die beiden Flüsse zusammenfließen. Der Finlay tost zu unseren Füßen und verhöhnt uns mit seinen überschwappenden, schlammigen Fluten.

»Kein Grund, uns zu ärgern, bei der Strömung wären wir nie rübergekommen.«

»Allerdings! Wenn es einen Monat lang praktisch ununterbrochen regnet, tritt er überall über die Ufer!«

Eine bucklige Wiese mit saftigem Gras schwingt sich vom Fluß zum Wald hinauf. Wir beschließen, auf einem Überhang am Fluß unser Lager aufzuschlagen. Wir sind mittlerweile gut aufeinander eingespielt, und die Arbeit geht schnell von der Hand.

Ich baue gerade am Feuer ein Kochgestell auf, als ein Schrei ertönt. Ich fahre herum. Diane liegt stöhnend am Boden und hält sich den Kopf. Montaine läuft weinend zu ihr.

»Was ist passiert?«

»Der Junge hat mich getreten.«

»Laß sehen!«

Er hat sie voll am Kopf getroffen. Ich sehe schon die Beule. Außerdem hat sie eine Platzwunde, doch zum Glück ist sie nicht sehr tief. Diane ist noch so benommen, daß sie nicht aufstehen kann. Ich kühle die Wunde mit

Wasser und gebe ihr zwei Aspirin. Sie blutet nur leicht, doch die Beule nimmt bedenkliche Ausmaße an.

»Das Mistvieh!«

»Es ging blitzschnell.«

Ich lasse Diane einen Augenblick allein und gehe zu dem Jungen. Ich versuche, ihm die Fesseln anzulegen. Dieselbe Ursache, dieselbe Wirkung: Der Huf pfeift an meinem Ohr vorbei. Zum Glück war ich gewarnt, sonst hätte ich das Hufeisen ins Gesicht gekriegt! Ich hole mir einen Prügel und ziehe ihm eins über. Er bäumt sich auf und tritt mit den Vorderhufen nach meinem Kopf.

»Du hinterhältiges Biest!«

Ich binde ihn wieder an. Aber so einfach kommt er mir nicht davon. Zu zweit werden wir ihm Manieren beibringen.

»Du läßt dir gefälligst die Fesseln anlegen, ohne auszuschlagen. Hier bestimme ich, was gemacht wird, nicht du!«

Ich bin wütend. Diane hat wieder etwas Farbe bekommen. Auch sie ist fest entschlossen, die Sache auszufechten.

Montaine läuft zwischen Diane und mir hin und her und deutet mit verstörter Miene auf das Pferd.

»Ferd böse, Mama Aua.«

Der Junge scharrt mit den Hufen und schnaubt vor Wut, weil er hier angebunden ist und zusehen muß, wie die anderen sich mit Gras vollstopfen.

»Das hast du jetzt davon!«

Aber das Theater dauert nicht lange. Der Dicke, der ihn schon am ersten Tag unter seine Fittiche genommen und eingegriffen hat, als der Alte ihm eine Abreibung geben wollte, trabt zu ihm und reibt die feuchten Nüstern an seinem Hals.

Wir erklären Montaine, daß sie sitzenbleiben muß, solange wir uns mit den Pferden beschäftigen. Doch sobald wir lauter werden, hält sie nichts mehr auf ihrem Platz. Sie kann nicht verstehen, daß wir ein Tier züchtigen, sei es Otchum – ihn schon gar nicht! – oder ein Pferd. Diane ergeht sich in Erklärungen.

»Sieh mal, Montaine, Mama hat ein Wehweh. Das Pferd ist böse, es muß seine Strafe bekommen.«

»Nein, nein!« antwortet Montaine und schüttelt ängstlich den Kopf.

Trotzdem müssen wir dem Jungen die Unart austreiben, jedesmal auszuschlagen, wenn wir ihm die Fesseln anlegen wollen. Der Bruder eines Ewenen, mit dem ich befreundet bin, bekam bei einer solchen Gelegenheit einen Huftritt gegen das Kinn. Er war auf der Stelle tot.

Ich unternehme einen erneuten Versuch, dem Jungen die Fesseln anzulegen. Dieselbe Reaktion. Diane hält ihn mit aller Kraft fest, und ich ziehe ihm eins über. Wieder steigt er in die Höhe und bäumt sich drohend vor uns auf. Montaine kreischt und kommt weinend herübergerannt. Ich packe sie und reiße sie von dem rasenden Tier fort. Diane gibt ihm mehr Leine, wartet, bis es sich etwas beruhigt hat, und bindet es dann wieder an.

»Noch haben wir nicht gewonnen.«

»Nein, aber er muß parieren, sonst müssen wir ihn wohl oder übel hier lassen. So ein Pferd kann ich nicht gebrauchen.«

»Du weißt genau, daß das nicht geht!«

»Ja, und deswegen müssen wir ihn kleinkriegen.«

Wir beruhigen Montaine, setzen sie auf einen Stein und sagen ihr, daß sie sich nicht von der Stelle rühren soll. Ohne auf ihr Gezeter zu achten, wenden wir uns wieder dem Pferd zu. Diesmal binden wir dem Jungen ein Seil um die Nüstern, eine sogenannte Nasenbremse. Der Schmerz nimmt ihm die Lust zu allzu heftiger Gegenwehr, kann allerdings nicht verhindern, daß er ausschlägt. Ich nähere mich ihm mit den Fesseln. Ein neuerlicher Tritt, der nur knapp sein Ziel verfehlt, eine neuerliche Züchtigung. So geht es eine Viertelstunde lang. Dann erlahmen die Kräfte des Tiers, und schließlich sieht es ein, daß die Fußfessel der Nasenbremse vorzuziehen ist.

»Wird aber auch langsam Zeit!«

Wir sind erschöpft. Montaine beruhigt sich endlich. In Dianes Arme gekuschelt, lutscht sie mit halbgeschlossenen Augen an ihrem Daumen.

Ich gehe zum Fluß hinunter, um uns ein Abendessen zu angeln, doch die Forellen wollen in der Schlammbrühe nicht beißen. Ich vertausche die Angel mit dem Gewehr und stapfe in den Wald, wo mich das schrille Geschrei der in den Fichten verborgenen Eichhörnchen begrüßt.

Ich lasse eine Kragenhuhnfamilie, eine Henne mit Küken, entkommen und irre durch den feuchten Wald. Nach einer halben Stunde kehre ich mit leeren Händen ins Lager zurück. Wir begnügen uns mit einer Suppe und einem Fertiggericht (Huhn mit Curryreis), ehe wir uns schleunigst ins Zelt zurückziehen. Donner grollen, Blitze zucken am Himmel, und durchs Tal fegt ein heftiger Wind, in dem sich die Wipfel der höchsten Bäume biegen.

»So ein Sauwetter.«

Wir machen die Luken dicht.

Eine ungewöhnliche Ruhe folgt auf das Gewitter. Stille liegt über dem Tal, nur in der Ferne ruft eine Sumpfohreule.

Der Sturm hat die Wolken vertrieben, und am Himmel funkeln tausend Sterne. Kälte hat sich auf die Erde gesenkt, und Rauhreif glitzert im Dämmerlicht. Ein Vogelkonzert unter Leitung eines unsichtbaren Dirigenten begrüßt den heraufziehenden Tag, das Trillern der Waldsänger, das Gezwitscher der Wasserpieper, das Piepsen der Finken, der Gesang der Ammern.

Eingelullt von der Musik sitze ich an einem Feuer, das fröhliche Funken zum pastellfarbenen Firmament sprüht, schlürfe Kaffee und sauge die morgendlichen Gerüche ein.

Dann steigt die feurig schillernde Scheibe der Sonne hinter der gezackten Bergkette empor, und wir spüren mit unsagbarer Erleichterung ihre sanfte Wärme. Die Erde dampft, und graue Dunstschleier liegen auf den lichtüberfluteten Wiesen.

Zeit zum Aufbruch; doch wir zögern, in den Sattel zu steigen und in den schattigen Wald einzutauchen. Unsere Blicke begegnen sich und sagen dasselbe.

»Zum Teufel mit den Kilometern.«

Heute genießen wir die Sonne.

Pause.

Wir packen unsere Sachen aus. Satteldecken, Schlafsäcke und Kleider, alles wird ausgebreitet, um die Feuchtigkeit auszutreiben, die bis in die kleinsten Falten gekrochen ist. Was für ein herrlicher Anblick, wenn Schlafsäcke und Hemden in der Sonne dampfen. Gibt es ein größeres und schlichteres Vergnügen, als im Gras zu liegen, in der wohligen Wärme die Muskeln zu entspannen und dabei gedankenverloren eine Kumuluswolke zu beobachten, die gemächlich über den Himmel zieht, oder einen Buntfalken, der schwerelos in die Lüfte steigt und dann schwebend an einer Stelle verharrt?

Kein Lüftchen regt sich. Kein Laut durchbricht die Stille.

Ich angle ein paar Forellen. Dazu werfe ich meinen Köder, einen goldenen Spinner, in den Strudel vor den großen Felsblöcken, wo die Fische mit trägem Flossenschlag mitten im wirbelnden Wasser stehen und auf Beute lauern.

Montaine klatscht bei jedem Fang in die Hände, und Otchum wedelt mit dem Schwanz und meldet durch leises Bellen Ansprüche auf einen Teil der Beute an, ein Wunsch, den wir ihm ab und zu erfüllen.

Um unser Abendessen zu komplettieren, erlege ich etwas später im Wald zwei Tannenhühner, deren köstliches, fruchtiges Fleisch wir uns schmecken lassen. Die Knochen werfen wir Otchum hin. Er schnappt sie aus der Luft, zum großen Vergnügen Montaines, die jeden Sprung mit fröhlichem Lachen quittiert.

Alles Schöne geht einmal zu Ende. Mitten in der Nacht verlöschen die Sterne, und eine Wolkendecke schiebt sich von Süden her über den Himmel wie ein Vorhang vor die Bühne eines riesigen Theaters. Am Morgen nieselt es.

In den folgenden vier Tagen ziehen wir auf Elch- und Karibupfaden durch ausgedehnte Wälder, bestehend aus Kiefern, Tannen und Pappeln, unter die sich hier und dort eine seltene Birke mischt. Wir reiten und marschieren abwechselnd, um den Fuchs zu schonen, der immer noch lahmt. Montaine läßt sich im Rucksack wiegen und schläft gewöhnlich kurz nach dem Aufbruch ein, dann ein zweites Mal am Nachmittag, sofern wir nicht anhalten, um Tee zu trinken. Wir haben ihr aus einem Frotteetuch ein Kopfkissen genäht, nachdem uns aufgefallen ist, daß sie von den ständigen Stößen gegen den Rucksack blaue Flecken auf den Wangen bekommen hat. Mit baumelnden Armen schläft sie friedlich auf unserem Rücken, und wir geben uns allergrößte Mühe, jede abrupte Bewegung zu vermeiden, was wegen der Schreckhaftigkeit unserer Pferde höchste Aufmerksamkeit erfordert.

Der Himmel brennt gerade ein Feuerwerk aus zuckenden Blitzen ab, als wir am 14. Juli auf einen Goldschürferpfad stoßen, der geradewegs zur Brücke führt.

»Glaubst du, daß sie noch da ist? Wenn der Weg nicht mehr benutzt wird und die Mine stillgelegt ist, könnte sie durch Eisgang zerstört worden sein«, sorgt sich Diane.

»Jetzt mal den Teufel nicht an die Wand!«

Doch die Brücke spannt sich solide über den Fluß und hält. Halleluja.

So einfach kann es sein. Zehn Sekunden, und wir sind drüben. Der Fortschritt hat auch seine guten Seiten.

Fassungslos starren wir in die brodelnden Fluten. Nie und nimmer hätten wir sie mit den Pferden durchqueren können. Mein Freund Stan hätte es vielleicht geschafft. Doch ich bin weder so erfahren noch so draufgängerisch wie er, schon gar nicht mit einem anderthalbjährigen Kind auf dem Rücken.

Ich denke oft an seine grandiose Ost-West-Überquerung der Rocky Mountains bis zum Pazifik, für die er im Alleingang fünf Monate brauchte. Eine tolle Leistung. Um ein Haar hätte er die Verwirklichung seines Traums mit dem Leben bezahlt. Ich hörte das erste Mal von ihm, als ich bei meiner Süd-Nord-Durchquerung des Felsengebirges mit dem Hundeschlitten durch Ware kam. Die Bewohner erzählten mir von dem Teufelskerl, und als ich ihn acht Jahre später kennenlernte, spürte ich sofort, daß auch er vom Reisebazillus infiziert war. Wir verabredeten ein Wiedersehen, um über eine gemeinsame Tour in die entlegenen Berge in den Northwest Territories zu sprechen.

»Eine unberührte Gegend, da oben«, sagte er mir. »Einfach unglaublich. Man kann sie zwei Jahre lang durchstreifen, ohne eine Menschenseele zu treffen. Es gibt dort jede Menge Grizzlys, Schneeziegen und Dickhornschafe.«

Das Treffen hat stattgefunden.

Noch ein Projekt, das ich in der Schublade habe, wobei ich allerdings darauf achte, daß sich nicht zu viele ansammeln, damit sie noch realisierbar bleiben. Eine Reise in die Mandschurei auf den Spuren der sagenumwobenen sibirischen Tiger, eine Reise ins äußerste Nordpolargebiet. Reisen, Reisen … Da wären noch so viele. Und das Leben ist so kurz. Ich bin 32, und die Jahre vergehen wie im Flug. Aber wie beglückend ist das Leben im hohen Norden!

In den kommenden drei Tagen überbieten wir unseren bisherigen Rekord klar: 130 Kilometer auf einem unbefestigten Weg, der zwar nicht mehr benutzt wird, aber in einem sehr guten Zustand ist.

Es ist eine wahre Freude, sich ungestört in den Anblick der Landschaft zu versenken, die Luftakrobatik eines Kolkraben oder die wilde Flucht einer Karibuherde zu beobachten. Der einzige Wermutstropfen: Otchum erlebt bei der Stachelschweinjagd erneut ein Fiasko. Als er zurückkehrt, sieht sein Kopf wie ein Seeigel aus.

»So ein Idiot!«

Ich habe ihm in einem unwirtlichen Sumpfgebiet 43 Stacheln aus der geschwollenen Schnauze gezogen, als plötzlich ein kalter Nordwind aufkommt und Regen einsetzt.

Es ist 18 Uhr, und wir müssen noch über vier Kilometer marschieren, ehe wir endlich einen geeigneten Lagerplatz finden. Montaine ist auf dem Rücken ihrer vor Nässe triefenden Mutter erschöpft eingeschlafen.

»Ich habe endgültig die Nase voll von diesem Regen!«

Diane wirft einen verzweifelten, haßerfüllten Blick zum Himmel, der voller schwarzer und grauer Wolken hängt. Einmal mehr schlingen wir hastig ein frugales Abendessen hinunter und flüchten ins Zelt. Wir legen unsere durchnäßten Kleider unter dem Vorzelt auf einen Haufen und schlüpfen in die Schlafsäcke. Diane hat Montaine zu sich genommen, wiegt sie zärtlich in den Armen und singt ihr ein Gutenachtlied vor.

Am späten Vormittag biegen wir vom Weg ab und kehren in den dichten Wald zurück. Die Sonne scheint, und wir sind bester Laune. Wir nähern uns dem Ende unserer Etappe zu Pferd, und das ist Balsam für unsere Seelen.

»Siehst du den hohen Berg dort? Dahinter liegt der See, unser See.«

»Wie viele Tagesmärsche sind es noch?«

»Fünf oder sechs, wenn alles glatt geht.«

Diane betrachtet lächelnd die Landschaft.

»Endlich am Ziel. Irgendwo bleiben können und nicht mehr weiterziehen müssen. Herrlich!«

Ich teile ihre Begeisterung.

Seit 15 Jahren durchstreife ich den hohen Norden, habe an Tausenden von Plätzen mein Zelt aufgeschlagen und Zigtausende von Kilometern zurückgelegt, ohne jemals länger als eine Woche an einem Ort zu verweilen. Ich sehne mich danach, irgendwo länger zu bleiben, den Aufenthalt zu genießen und mich an der unberührten Natur zu berauschen, in der es so viel zu entdecken, zu lernen, zu sehen und zu hören gibt, wenn man sich nur die Zeit dazu nimmt. Und um ganz ehrlich zu sein, bin ich es leid, Tag für Tag weiterzuziehen, die Pferde zu satteln und wieder abzusatteln, abends das Zelt aufzuschlagen, um es am nächsten Morgen wieder abzubauen. Die vielen Kilometer, all die Jahre, die ich unterwegs war, haben an meinen Kräften gezehrt.

Bin ich deswegen ein anderer geworden? Ich selbst sehe in diesem Wunsch nur eine Fortsetzung der langen Suche, die der Grund für meine Reiselust und meine Streifzüge durch den hohen Norden war. Eine Fortsetzung, und nicht das Ende. Die wahre Leidenschaft hat kein Ende, sie erlischt nie.

Seit wir vom Weg abgebogen sind, befinden wir uns auf der Nordseite eines Berges. Der Boden ist schwammig und von Bächen durchzogen, die zwischen den Erlen ein engmaschiges Netz bilden. Hin und wieder verdrängen Tannenhaine das Erlendickicht, in dem das Fortkommen besonders beschwerlich ist.

Plötzlich hören wir wenige Meter vor uns ein ärgerliches Schnauben, und ein Elch mit mächtigen Schaufeln ergreift die Flucht.

Otchum begnügt sich vorsichtshalber damit, dem gewaltigen Tier nur hinterherzubellen.

Diane findet keine Worte.

»Was für ein Prachtexemplar! Hast du das Riesengeweih gesehen, Montaine?«

Montaine zeigt enttäuscht mit dem Finger auf die Kuppe, hinter der der Bulle verschwunden ist.

»Elle sehn!«

Sie lernt immer neue Worte hinzu, und bis zum Abend spricht sie uns nach:

»Montaine mag Elch sehen.«

Sie vergißt den Elch, als wir eine Karibuherde aufscheuchen, Kühe mit diesjährigen Kälbern, die auf wackligen Beinen herumgaloppieren und Fangen spielen. Das ist schon eher nach Otchums Geschmack. Er jagt die Herde ein paar Minuten lang, ehe er mit hängender Zunge, aber fröhlich funkelnden Augen zurückkehrt und den Pferden durchs Gestrüpp folgt. Mit zunehmender Höhe – wir überwinden 100 Höhenmeter pro Stunde – wird das Gelände offener. Die Tannen treten zurück und erlauben einen weiten Blick über das Land. Milchiger Dunst umhüllt die schneebedeckten Bergriesen am Horizont. Das hölzern klingende Gegacker der Schneehühner vermischt sich mit den Rufen der Strandläufer und Wasserläufer, die von Teich zu Teich flattern.

Sobald der Ruf eines Vogels über die Tundra schallt, lächelt Montaine und versucht, ihn nachzuahmen. Es ist rührend, wie sie mit ihrem zarten Stimmchen zu den

Vögeln spricht. Und wenn sie einmal nicht wie ein Vogel flötet, dann gilt ihre ganze Aufmerksamkeit Otchum. Wenn sie ihn ruft, ahmt sie unseren Tonfall nach.

»Tschu-Tschu.«

Am Abend lagern wir auf einem kleinen Felsvorsprung mit Blick auf Dutzende von schneebedeckten Bergen, die majestätisch in den lila und gold gefärbten Himmel ragen. Vor uns erstreckt sich ein weites Plateau, übersät mit Seen und Bächen, die glitzernd das Abendlicht einfangen. Feierlich-gemessen, das Fell vom Wind gebauscht, scheint Otchum das Schauspiel zu genießen, während Montaine auf seinem Rücken sitzt und daumenlutschend dem Vogelgesang lauscht.

Was für ein schönes Bild! Eine Postkartenansicht vom Anbeginn der Welt.

Am nächsten Tag überqueren wir auf Karibupfaden eine weite Hochebene, über die ein eisiger Wind fegt. Von Zeit zu Zeit verschwinden wir völlig in den dichten Erlen. Wir verirren uns häufig.

Endlich gelangen wir auf eine Flechtenmatte, die uns zum Paß führt. Auf der anderen Bergseite, dem sonnigeren Südhang, wachsen mehr Tannen. Es geht wieder durch dichten, feuchten Wald. Wolken von Stechmücken wetteifern mit Bremsen darum, uns das Blut auszusaugen. Das Gelände ist sehr steil, und wir müssen gelegentlich ein paar Bäume fällen, um Platz für die Packpferde zu schaffen. Wir gelangen an einen Wildbach, den ziegelrote Felswände einzwängen. Die Passage ist schwierig, und so beschließen wir, hier unser Zelt aufzuschlagen. Während ich das Gelände erkunde, können die Pferde verschnaufen und auf der saftigen Wiese grasen, die sich vom Bach bis zum Wald erstreckt.

Bis zum Einbruch der Dunkelheit suche ich einen Weg durch das Labyrinth aus Felsen, Bäumen und Schluchten und komme endlich zu dem Schluß, daß es ratsamer ist, das Hindernis zu umgehen, also kehrtzumachen, an der Bergflanke entlangzuziehen und nach zwei oder drei Kilometern wieder ins Tal hinabzusteigen.

Im Wald entdecke ich jede Menge Spuren von Schwarzbären. Eine ausgesprochene Bärengegend! Gut möglich, daß unser Wachhund heute nacht Arbeit bekommt.

Und tatsächlich. Kaum hat sich die Dunkelheit auf die Berge gesenkt, reißt uns wütendes Gebell aus dem wohlverdienten Schlaf. Ich schlüpfe aus dem Zelt und schultere die geladene Winchester, doch ich kann nichts erkennen. Das Tier, fraglos ein Bär, hat offenbar kehrtgemacht und sich in die Büsche geschlagen. Im weiteren Verlauf der Nacht bleibt es ruhig, doch am frühen Morgen, als die ersten Bergspitzen erglühen, geht der Lärm von neuem los. Eine Bärin trottet mit zwei possierlichen Jungen am Lager vorbei. Der Nachwuchs ist neugierig und will näher kommen, wird aber sofort mit einem Klaps auf den Rücken und einem Nasenstüber zur Ordnung gerufen. Die kleine Familie tritt den ungeordneten Rückzug an, bei dem die Jungen um die genervte Mama herumtollen.

Wir möchten so schnell wie möglich ans Ziel kommen, und so brechen wir zeitig auf, um den sonnigen Tag auszunutzen.

Kaum steigt die rote Scheibe der Sonne hinter dem gezackten Gipfel eines Berges empor, verlassen wir den Wald und bahnen uns einen Weg durch die hohen Sträucher, die den Talgrund bedecken. Tautropfen, die in Trauben an Weiden und Erlen hängen, fangen das schräg einfallende Morgenlicht ein und zerlegen es in die Regenbogenfarben. Die grauen Nebelschleier schimmern perlmuttartig, und bei jedem Schritt präsentiert sich das Lichtspektrum unter einem neuen Blickwinkel. Wir bemerken ein paar Ziegen, deren schneeweißes Fell gegen einen ockerfarbenen Felsgrat absticht. Es ist, als wüßten sie, welch herrlichen Anblick sie vor dem tiefblauen Himmel bieten. Das Gelände ist ziemlich eben, und vom gleichmäßigen Schritt ihrer Mutter gewiegt, schläft Montaine auf ihrem Rücken ein. Das Regenwasser, das sich in der Talsohle angesammelt und den Boden durchtränkt hat, macht uns zu schaffen. Deshalb ziehen wir an dem etwas höher gelegenen Waldrand entlang, obwohl das Gestrüpp dort dichter ist. Otchum trabt mit aufgerichtetem Schwanz vorneweg und scheucht allerlei Federwild auf: Schneehühner, Tannenhühner, Kragenhühner. Innerhalb von fünf Minuten ist das Abendessen gesichert. Montaine erwacht, beklatscht jeden Schuß und ruft:

»Bravo, Papa, bravo!«

Jeden erlegten Vogel will sie betasten, streicheln, herzen, seinen Schnabel anfassen. Und abends am Lagerfeuer will sie unbedingt beim Rupfen helfen. Es ist köstlich mitanzusehen, wie sie mit ihren kleinen, ungeübten Fingern versucht, eine Feder herauszureißen. Sie macht dazu eine ernste Miene, runzelt die Stirn, beißt sich auf die Zunge und widmet sich hingebungsvoll ihrer Arbeit. Von Zeit zu Zeit schwenkt sie triumphierend eine Feder, und Otchum spielt einen Augenblick lang mit ihr, wie um Montaine zu ihrer Leistung zu beglückwünschen. Später, als wir den Vogel verspeisen, sagt sie immer wieder:

»Vogel gut, hmmm, Vogel gut.«

Und wirklich, er schmeckt ihr.

Der Tag vergeht ohne Zwischenfall. Unsere Pferde durchqueren mittlerweile ohne Scheu jeden Wildbach und setzen sicher die Hufe zwischen die Steine, die unter den Eisen knirschen. Gegen 16 Uhr rasten wir an einem märchenhaften See, den majestätische Berge umschließen.

Unterwegs zu unserem großen Abenteuer

Über den Fluß und in die Wälder...

... zum Rastplatz – und natürlich hat ...

... Montaine ihre Puppe dabei

Montaine schläft auf den Schultern ihrer Mutter

Montaine mit Otchum

Diane an der Spitze der kleinen Karawane

Montaine gefällt die Reise sichtlich

Nicht immer hatten wir so schöne Rastplätze ▶

Das Blaugrün des Wassers wirkt beinahe unnatürlich. Diane ist hingerissen und genießt den Anblick, ohne aber im geringsten ihre Gefühle auszudrücken. Das ist so ihre Art, und ich komme nur schwer damit klar, denn ich bin eher von der mitteilsamen Sorte. Wenn ich allein bin, kann ich stundenlang dasitzen und mich in den Anblick der Landschaft versenken, doch sobald jemand bei mir ist, muß ich in Worte fassen, was ich empfinde. Das Schweigen zwischen Diane und mir verdirbt mir in solchen Augenblicken ein wenig die Freude.

»Wozu soll ich ständig wiederholen, daß etwas schön ist? Ich sehe es mir an, das genügt mir.«

Grausam.

Ich führe die Pferde auf eine Lichtung am Südhang des Berges, der unserem Lagerplatz gegenüberliegt. Anschließend klettere ich etwas höher, um die morgige Route auszugucken. Reine Zeitverschwendung. Ich sehe nichts, was mir einen Hinweis darauf geben könnte, auf welcher Seite wir das Hindernis, das der zwischen zwei Bergen eingezwängte See darstellt, umgehen können.

Ich steige wieder hinab und erkunde einen alten Wildwechsel an der sonnenbeschienenen Uferböschung. Nach einiger Zeit verliert sich der Pfad im Tannengestrüpp. Der Hang ist hier ziemlich steil, und um mit vier Pferden voranzukommen, müßte man Hunderte von Bäumen fällen und tonnenweise Geröll aus dem Weg räumen.

Mir kommen ernste Zweifel. Was, wenn wir hier festsitzen? So kurz vor dem Ziel!

»Gott der Berge, ich flehe dich an, mach, daß es auf der anderen Seite geht.«

Ich kehre um. Bald triefe ich vor Schweiß, denn auf der abschüssigen Böschung ist der Boden so schwammig, daß ich immer wieder ins Rutschen komme.

Auf dem Weg zur anderen Seite muß ich auf einer

schmalen Uferterrasse durch 30 Zentimeter tiefes Wasser waten. Dann geht es die Böschung hinauf und durch ein Gewirr von Felsen, Erlen und Tannen. Ich dringe ein Stück vor, kehre wieder um und suche zunächst weiter oben, dann weiter unten eine Passage. Ich bin mir unschlüssig. Damit ich den Weg wiederfinde, markiere ich die Strecke, indem ich alle paar Meter einen Zweig abknicke. Es wird bereits dunkel, als ich endlich die andere Seite des Sees erreicht habe. Im Laufschritt eile ich ins Lager zurück. Das Feuer leuchtet in der Nacht wie ein Leuchtturm auf See.

»Und?« fragt Diane sofort.

»Keine leichte Sache, aber es geht.«

Heute zurren wir das Gepäck besonders fest. Wir benutzen unsere Füße als Hebel und stemmen uns mit aller Kraft in die Seile und Gurte, um sie zu straffen. Die Pferde leisten Gegenwehr und blähen die Bäuche. Deshalb sind mehrere Anläufe nötig.

»Das wird ein harter Tag, Jungs.«

Der Dicke glotzt mich träge an, als wollte er sagen: »Jetzt geht das schon wieder los.«

Ich führe den Zug mit drei Pferden an. Diane bildet das Schlußlicht, mit Montaine auf dem Rücken. Geritten wird heute nur auf dem ersten Kilometer. Der Alte hat schnell begriffen, worum es geht. Drei Meter vom Ufer entfernt, watet er brav durchs Wasser und meidet die großen Steine auf dem Grund. Der Junge stellt sich weniger geschickt an. Er will partout ans Ufer, obwohl dort kein Durchkommen ist, und zerrt am Zügel. Zweimal rutscht er auf einem Felsblock aus, fällt hintenüber ins Wasser und bespritzt Diane und Montaine, die zu weinen anfängt.

»Taitaine Angst!«

Diane beruhigt sie, doch sie schüttelt den Kopf.

»Nein, Taitaine mag nicht, nein.«

Bei jedem Zwischenfall löst Montaine eine Kettenreaktion aus. Ein Pferd stürzt, sie beginnt zu brüllen und verursacht damit eine Unruhe, die zusätzlich an den Nerven zerrt. In Situationen, in denen ein Erwachsener Ruhe bewahrt, um mit einem Problem besser fertig zu werden, macht sich das Kind mit Schreien und Weinen Luft. Unsere Geduld wird auf eine harte Probe gestellt.

Wir verlassen das Wasser und erklimmen die Böschung. Auf dem abschüssigen Hang können die Pferde nur mit Mühe das Gleichgewicht halten. Sie stoßen einander, rutschen immer wieder weg und schnauben laut, wie um ihr Mißfallen kundzutun. Otchum hingegen ist in seinem Element. Er wirft den Gäulen abschätzige Blicke zu, als wollte er sagen: »Pah, ein Kinderspiel.«

Wir müssen häufig anhalten, um einen Packsattel zurechtzurücken oder völlig neu festzuschnallen. Dazu kommen Zwangspausen, um Tannen zu fällen oder Montaine zu beruhigen. Diane beweist einen eisernen Willen. Sie beklagt sich so gut wie nie, obwohl sie heute mindestens zehn Mal allen Grund hätte, aus der Haut zu fahren. Wir kämpfen uns Meter um Meter voran. Eben erst ist der Lagerplatz von letzter Nacht unseren Blicken entschwunden.

»Wenn das bis zum See so weitergeht, kommen wir nicht vor dem Winter an!«

Ich breche in Lachen aus. Das tut gut. Montaine lacht mit, als hätte sie verstanden, und Diane läßt sich davon anstecken.

»Gut, legen wir eine Pause ein. Montaine kann ein wenig schlafen, und ich gehe mit der Axt voraus und fälle die Bäume, die im Weg stehen.«

»Wir sollten den Pferden die Sättel abnehmen, damit sie sich ausruhen können.«

Diane hat recht, aber ich habe keine Lust, sie jetzt abzusatteln und in einer Stunde wieder zu satteln.

»Wenigstens den Alten und den Dicken.«

»Na schön.«

An Otchum geschmiegt, fällt Montaine sofort in einen tiefen Schlaf, den Pferde, Hunde und Vögel bevölkern. Seit zwei Monaten ist das ihre Welt – für ein Kleinkind praktisch eine Ewigkeit! Die Pferde haben wir im Schatten eines Felsvorsprungs angebunden. Auch sie schlafen, ein Bein angewinkelt, und wedeln träge mit dem Schwanz, um die unermüdlich attackierenden Stechmükken und Bremsen zu vertreiben.

Mit der Axt schlage ich uns eine Schneise. Nach gut einem Kilometer kehre ich um und fälle auf dem Rückweg noch zwei oder drei Bäume. Ich ertappe mich dabei, wie ich vom Winter träume. Ja, im Winter würden wir den See in fünf Minuten überqueren. Rauhreif würde unsere Gesichter umrahmen, und die Hunde würden über eine schöne harte Eisdecke galoppieren. Ich liebe den Winter. Ich fiebere ihm entgegen. Wochenmärsche von jeder Zivilisation entfernt in einer selbstgebauten Hütte zu warten und zuzusehen, wie er mit jedem Tag etwas näherrückt, langsam und unaufhaltsam wie die Wellen bei Flut, diese Aussicht läßt mein Herz höher schlagen. Ich stelle mir den feuerfarbenen, goldenen Herbst vor, den ersten Schnee, das erste Eis, und mein Puls geht schneller. Ich denke an meine Hunde. Den großen Torok und den tapferen Nanook, den immer vergnügten Amarok und den verrückten Voulk, die gute Ska, die verflixte Oumiak, den guten alten Baikal und den verspielten Oukiok mit den goldenen Augen … Sie fehlen mir, und ich träume von unserem Wiedersehen in einem Monat. Jérôme, mit dem ich die Halbinsel Kola, und Alain, mit dem ich Sibirien durchquert habe, werden sie uns bringen. Sie fliegen mit Air Canada von Paris nach Vancouver und fahren mit dem Lastwagen weiter nach Prince George, wo sie mein Freund Clarence, der beste Buschpilot der gesamten Rocky Mountains, in seine *Beaver* verfrachtet. Den Hundeschlitten bindet er an einen Schwimmer seines Flugzeugs, mit dem er auf dem See wassert. Anschließend kehren Jérôme und Alain mit den vier Pferden, die wir dann nicht mehr brauchen, in die Zivilisation zurück. Sie werden also hier vorbeikommen, und bei jedem Baum, den ich fälle, denke ich auch an sie. Sie werden eine Piste vorfinden, wie ich sie auch gern vorgefunden hätte.

Wir kommen kaum zügiger voran als am Morgen, doch Montaine steckt uns mit ihrer guten Laune an, und das Ende des Sees kommt in Sicht.

»Es war gut, daß wir eine Pause gemacht haben.«

Tatsächlich plappert die ausgeruhte Montaine pausenlos vor Vergnügen, obwohl der Marsch sehr beschwerlich ist.

Gegen 17 Uhr rasten wir auf einer Anhöhe an der äußersten Spitze des Sees. Ein paradiesischer Platz mit Ausblick nach allen Seiten. Dunst liegt über dem Tal zwischen den schneebedeckten Bergen und schimmert im rosigen Licht des Abends. Die Gipfel ragen in einen von roten und violetten Streifen durchzogenen Himmel und scheinen die Hälse nach uns zu recken. Hier und da rufen Schneehühner in den Felsen.

Wir entfachen ein großes Feuer, braten unser Huhn und unsere Forellen und genießen einen herrlichen Sonnenuntergang, von dem wir seit Wochen geträumt haben. Ein Krickentenpaar schwimmt friedlich über den blaugrünen See, und von Zeit zu Zeit schnappt der Schatten einer Forelle nach einem Insekt. Montaine schläft auf dem Schoß ihrer Mutter ein, das Gesicht von den Flammen beschienen, eine Hand auf Otchums Kopf. Wir sagen nichts, lauschen dem Knistern des Feuers und dem fernen Ruf einer Eule und hängen unseren Gedanken nach.

Die Nacht bricht an. Die Sterne gehen auf und funkeln an einem herrlich dunkelvioletten Himmel. Als wir spät am Abend vom Feuer aufstehen, haben wir das beglükkende Gefühl, einen ebenso seltenen wie schlichten Augenblick erlebt zu haben.

KAPITEL 10

DAS ERLENGESTRÜPP IST SO VERFILZT, DASS WIR NICHT zu Fuß gehen können. Die Pferde haben es schwer und schreiten nur langsam aus, als müßten sie sich die Kräfte einteilen und aufpassen, daß sie nicht straucheln. Manchmal verschluckt uns das Dickicht völlig. Montaine amüsiert sich. Diane macht aus dem schwierigen Ritt ein Spiel.

»Achtung, Montaine.«

Das Pferd trippelt die Böschung hinunter, setzt über den Bach und erklimmt drüben das steile Ufer.

»Bravo, Montaine. Bravo.«

Montaine klatscht entzückt in die Hände.

Gegen Mittag lassen wir die Erlen hinter uns und ziehen bald am linken, bald am rechten Ufer entlang. Wir müssen mehrmals den Bach überqueren, um einen Durchschlupf zu finden. Montaine ist auf dem Rücken ihrer Mutter eingeschlafen. Ein Tuch schützt sie vor der Sonne. Mittlerweile kommen wir zügiger voran. Ob wir vielleicht schon morgen am See sind? Die Berge links und rechts rücken näher, das Tal verengt sich. Der Bach, von zahlreichen Zuflüssen gespeist, schwillt an und tobt, als könne er es nicht erwarten, sich in das breite Tal zu ergießen, dem auch wir erwartungsfroh zustreben. Doch im Gegensatz zu uns nimmt das Wasser spielend jedes Hindernis, schwappt über Felsen, schlüpft zwischen Gräsern und Ästen hindurch, springt munter in ein Loch, um schäumend wieder hervorzusprudeln, und legt mit verblüffender Leichtigkeit Kilometer um Kilometer zurück.

»Montaine ist müde. Ich glaube, wir müssen wohl oder übel eine Pause machen.«

Das Ziel vor Augen, habe ich die Zeit ganz vergessen. Wir sitzen seit zehn Uhr im Sattel, und Montaine hält es auf dem Rücken ihrer Mutter nicht mehr aus. Wir entdecken eine Lichtung am Fluß und halten neben den Bäumen an. Ich werfe einen Blick in die Karte.

»Morgen müßten wir am Ziel sein. Es sind nur noch 18 Kilometer.«

»Großartig!«

Montaine ist froh, daß sie sich ein wenig die Beine vertreten kann. Sie tollt mit Otchum im Gras und fängt Schmetterlinge. Ihr kristallklares Lachen bezaubert uns und löst tief in unserem Innern unkontrollierbare Liebeswallungen aus. Ich muß an die unzähligen Warnungen und Fragen denken, die wir uns vor der Abreise anhören mußten.

»Was, ihr reist mit einem Baby in den hohen Norden?«

Als liefere man sein Kind einem Feind aus, wenn man es mit der Natur in Berührung bringt. Die Natur ist dem Menschen fremd geworden. Er entfernt sich zunehmend von ihr und hält sie deshalb für ein feindliches Milieu, das für die Erziehung eines Kindes ungeeignet ist.

Man sorgt sich wegen der vermeintlichen Gefahren, die unserer Tochter drohen, wenn sie ein Jahr lang in der Natur lebt, aber man fragt nicht, um nur ein Beispiel zu nennen, nach den möglichen negativen Folgen einer stundenlangen Fernsehberieselung, der die Kinder heute schon in sehr jungen Jahren ausgesetzt sind. Es ist schon ein merkwürdiger Widerspruch, wenn moderne Menschen, die sich der Natur entfremdet haben, ohne Zögern ein Urteil über diejenigen fällen, die noch im Einklang mit ihr zu leben verstehen.

Nein! Die Natur ist kein feindliches Milieu, nicht einmal bei 40 Grad Kälte. Unsere Geschichte, unsere Bilder und das Lachen von Montaine, wenn sie im Regen mit Otchum spielt, mögen der Beleg dafür sein.

Noch bevor die Sonne über dem gezackten Horizont des Felsengebirges steht, sitzen wir wieder im Sattel, vergnügt, ungeduldig, aufgeregt und froh, bald am Ziel zu sein.

Wie immer spürt Montaine, daß wir gut gelaunt sind, und singt fröhlich vor sich hin. Sie klettert auf den kleinen Sitz vor ihrer Mutter, steckt die Füße in die winzigen Steigbügel und legt Wert darauf, uns alles möglichst genau nachzumachen. Heute morgen hat sie entdeckt, wozu Zügel gut sind, und nun will sie unbedingt selbst das Pferd lenken und ist mächtig stolz, als Diane sie ihr zum Schein überläßt. Man muß einfach gesehen haben, wie sie mit feierlichem Ernst und mehr oder weniger großem Erfolg das Pferd zu lenken versucht. Sie vergißt darüber sogar Otchum, der in seinen Bemühungen nicht nachläßt, am Fuß einer Tanne ein Eichhörnchen im Schlaf zu überraschen.

Der Bach ist mittlerweile zu einem Fluß angeschwollen und strömt ruhig in ein weites Tal, in dem Kiefern und Pappeln allmählich die Erlen verdrängen. Früher trug der Fluß den indianischen Namen »Chukada«, »Der mit den Blumen tanzt«. Und nicht von ungefähr, denn auf dem letzten Stück, ehe er in den größeren Cassidka mündet, flirtet das Wasser mit den unzähligen Blumen, die in Ufernähe ideale Bedingungen vorfinden. Wir sehen Margeriten, Rittersporn, Goldruten, Herzblatt, Fingerkraut und gelegentlich auch ein tiefblaues Vergißmeinnicht, meine Lieblingsblume.

Die Sonne überflutet das Tal mit wohltuender Wärme, und der Wald dampft wie ein nasser Schwamm. Insekten aller Art schwirren im Licht. Wir besprühen uns mit einem Mückenspray auf Pflanzenbasis und wechseln in den Wald hinüber. Ich mache eine Peilung und behalte ständig den Kompaß im Auge, damit wir nicht vom Kurs abkommen. Der See, unser See, liegt in Vogelfluglinie drei Kilometer von hier. Ich reite mit Montaine auf dem Rücken voraus. Diane folgt mit den beiden Packpferden.

»Wir sind bald da, Montaine. Schau, nur noch ein Stück durch den Wald, dann sind wir am See.«

Sie versteht den genauen Sinn meiner Worte nicht, doch sie spürt, daß ein wichtiges Ereignis bevorsteht. Sie wird ruhiger, beobachtet und lauscht aufmerksam. Seit wir in den Wald zurückgekehrt sind, habe ich Mühe, mich auf den Weg zu konzentrieren. Ich schaue mir alles genau an, speichere alles ab. Die abgestorbenen Bäume da hinten, schön trocken an der Basis, ideales Brennholz. Und die hohen Bäume dort, gerader Wuchs, wenig Äste, ideal für die Blockhütte. Ich betrachte alles unter einem pragmatischen Aspekt. Ich fühle mich schon wie zu Hause, kann es nicht erwarten, unseren Besitz zu erforschen, ihm seine Geheimnisse zu entlocken. Dort, die Spur eines Bären. Wo hat er seine Höhle? Eine Blume, die ich nicht kenne. Wie heißt sie? Warum sind die Kiefern da hinten so verkrüppelt und ein Stück weiter oben so groß?

Wir kommen immer näher. Stellenweise wird der Wald so dicht, daß ich absteigen muß, um zu Fuß einen Durchschlupf zu suchen, ein, zwei Bäume zu fällen oder einen Packsattel loszumachen. Dann wird der Wald wieder lichter. Wir umgehen zwei Sümpfe und überqueren eine Lichtung, die von zahlreichen Spuren von Elchen und Karibus durchzogen ist. An manchen Stellen haben sich die Tiere auf dem sandigen Boden gewälzt. Wir blicken angestrengt nach vorn, denn jeden Augenblick muß der blaue Wasserspiegel des Sees zwischen den Bäumen auftauchen. Mit klopfendem Herzen nähern wir uns dem gelobten Land, in dem wir unseren Traum verwirklichen und fünf Monate lang wie Robinson Crusoe leben wollen.

»Schau, das Gras auf der Lichtung, herrlich«, ruft Diane mit begeisterter Miene.

Tatsächlich verdrängen mit zunehmender Höhe Felsen den Wald, und das Gras wird so spärlich, daß wir uns schon gefragt haben, wo unsere Pferde den Sommer über grasen sollen. Diese Lichtung in unmittelbarer Nähe des Sees gibt uns die Antwort.

»Da ist er!«

Der See schimmert blau und silbern zwischen den Kiefern.

Bald treten wir hinaus auf die mit bunten Blumen gesprenkelte Wiese, die den Wald vom See trennt. Die schneebedeckten hohen Berge spiegeln sich im blauen Wasser. Ihre funkelnden Gletscher fangen das silbrige Licht ein und werfen es auf die grüne Flanke der mit braunen und grauen Felsen durchzogenen Hänge zurück. Unsere Blicke verlieren sich auf den Almen, in dem wunderbar tiefgrünen Samt, der sich gegen das Blau-Lila des Himmels absetzt, an dem ein Adler anmutig und präzise seine Kreise zieht. Die Pferde gehen von allein zum Wasser, um zu trinken und sich die mit Mücken- und Bremsenstichen bedeckten Glieder zu kühlen.

Das Wasser ist hier nicht sehr tief, und unsere Tritte im Sand vermischen sich mit den Spuren der Bären, der Elche und, noch zahlreicher, der Karibus, die hierherkommen, um ihren Durst zu löschen. Wir sagen kein Wort. Dieses Schweigen bedrückt mich ein wenig, auch wenn Diane es braucht, um einen solchen Augenblick zu genießen. Ich würde gern von ihr hören, wie schön es hier ist, gern das Glück, das ich empfinde, mit ihr teilen. Doch Diane schweigt, und als sie endlich spricht, wäre es mir lieber, sie wäre stumm geblieben.

»Hier bleiben wir also fünf Monate.«

Es klingt wie ein Vorwurf, auch wenn es keiner ist. Aber so ist Diane nun einmal. Kein Wort, um zu beschreiben, was wir ohnehin sehen, sondern ein Satz, der daran erinnert, was vielleicht nicht offensichtlich ist, in diesem Fall an einen Zeitraum.

Hier bleiben wir also fünf Monate, alles andere versteht sich von selbst.

»Aber natürlich ist es hier schön! Wozu es noch sagen?«

Immer dieselbe Antwort, und dieselbe Enttäuschung mit einem Hauch von Bitterkeit. Ich ziehe mich in mein Schneckenhaus zurück. Diane hat mir mein Glück gestohlen. Ich bin ihr böse, weil sie so ist, wie sie ist.

»Komm, laß uns die Pferde anbinden und absatteln.«

Auf einer kleinen Anhöhe, die in den See hineinragt, schlagen wir unser Lager auf. Eine Gruppe von Kiefern spendet etwas Schatten.

Kaum haben wir den Pferden die Fesseln angelegt und die Glöckchen um den Hals gebunden, kehren sie zum klaren Wasser zurück, um sich zu erfrischen, und rupfen unterwegs hier und da ein paar saftige Grasbüschel aus. Drüben am Fluß, den ich bis hierher rauschen höre, setzt Otchum fröhlich bellend Kragenhühnern und Tannenhühnern nach, die er gleich scharenweise aufscheucht. Die Sonne brennt auf die Berge, doch ein frischer Wind macht die Hitze erträglich. Montaine hockt im Gras, pflückt Blumen und quietscht vor Vergnügen, wenn sie ein Insekt entdeckt und ohne jede Furcht mit ihren kleinen Händen fängt. »Vorsicht, Montaine, das ist eine Spinne. Die beißt!«

»Binne!«

»Nein, eine Spinne.«

»Binne.«

Ich kann der Versuchung nicht widerstehen, unseren

neuen Besitz abzuschreiten. Ich hänge mir den Karabiner über die Schulter, pfeife nach Otchum und ziehe los. Auf der Suche nach einem geeigneten Platz für unsere Hütte streife ich am Ufer entlang. Wir werden sie auf dieser Seite des Sees bauen, denn wir wollen den Fluß, der hier entspringt und schon ziemlich breit ist, nutzen. Außerdem ist hier die einzige Stelle, wo hohe Kiefern wachsen und das Gelände relativ flach ist: ungefähr 1000 Hektar Wald. Auf allen anderen Seiten stürzen die Berge, an die sich kühn einige Tannenwälder, aber nur wenige Kiefernwälder klammern, ziemlich steil in den See, so daß sie auf dem Landweg schwer zu erreichen sind. Hier hingegen fällt das sandige Ufer sanft zum Wasser hin ab, und von den Vorteilen des Flusses einmal ganz abgesehen, liefert uns der Wald, an dessen Rand die Hütte entstehen soll, Holz, Wild und Früchte, so viel wir wollen.

Die Wahl des Geländes ist leicht. Eigentlich genügt ein Blick in die Karte. Jetzt müssen wir auf der gewünschten Seeseite nur noch einen geeigneten Bauplatz finden. Wir wollen in der Nähe des Flusses wohnen, aber doch so weit weg, daß uns das ziemlich laute und auf die Dauer sicherlich lästige Rauschen des Wassers, das hier aus dem See abfließt, nicht stört. Die Westgrenze des Geländes bildet der Fluß, die Ostgrenze eine wellige Uferzone mit malerischen Buchten, in denen sich Enten und Gänse tummeln. Dazwischen dehnt sich ein ziemlich ebener Streifen, der, rund 800 Meter breit, sanft zum See hin abfällt. Ich wandere vier oder fünf Mal hin und her und schließe einen Platz nach dem anderen aus, bis nur noch drei übrig bleiben. Der erste liegt ziemlich nahe am Fluß, auf einer kleinen, mit hohen Kiefern umsäumten Anhöhe, der zweite am Rand eines Sandstrands, etwas zurückgesetzt im Wald, und der dritte am äußersten Ostufer, auf einer von Tannen und schönen Kiefern begrenzten grasbewachsenen Landzunge, die in die erste Bucht ragt.

Ich kehre zu unserem Lagerplatz zurück, wo Montaine gerade mit den Seetauchern plaudert und ihren Ruf nachzuahmen versucht. Ich wundere mich, wie gut sie Tierlaute imitieren kann, das Wiehern der Pferde, den Ruf des Seetauchers oder das Gackern eines Schneehuhns, während sie noch große Mühe hat, einfache Worte richtig nachzusprechen. Ob das ein Zeichen für eine gewisse Anpassung an die Wildnis ist?

Man braucht Montaine nur zu beobachten, um etwa festzustellen, wie aufmerksam sie den Vögeln um uns herum lauscht: Unglückshähern, Seetauchern, Tyrannen, Finken, Waldsängern oder den großartigen Seidenschwänzen, die in großen Trupps umherflattern und mit tremolierender Stimme singen. Man muß gesehen haben, wie sie plötzlich innehält, weil sie einen Vogel im Wald gehört hat, wie sie strahlt, ehe sie das melodiöse Flöten eines Kleibers nachmacht. Wenn ein Biber in der Ferne durch eine Bucht schwimmt, fährt sie in die Höhe.

»Papa, Papa! Da, da«, ruft sie und deutet mit dem Finger auf das Tier.

Ich muß sie dann auf den Arm nehmen, damit sie ihn besser beobachten kann, und ihr alles über das Tier erzählen. Dabei runzelt sie die Stirn und hört, wie es scheint, hochkonzentriert zu, damit ihr ja nichts entgeht.

»Das ist ein Biber, Montaine. Er ist so groß wie ein Hund und hält sich viel im Wasser auf. Er wohnt in einem Haus aus Holz, das er am Ufer sammelt und dann über das Wasser transportiert…«

Montaine lauscht meinen Ausführungen so verzückt wie ein Musikliebhaber einer schönen Musik.

»Mehr!«

Also muß ich weitererzählen, mehr vom Leben des Bibers berichten. Sie hängt wie gebannt an meinen Lippen und verfolgt gleichzeitig mit großen Augen das Treiben im Wasser. Sie klatscht begeistert, wenn der Biber mit seinem breiten Schwanz aufs Wasser klopft und dann verschwindet.

»Wiesehn! Wiesehn!« ruft sie und winkt ihm.

Sie äußert nie das geringste Bedauern, wenn das Tier verschwindet. Sie weiß, daß ein wildes Tier tut, was es will, und daß man auf seine Entscheidungen keinen Einfluß hat. Sie nimmt es mit Gleichmut hin, als etwas Selbstverständliches. Andererseits weint sie, wenn Otchum sie mitten im Spielen stehen läßt oder vor ihr davonläuft. Dann kommt sie zu uns, damit wir ihr helfen, den Freund zurückzuholen, aber bei einem Eichhörnchen, Seetaucher oder Biber tut sie dergleichen nie, obwohl sie bei ihr eine erstaunliche Neugier wecken. Wenn wir ihr aus dem Bilderbuch vorlesen, das wir für sie mitgenommen haben – es handelt von einer Kaninchenfamilie auf Reisen –, entdeckt sie sofort den Vogel, der, wie klein auch immer, unten in der Ecke oder unauffällig auf einem Ast sitzt, so daß der eigentliche Inhalt des Bildes zu kurz kommt. Ich bin mir sicher, daß sie sich diese Sensibilität, diesen ausgeprägten Sinn für die Natur, den sie auf dieser Reise erwirbt, bewahren wird.

Ich hoffe, dieses wunderbare Rüstzeug wird sie durch ihr ganzes Leben begleiten.

ZWEITER TEIL

KAPITEL 11

SEIT DREI STUNDEN ÜBERLEGEN WIR, KÖNNEN UNS aber nicht entscheiden.

»Da hinten ist es schön eben.«

»Schon, aber man sieht die Berge im Westen nicht, und das wäre doch schade, sie sind so schön.«

»Dann eben auf dem Hügel in der Mitte.«

»Die Sicht nach vorn ist versperrt, außerdem könnte Montaine ins Wasser fallen.«

»Komm, wir sehen sie uns noch mal an.«

Wir gehen von einer Stelle zur anderen, vergleichen, wägen ab, zählen alle Vor- und Nachteile auf, die uns die Entscheidung erleichtern könnten. Von den drei in Frage kommenden Plätzen schließen wir den auf dem Hügel aus: zu nah am tiefen Wasser und somit für Montaine zu gefährlich. Bleiben also noch zwei, einer wie der andere ideal, mit herrlichem Blick auf die Berge. Schließlich entscheiden wir uns für den gemütlicheren am Rand einer Bucht, an deren Westseite goldenes Schilf ins flache, smaragdgrüne Wasser hineinwächst. Kiefern beschatten den Platz, an dem unsere Blockhütte stehen wird. Wir beladen die Pferde, transportieren unsere Ausrüstung 200 Meter weiter und errichten am Waldsaum das Zelt. Sowie wir damit fertig sind, spitze ich vier Pflöcke an und stecke mit Hilfe einer Schnur den Grundriß der Hütte ab.

»Zu klein«, befindet Diane.

»Bist du dir darüber im klaren, wie schwer die Stämme sind? Wenn wir die Hütte größer machen, kriegen wir sie nicht mehr vom Fleck.«

»Dann müssen wir eben die Pferde nehmen.«

»Geht nicht, die sind nicht dafür abgerichtet.«

»Das käme auf einen Versuch an.«

Begeistert läuft Montaine hinter Otchum her, der bereits im Wald ist.

»Tschu-Tschu!«

Sie lacht, wenn er so tut, als komme er zurück, und wird unruhig, sowie er verschwindet. Ohne Zögern folgt sie ihm in dichtes Gestrüpp, zwischen die Felsen, auf Böschungen, ins Wasser. Nur zu dem einen Zweck, nur in dem einen Wunsch, bei ihm zu sein. Wir bringen viel Zeit damit zu, Montaine wieder einzufangen, ehe sie sich verläuft. Doch die beste, oder jedenfalls wirksamste Methode besteht darin, einfach Otchum zurückzurufen. Irgendwann taucht sie dann immer außer Atem hinter ihm auf. Also befehlen wir Otchum, bei uns zu bleiben, dann bleibt auch Montaine, sitzt neben oder auf ihm, streichelt ihn oder küßt ihn auf die Nase und sagt Worte zu ihm, die er anscheinend nicht besser versteht als wir. Manchmal begreifen wir, was sie meint, wenn sie ihm etwa einen Vogel zeigt, sei es Kolkrabe, Unglückshäher oder Adler, Tannenhuhn oder Kragenhuhn, die sie alle auf den ersten Blick erkennt. Dann steht sie auf und versucht, ihn mitzuziehen, um den Vogel aus der Nähe zu betrachten. Was würde sie ohne ihren Tschu-Tschu anfangen?

Wir suchen uns eine ziemlich dicke Kiefer, gerade gewachsen und ohne Äste auf den ersten sechs Metern, denn wir wollen einen Stamm, dessen Durchmesser möglichst gleichmäßig ist. Die tadellos geschärfte Axt beißt in das weiße Fleisch des Baums. Splitter spritzen, Späne fliegen. Keine zehn Minuten, und die erste Kiefer für unser künftiges Heim ist gefällt. Ich säge sieben Meter ab und versuche, den Stamm zu heben. Unmöglich. Er wiegt, vorsichtig geschätzt, annähernd 200 Kilo. Wir entrinden ihn, indem wir große Stücke entfernen, die sich wie Haut abziehen lassen. Darunter kommt die herrliche goldene Farbe zum Vorschein. Diane wird nicht müde, das vollkommen glatte Holz zu bewundern. Wie ein Juwel schimmert es in diesem Wald mit seinen etwas langweiligen oder jedenfalls weniger kräftigen Farben. Sie hat recht. Ein frisch entrindeter, saftig glänzender Stamm ist wirklich schön. Die Arbeit macht uns Spaß. Aber ob das auch noch in 14 Tagen so sein wird, wenn wir gut 100 entrindet haben werden? Ist ein Baum in kaum mehr als zehn Minuten gefällt, so brauchen wir für das Entrinden doppelt so lange.

Und dann kommt der schwierigste Teil: der Transport.

Wir machen uns auf die Suche nach den Pferden. Ich trage Montaine auf dem Rücken, weiche jedem Zweig aus, damit sie sich nicht verletzt, und bleibe, wenn sie einen Vogel entdeckt, sofort stehen, damit sie ihn in Ruhe bewundern kann. Zum Glück liegt die Lichtung, auf der die Pferde weiden, in einer großen Senke mit einer fetten Wiese und einem Tümpel in der Mitte. Sie halten sich dort den ganzen Tag auf und ersparen uns so die Mühe, auf sie aufzupassen. Der Alte trottet uns wiehernd entgegen.

»Den müssen wir nehmen«, rät Diane. »Er taugt für die Arbeit am besten. Er ist nicht so ängstlich wie die anderen und hat am meisten Erfahrung.«

Wir legen ihm das Geschirr an, bestehend aus einem Packsattel nebst »Brustriemen«, an dem wir ein zehn Meter langes Seil befestigen. Fertig ist der Traktor. Jetzt müssen wir ihn nur noch testen. Der Junge hat unser Tun mit neugierigen Blicken verfolgt. Er weicht dem Alten keinen Schritt von der Seite. Der Weiße und der

Dicke sind dagegen auf der Wiese geblieben und zeigen nicht das geringste Interesse.

Wir kehren zu der gefällten Kiefer zurück und räumen unterwegs Hindernisse aus dem Weg. Mit Hilfe eines Riemens, den wir zweimal um die Basis des Stammes schlingen, befestigen wir das Seil an dem Baum. Ich stelle mich vor den Alten, tätschele ihm den Hals und kraule ihm den Haarwirbel auf der Stirn. Dann führe ich ihn ein Stück nach vorn, bis das Seil sich strafft. Der Alte spürt den Widerstand, stemmt sich dagegen und zieht den Stamm von der Stelle. Die abrupte Bewegung hinter ihm überrascht ihn. Er schielt ängstlich nach dem riesigen Holzklotz, der ihn zu verfolgen scheint, und legt einen Zahn zu. Aber natürlich läßt sich der Stamm nicht abhängen. Ich versuche, den Alten zu beruhigen oder wenigstens zum Stehenbleiben zu bewegen. Aber ein verschrecktes Pferd zur Vernunft bringen! In einer besonders schwierigen Passage, die mit verkohlten Baumstümpfen übersät ist, lasse ich ihn los. Der Stamm verkeilt sich und stoppt jäh die Flucht des Pferdes. Der Alte schnaubt laut, die Augen vor Entsetzen geweitet. Ich binde ihn los und führe ihn ein wenig herum, um ihn zu besänftigen.

»Ruhig, mein Alter, ruhig.«

Montaine kriegt vor Staunen den Mund nicht mehr zu und deutet, eng an ihre Mutter geschmiegt, abwechselnd auf den Stamm und das Pferd. Diane erklärt:

»Siehst du, Montaine, Papa bringt dem Pferd bei, einen Baum in unser Lager zu schleppen.«

Montaine nickt beifällig, sichtlich angetan von der Darbietung. Ich führe den Alten zu dem Stamm. Er beschnuppert ihn argwöhnisch.

»Braves Pferd.«

Ich spanne das Seil, und wir gehen einen Meter. Das Pferd macht einen Schritt zur Seite und bleibt dann stehen. Ich lobe es nach Kräften. Wir legen noch einmal zwei Meter zurück. Dann wieder Pause. Die Leichtigkeit, mit der das Pferd 200 Kilo bewegt, beeindruckt mich. Es zieht den *log* so locker wie ein Mensch zehn Kilo! Zum ersten Mal wird mir richtig bewußt, welche Kraft in so einem Pferd steckt. Kein Wunder, daß in der leistungsorientierten Welt des Automobils Motorenkraft in Pferdestärken gemessen wird!

Nach und nach wird der Alte ruhiger. Er gewöhnt sich an die Vorstellung, daß der Stamm ihn zwar verfolgt, aber niemals einholen wird! Trotzdem gelingt es mir nicht, das Tempo zu kontrollieren. Es wäre mir lieber, er würde langsamer ziehen, dann bliebe mir mehr Zeit, die Ideallinie zu suchen, einem Baum auszuweichen, ein Gefälle anzugehen oder ein Loch zu umkurven, doch der Alte spielt verrückt und legt sich voll ins Zeug. Ich laufe neben ihm her, eine Hand an seinem Kopf, die andere am Zügel, ohne seine Hufe aus den Augen zu lassen, die bei jedem Schritt meine Stiefel streifen. Immer wieder bleibt der Stamm an einem Felsen, einer Wurzel oder einem Baumstumpf hängen und bringt das Gespann abrupt zum Stehen. Trotzdem erreichen wir mit dem Vier-Zentner-Stamm in Rekordzeit den See.

»Es klappt. Super!«

Ich jubele. Ein Problem weniger.

Die Grundriß der Hütte wird vergrößert, von 20 auf 30 Quadratmeter: fünf auf sechs Meter, dazu auf der Seeseite ein zwölf Quadratmeter großes Vordach, unter dem wir Brennholz und Werkzeug lagern können. Wir entlassen den Alten. Mit dem Jungen im Schlepp trabt er zu den anderen auf der Lichtung.

»Los, an die Arbeit.«

Ich kann es nicht erwarten, mit den Wänden der Hütte zu beginnen. Ich bin aufgeregt und glücklich wie ein kleiner Junge. Ich schultere die Axt und stapfe in den Wald, fest entschlossen, erst zurückzukehren, wenn ich acht

Bäume gefällt habe. Zuerst suche ich die schönsten Kiefern und markiere sie mit einer Kerbe. In dieser Höhe, 1400 Meter über dem Meeresspiegel, sind tadellos gewachsene Kiefern rar oder jedenfalls schwierig zu finden. Bald muß ich meinen Suchradius erweitern, entsprechend wächst die Entfernung zur Hütte. Ohne Pferde könnten wir kaum eine Hütte von mehr als zwölf Quadratmetern bauen. Und das ist etwas wenig für zwei Erwachsene und ein lebhaftes Kind.

Es macht mir großen Spaß, schöne Bäume zu suchen, die später die Wände unserer Hütte bilden sollen. Ich kann es mir nicht verkneifen, sie zu streicheln, die rauhe Rinde zu befühlen, den würzigen Harzgeruch des frischen Holzes einzuatmen. Ich liebe diese Stämme, ihre goldene Farbe, ihre schöne zylindrische Form, ihre beruhigende Masse.

Zwei Stunden später habe ich acht Bäume gefällt. Ich kehre ins Lager zurück und ziehe einen Graben für die ersten *logs*. Diane geht in den Wald, um noch vor dem Abend zwei Bäume zu entrinden, und ich passe derweil auf Montaine auf. Der unebene, steinige Boden, der zudem von Wurzeln durchzogen ist, macht mir zu schaffen. Mit langen Stangen heble ich drei zentnerschwere Felsbrocken aus der Erde.

Das Gelände steigt zum Wald hin leicht an. Um das Gefälle auszugleichen, muß ich für die beiden hinteren Stämme einen Graben ausheben, der bis zu einem halben Meter tief ist. Für die beiden vorderen Stämme genügt ein Graben von knapp zehn Zentimeter Tiefe.

Als die Nacht sich über das Lager senkt, steht der Rhythmus der kommenden Wochen fest: 12 bis 14 Stunden Arbeit täglich, wenn wir vor dem ersten Schnee fertig sein wollen. Heute ist der 10. August. Uns bleiben also noch fünf Wochen. Ein Rennen gegen die Uhr beginnt. Wird die Hütte noch rechtzeitig fertig werden?

KAPITEL 12

WELCH EINE RUHE!

Ich liebe das Licht am frühen Morgen, wenn die Welt langsam und unaufhaltsam erwacht. Der See dampft wie ein Pferd, und die Gipfel der schneebedeckten Berge ringsum schillern in einem sanften, beruhigenden Licht. Dunst steigt aus dem kristallklaren Wasser auf, und eine Schar Enten flattert vor der Wolke, die reglos zwischen den Bergen hängt. Otchum ist mit mir aufgestanden, und sein Kopf ruht auf meinem Oberschenkel. An einen Baumstamm gelehnt, schlürfe ich heißen Kaffee und genieße das Schauspiel. Doch wir sind keine Zuschauer mehr, sondern Akteure, die im Einklang mit dieser Umgebung leben. Wir leben nicht mehr *im* Wald, wir leben *mit* dem Wald, wir fühlen uns hier wie zu Hause. Der Mensch wird in der Natur immer einen Platz finden, vorausgesetzt, er respektiert das natürliche Gleichgewicht, nimmt sich nur, was er braucht, und schützt alles andere mit Verstand. Respekt, das ist das Schlüsselwort. Respekt und Wahrung des natürlichen Gleichgewichts.

Während ich am See sitze und den Gelbschenkeln zusehe, die über die Felsen hüpfen, wird mir bewußt, wie bedroht die Schönheit dieser unverfälschten Landschaft ist. In den vergangenen zwölf Jahren habe ich beinahe überall, wo es auf dieser Welt eine Taiga gibt, entlegene Gegenden durchstreift und dabei mehrere zehntausend

Kilometer zurückgelegt, und wenn dieser Fleck Erde noch zu den letzten Refugien zählt, so weiß ich doch, daß auch seine Tage gezählt sind. Ein paar Goldminen, eine geplante Straße, und es ist vorbei.

Wenn Montaine so alt ist wie ich und hierher zurückkehrt, wird sie keine unberührte Natur mehr vorfinden. Wenn ich an morgen denke, verdunkelt eine schwarze Wolke die Sonne meines Glücks. Ich meine, einen Schrei zu hören, den Hilferuf der Bäume, der Berge, der Blumen, die fragen:

»Warum? Warum lieben uns die Menschen nicht?«

Der Satz eines Häuptlings vom Stamm der Schwarzfußindianer kommt mir in den Sinn: »Die Erde ist den Weißen gleichgültig. Wie könnte die Natur den weißen Mann lieben? Wo er hinfaßt, hinterläßt er eine Wunde.«

Soll der Mensch der Natur also fernbleiben, damit er ihr keine Wunden zufügt?

»Nein«, antwortet der Häuptling, ein weiser und scharfblickender Mann, »Mensch und Natur sind eins wie Mann und Frau. Sie müssen in Harmonie zusammenleben, sich einer vom anderen nähren.«

Heute morgen nähre ich mich von der Schönheit der Landschaft und sinniere über die Eitelkeit des Menschen. »Der Mensch«, schreibt Cioran, »ist ein Tier, das versagt hat, die Geschichte ist seine Strafe.« Er hat recht, leider.

Ich berausche mich am Morgenlicht, doch der Wein meiner eigenen Eitelkeit macht mich besoffen und erfüllt mich mit Zweifeln.

Diane und Montaine schlafen noch, als ich mit dem Alten zurückkomme. Ich lege ihm das Geschirr an, um die Bäume zu holen.

Ich bin gespannt, wie er reagieren wird. Gestern habe ich für das Fundament der Hütte drei große Kiefern gefällt, jede gut fünf Zentner schwer. Wenn der Transport ohne Komplikationen klappt, müßte der Rest eigentlich ein Kinderspiel sein.

Beim Anblick des ersten Stamms scheut der Alte und scharrt unruhig mit den Hufen. Ich streichele ihm so lange die Stirn, bis er sich beruhigt.

»Ruhig, Alter, immer mit der Ruhe!«

Ich mache den Stamm fest und binde das Seil um den Packsattel. Jetzt müssen wir es nur noch straffen.

»Sachte, ganz sachte.«

Der Stamm rührt sich nicht. Der Alte legt sich ins Zeug und bewegt die Masse mit einem Ruck. Dieselbe Reaktion wie gestern. Er legt einen Gang zu, ich hechle nebenher.

»Langsam. Halt!«

Die Kiefer bleibt an einer dicken Wurzel hängen. Das Pferd schnaubt nervös.

»Ganz ruhig!«

Um den verklemmten Baum freizubekommen, muß ich hinten am Stamm ein zweites Seil befestigen, ihn mit Hilfe des Pferds zur Seite rücken und dann alles wieder vorn festmachen. Keine Chance, ihn allein zu bewegen. Es geht weiter. Das Pferd rackert und beruhigt sich ein wenig. Diesmal manövriere ich uns geschickter durch die schwierigen Passagen. Wir gelangen ohne Probleme zum See, wo ich den *log* (das ist das Wort, das wir verwenden) neben den ersten lege. Ich bin begeistert. Nicht einmal eine Viertelstunde für einen Fünf-Zentner-Stamm!

Fröhliches Geplapper dringt aus dem Zelt. Montaine ist aufgewacht.

Otchum steckt den Kopf durch den Eingang. Montaine bedeckt ihn mit Küssen. Diane hat schlecht geschlafen. Die Stechmücken haben ihr zugesetzt. Montaine haben sie wieder verschont. Der Geruch der Babyhaut scheint sie wirklich abzustoßen.

»Ich bin total zerstochen.«

Tatsächlich sind Dianes Arme mit roten Schwellungen übersät.

»Ich habe genug von diesen Quälgeistern.«

»In gut zwei Wochen wird die Kälte sie vertreiben.«

»Wenn es nur schon kalt wäre.«

Nach einem kräftigen Frühstück, bestehend aus Müsli und in der Pfanne gebackenem Fladenbrot, auf dem wir Heidelbeeren oder Himbeeren zerdrücken, gehen wir gemeinsam in den Wald und entrinden die tags zuvor gefällten Stämme. Nach dem Abästen entferne ich mit der Axt in Längsrichtung des Stamms einen zwei bis drei Zentimeter breiten Streifen Rinde. Dann schälen wir den Rest ab, ich mit der Axt und Diane mit einem Suppenlöffel. Wichtig dabei ist, daß man möglichst große Stücke löst, ohne sie abzubrechen. Im Schnitt brauchen wir 30 bis 40 Minuten für eine Kiefer.

Bei unserer Rückkehr glänzen unsere Hände, Arme, Hosen und Hemden vor Harz. Mit jedem *log* werden unsere Klamotten schwerer! Gegen drei Uhr nachmittags kehre ich auf die Lichtung zurück, um den Alten zu holen. Er döst im Westteil der Senke im Schatten einer hohen Kiefer. Eine Bewegung zwischen den Tannen erregt meine Aufmerksamkeit. Zufällig, oder aus Gewohnheit, habe ich mein Fernglas dabei.

Es ist ein Schwarzbär, ein Baribal, gut 100 Kilo schwer. Sein Desinteresse an den Pferden erstaunt mich. Er würdigt sie keines Blickes. Könnte er sprechen, so würde er mit Sicherheit zu ihnen sagen: »Ihr seid doch nur armselige, zahme Grasfresser, ihr interessiert mich nicht, mich, den wilden Bären des Felsengebirges!«

Er trottet schnüffelnd am Rand der Lichtung entlang, dann verschwindet er im Wald. Schade. Wäre er in die Senke hinuntergegangen, hätte ich ihn besser beobachten können, doch offensichtlich zieht er das diskrete Dunkel der Tannen der hellen Lichtung vor.

Ohne allzu große Mühe schaffen wir die sechs *logs* zum See. Der Alte lernt schnell. Morgen werde ich damit beginnen, die Wände hochzuziehen. Fürs Abendessen ist Fisch geplant, wir müssen nur noch welchen fangen. Montaine auf dem Rücken, den Karabiner über der Schulter und die Angelrute in der Hand, mache ich mich auf den Weg zum Fluß, der etwa 100 Meter entfernt an der Hütte vorbeifließt. Wir benutzen einen alten Elchpfad, der am See entlangführt. Otchum, unser Schutzengel, läuft voraus. Er nimmt seine Aufgabe sehr ernst, saugt unablässig die Luft ein und prüft sorgfältig jeden Geruch, der ihm in die Nase steigt. Am Fluß angekommen, bellt er wütend zum Wald hinüber. Wir hören Zweige knacken und sehen gerade noch, wie zu unserer Rechten ein kapitaler Elch zwischen den Pappeln verschwindet. Ein Stück weiter scheuchen wir ein Dutzend Wildgänse auf, die zusammen mit Seeschwalben und Pfeifenten an einem toten Flußarm Quartier bezogen haben.

Wattewolken ziehen träge am Himmel hin und hüllen die höchsten Gipfel in ein rosig schimmerndes Weiß. Bei Anbruch der Dämmerung wird das Licht matter, ohne aber seinen milden Glanz zu verlieren. Der See gleicht einem Tischtuch, und ein heller, bernsteinfarbener Ton überzieht den wolkenlosen Teil des Himmels. Kein Lüftchen regt sich. Himmel, Erde und Wasser achten die von der sinkenden Sonne verordnete Ruhe, die nun mit ihrem schönsten Lichterspiel prunkt. Montaine auf meinem Rücken plappert fröhlich und ahmt die Vögel nach, die sich am Fluß tummeln. Das trillernde Pfeifen der Weißkehlammerfinken hebt sich deutlich ab vom Gezwitscher der Winterjuncos, Zeisige, Bergpurpurfinken, Ammern oder der großartigen Rotkopftangare, von denen ich ein Paar mit drei Jungen am Saum der großen Lichtung entdeckt habe.

Diese drei bis vier Hektar große Schneise, auf der nur vereinzelte Kiefern stehen, lieben Diane und ich besonders. Wir haben dort mehrere, von Kleintieren angenagte Elch- und Wapitigeweihe gefunden. Der Fluß macht an dieser Stelle eine Biegung, und das Wasser hat ein Loch ausgewaschen, in das wir nun einen kleinen silbernen Spinner werfen. Otchum hockt auf der Böschung und beobachtet unser Tun. Die Spur, die die Angelschnur im Wasser zieht, glitzert im schräg einfallenden Licht und nimmt grüne und malvenfarbene Töne an. Ein Wirbel verschluckt sie. Plötzlich biegt sich die Spitze der Angelrute, wackelt hin und her, und zappelnd springt eine farbenprächtige Forelle aus dem Wasser, rot, silbrig und golden schimmernd, schätzungsweise ein Pfund schwer. Sie taucht wieder ein und verschwindet in der Tiefe. Montaine klatscht in die Hände, Otchum wedelt wild mit dem Schwanz und tritt aufgeregt von einer Pfote auf die andere. Ich gebe etwas mehr Schnur und hole sie dann Meter um Meter wieder ein, um die Forelle zu ermüden. Sie taucht wieder auf, und wenig später ziehe ich sie auf den Sandstrand. Was für ein prachtvoller Fisch!

»Die wird uns schmecken.«

Diane, ganz pragmatisch, sieht die Forelle schon am Spieß über der Glut.

Wir angeln weiter und versuchen unser Glück an anderen Stellen: in den Strudeln hinter den Felsblöcken und Baumstrünken, in den Ausläufern der Stromschnelle. Wir fangen ein Dutzend Forellen, die mit zunehmender Entfernung vom See immer kleiner werden, außerdem ein paar schöne Saiblinge, 300 bis 400 Gramm schwer.

Auch Diane zieht begeistert mehrere Fische heraus, darunter einen prachtvollen Saibling. Wir werfen die meisten ins Wasser zurück und behalten nur drei fürs Abendessen, nicht gerechnet diejenigen, die Otchum roh verschlingt.

Gegen zehn packen wir zusammen. Kurz bevor wir uns auf den Rückweg machen, bemerke ich an der Bergflanke sieben Schneeziegen, die im Gänsemarsch dem Kamm zustreben. Nie zuvor habe ich mich so im Einklang mit der Natur und den wilden Tieren gefühlt, deren einfaches, freies Leben wir teilen.

KAPITEL 13

HEUTE MORGEN STEHE ICH SEHR FRÜH AUF UND WERDE sogleich dafür belohnt, als ich aus dem Zelt krieche. Mitten in der Bucht badet eine Elchkuh mit ihrem Kalb. Die beiden Tiere stehen bis zum Hals im blauen und blaßlila Wasser, und nur eine von ihnen ausgelöste Welle kräuselt die spiegelglatte Oberfläche. Ein erhebendes, friedliches Bild, das allein die ganze Jungfräulichkeit am Anbeginn der Welt symbolisieren könnte, in jener fernen Zeit, als der Mensch noch so unschuldig war wie das Tier.

Ich beobachte sie lange und bewundere, im hohen Gras sitzend, das Spiel von Licht und Schatten, dem sich der See und die Berge bei Tagesanbruch hingeben. Erst als die Elche aus dem Wasser staksen und im Wald verschwinden, bemerke ich den stattlichen Biber, der sich jenseits der kleinen Bucht am Ufer schüttelt. Ich stelle mein Fernglas scharf ein und beobachte ihn bei seiner Morgentoilette. Zunächst schrubbt er sich mit langsamen und symmetrischen Bewegungen der Pfoten den Bauch, danach striegelt er Vorderbeine und Schenkel. Mit den Hinterpfoten bürstet er sich die übrigen Körperteile, die Seiten, die Backen und die Rückenpartien, die er erreichen kann. Zum Schluß kämmt er mit den Zähnen das gesamte Fell durch, wobei er die jeweilige Hautpartie mit den Pfoten strafft. Schon denke ich, die Schönheitspflege, die alles in allem gut zehn Minuten gedauert hat, sei beendet, da taucht ein zweiter Biber aus dem Gebüsch auf, hockt sich hinter den ersten und vollendet die Arbeit, indem er ihm den Teil des Rückenfells kämmt, der für ihn selbst unerreichbar ist. Es ist urkomisch, mit welcher Wonne sich der Biber von seinem Artgenossen beknabbern und kraulen läßt. Er macht ein hohles Kreuz, schließt die Augen und genießt die Massage voller Hingabe. Leider beendet Montaines Geplapper die reizende Szene. Der Biber taucht in den See, peitscht mit dem Schwanz das Wasser und erzeugt so einen scharfen Knall – das Warnsignal für die anderen Mitglieder der Kolonie.

»Taitaine hamham.«

»Ja, Montaine, du bekommst gleich dein Fläschchen.«

Montaine hat seit einigen Tagen die Gewohnheit, ganz allein aufzustehen. Ohne ihre Mutter zu wecken, kriecht sie aus ihrem kleinen Schlafsack, stellt sich in den Zelteingang und blinzelt ins grelle Morgenlicht. Es ist ein wahres Vergnügen mitanzusehen, wie sie in ihren kurzen Hosen, noch halb schlafend, nach Otchum Ausschau hält, die Unglückshäher beobachtet, die im Lager von Ast zu Ast flattern, den Eichhörnchen lauscht, die in den Bäumen turnen, und den Prachttauchern zusieht, die auf dem See fischen. Endlich richtig wach, tapst sie zur Feuerstelle am Rand der kleinen Bucht und kuschelt sich in meine Arme, um ein bißchen zu schmusen. Und dann muß ich ihr jedesmal von einem Vogel erzählen. Heute zeige ich ihr die beiden Purpurstärlinge, die sich seit zwei Tagen in unserer Nähe herumtreiben und um die Krümel unserer Mahlzeiten balgen.

»Siehst du, das ist ein Stärling.«

»Äng.«

»Nein, Stärling.«

»Äling.«

»Schon besser. Siehst du, er ähnelt ein wenig unserem

Star. Erinnerst du dich an die Staren, die in der Sologne in großen Schwärmen herumfliegen?«

Sie ist unersättlich. Sobald ich verstumme oder so tue, als sei ich fertig, bedrängt sie mich, weiterzuerzählen. Nur Otchum kann sie davon abbringen …

Wir frühstücken gemeinsam. Im Gegensatz zu mir ist Diane keine extreme Frühaufsteherin. Im allgemeinen steht sie erst auf, wenn ich meinen ersten Kaffee getrunken habe. Es kommt vor, daß ich am Feuer vier oder fünf Tassen trinke. Danach gehe ich in den Wald und fälle die Bäume, die Diane später entrindet, wenn Montaine ihren Mittagsschlaf hält, wobei ich unserer Tochter gelegentlich Gesellschaft leiste …

Ich stehe nur sehr ungern nach Tagesanbruch auf, hier wie in der Sologne. Ich habe dann immer das unangenehme Gefühl, ich hätte eine Verabredung versäumt, die schönsten Seiten im Buch meines Lebens überschlagen, jene Seiten mit Bildern von brunftigen Rehen, äsenden Hirschen und Wildschweinrotten, die in den Wald zurückkehren. Da es im Sommer um 4.30 Uhr hell wird, habe ich mir angewöhnt, nach dem Essen zu schlafen. Gegen 23 Uhr geht die Sonne unter, und fast täglich kehre ich dann in den Wald zurück, denn diese Zeit ist ideal, um das Wild zu beobachten. Ich kenne sie praktisch alle, die Ricken und Böcke, die Wildschweinrotten, die Hirsche und Hirschkühe, die Hasen und Fasane. Die Sologne fehlt mir, aber ich leide nicht darunter, sondern schöpfe Kraft daraus. Das ist wie bei der Trennung von einem lieben Menschen, einem Freund, den Eltern, einem Bruder. Die Sehnsucht ist keine Wunde, sondern eine Quelle der Kraft. Diane leidet unter der Einsamkeit mehr als ich. Sie vermißt bestimmte Menschen wirklich sehr, insbesondere ihre Eltern und einige enge Freunde. Ich verkrafte diese Seite unseres Abenteuers besser, denn im Grunde bin ich ein ausgesprochener Einzelgänger, und zwar mehr, als unsere Freunde und Bekannten ahnen. Ich bin sehr gern allein, gerade im Wald, wo ich einen großen Teil meines Lebens verbringe. Zum Ausgleich brauche ich von Zeit zu Zeit ein Bad in der Menge. Das ist mir tausendmal lieber als ein Abend im kleinen Kreis, bei dem ich mich sehr schnell unwohl fühle. Ich fühle mich Männern wie Daylight verwandt, den Helden Jack Londons, Männern, die monatelang tief im *bush* ein Einsiedlerleben führen und dann, wenn sie in die Stadt zurückkehren, auf den Putz hauen, sich ins Menschengewühl stürzen, tanzen und lachen. Kurzum wie ein Mensch, der glaubt, daß das Leben nicht dazu da ist, um aufgespart zu werden. Der Reiz dieser Lebensweise besteht in den vielen Gegensätzen.

Mit einer gewissen Feierlichkeit trete ich ein letztes Mal zurück und begutachte Breite und Tiefe der ersten Kerbe, die ich gehauen habe. Noch ein paar Axthiebe, um die Kanten abzurunden, dann setze ich den Stamm ein. Er paßt fast millimetergenau. Doch die Kerben sind nicht das Problem, sofern man mit der Axt leidlich umzugehen versteht und zwischendurch ein paarmal nachmißt. Das Problem sind die Stämme, denn keiner ist wie der andere. Legt man zwei aufeinander, springen die Unterschiede ins Auge. Bergkiefern verjüngen sich nach oben sehr schnell, schon nach drei, vier Metern wird der Wuchs ungleichmäßig.

Die eigentliche Schwierigkeit besteht also in der Vertiefung, die ich am Stamm von vorn bis hinten anbringen muß, eine Art Nut, in die der darüberliegende Stamm eingepaßt wird. Zu diesem Zweck bringe ich zunächst die beiden Kerben an und wende mich dann dem nächsten *log* zu. Mit Hilfe eines Flaschenzugs, den ich an drei Stangen befestigt habe, drehe ich ihn drei- oder viermal, bis ich die Seite finde, die zu dem vorigen Stamm am besten paßt, dann ritze ich mit dem Messer Markierungen ins Holz, damit ich weiß, wie tief die Nut werden muß: hier ein Zentimeter, etwas weiter drei Zentimeter, wenige Zentimeter in der Mitte, sechs Zentimeter am Ast und so weiter. Das macht am meisten Arbeit. Zunächst wird der Stamm grob zugehauen, dann abgesetzt, mit neuen Markierungen versehen, wieder hochgewuchtet, nachbearbeitet, wieder heruntergelassen – und das zehn, fünfzehn Mal bei jedem.

Für eine Kerbe brauche ich zehn Minuten, und weitere 40 bis 60 Minuten, um zwei Stämme so zu bearbeiten, daß sie der Länge nach genau aufeinanderpassen. Danach dichtet Diane die Zwischenräume mit Moos ab. Auch das nimmt eine gute halbe Stunde in Anspruch.

Für das Fällen und Entrinden eines Baumes, den Transport, das Anbringen der Kerben und Einpassen des Stammes und schließlich das Abdichten veranschlagen wir vier Stunden Arbeit. Für 48 Stämme, zwölf pro Wand, werden wir also ungefähr 14 Tage brauchen. Danach können wir das Dach, die Tür und die drei Fenster in Angriff nehmen. Damit wären wir bis Ende August beschäftigt, wenn wir unseren Freund Clarence erwarten. Clarence wird uns mit seinem Wasserflugzeug nicht nur die Hunde bringen, sondern auch Fensterscheiben, einen Holzofen und eine kleine Kettensäge, mit der ich Halbstämme für das Dach und den Fußboden zusägen will. Ich hoffe, daß ich damit innerhalb von zehn Tagen fertig sein werde, rechtzeitig vor dem ersten Schnee.

Mit der Zeit bekommen wir den Dreh heraus, und bald sitzt jeder Handgriff. Wir werden immer geschickter und erledigen dieselben Arbeiten mit weniger Aufwand. Jeden zweiten Tag zwischen sieben und elf Uhr morgens schleppt der Alte sechs bis zehn entrindete Stämme zur Baustelle. Der Rest des Tages ist für das Einfügen der Stämme und das Abdichten mit Moos reserviert. Wir versuchen, ein wenig vorzuarbeiten, damit wir immer einen ausreichenden Vorrat an Stämmen haben. So kann ich aus mehreren auswählen, welche auf die bereits eingesetzten am besten passen. Außerdem müssen wir darauf achten, daß die Wände die gleiche Höhe haben, die Stämme also so auswählen, daß Höhenunterschiede ausgeglichen werden. Wenn wir die *logs* aus dem Wald geholt haben, legen wir sie auf zwei Unterlegkeilen in die pralle Sonne, damit sie mindestens 48 Stunden trocknen können. Es ist unglaublich, wieviel Gewicht sie in nur zwei Tagen verlieren – zwischen 20 und 30 Prozent. Wichtig ist auch, daß das Harz in der Sonne trocknet. Das erleichtert das Hantieren mit den Stämmen.

Ich bewundere die glatten, goldenen Stämme, die stolz nebeneinander in der Sonne liegen, als wüßten sie um die Bedeutung, die sie in unseren Augen haben. Ich liebe es, über ihr Holz zu streichen, sie zu drehen, ihren Wuchs zu begutachten und diejenigen auszusuchen, die am besten zusammenpassen. Jeder Baum hat seine Geschichte. Der eine ist mir am Rand der Lichtung aufgefallen, weil sich in den Pappeln daneben Eichhörnchen getummelt haben, und der andere ist die herrliche Kiefer, die ich dort, wo wir unsere ersten Elchgeweihe gefunden hatten, wie ein Verrückter gesucht habe. Und das sind die drei, die in der zweiten Bucht am Ufer gestanden haben... Die Wände unserer Hütte werden zu uns sprechen. Jeder Stamm, jedes Stück Holz wird uns seine Geschichte erzählen. Unsere Hütte hat erst ein Viertel der geplanten Höhe erreicht, und schon stehen wir staunend und sprachlos davor wie junge Verliebte.

Nach 13 bis 14 Stunden Arbeit verlasse ich die Hütte abends nur ungern und erst, wenn ich wirklich völlig erschöpft bin. Und selbst dann kann ich es kaum erwarten, am nächsten Morgen in aller Frühe wieder loszulegen. Gewiß, bestimmte Arbeiten werden auf Dauer etwas langweilig: das Entrinden, das Abdichten, der Transport der *logs*. Doch mitanzusehen, wie die goldenen Wände emporwachsen und im Abendlicht in ihrem ganzen Glanz erstrahlen, entschädigt uns dafür so reichlich, daß wir die wenigen unliebsamen Begleiterscheinungen mit Gleichmut ertragen.

Von Zeit zu Zeit, alle zwei bis drei Tage, legen wir eine Arbeitspause ein und gönnen uns einen freien Spätnachmittag, gehen angeln, jagen oder Beeren sammeln. Montaine pflückt für ihr Leben gern Heidelbeeren, die jetzt an den Südhängen reifen. Wir nehmen sie huckepack und angeln unterwegs am See. Am Fuß des Berges angekommen, klettern wir langsam den bewaldeten Hang hinauf. Dort wimmelt es von Tannenhühnern und Kragenhühnern. Otchum hilft uns bei der Suche und schlägt an, sobald ein Vogel aufsteigt.

Ein Stück höher lichtet sich der Wald und weicht einem Gewirr von bemoosten Felsbrocken, die im dichten Grün der Erlen und Schneeballsträucher verschwinden. Wir bahnen uns einen Weg durch das Geröllfeld. Dahinter schwingt sich der Hang in ein kleines windgeschütztes Tal, in dem sich die ganze Natur zu erholen scheint. Ein schmaler Bach erweitert sich zu einem Teich inmitten einer mit bunten Blumen gesprenkelten Wiese. Sommerliche Düfte erfüllen die Luft. Hier und da wachsen Heidelbeersträucher, und wir pflücken Früchte in Hülle und Fülle. Schmetterlinge flattern umher und unterstreichen die friedliche Stimmung. Montaine beobachtet ihren beschwingten Tanz und stopft sich dabei Beeren in den Mund. Was mich betrifft, so suche ich die meiste Zeit mit dem Fernglas die Berge nach Schneeziegen, Dickhornschafen, Bären und Karibus ab.

Berauscht von der Farbenpracht, steigen wir wieder ins Tal hinab, durchwaten den Fluß an einer Furt und kehren durch den Wald, der das Seeufer säumt, zur Hütte zurück. Abends, kurz bevor die Sonne hinter den Bergen versinkt, schwimmen oft Karibus, seltener auch Elche, durch den See. Ein Gesundheitsbad, das nicht nur erfrischt, sondern auch Parasiten abtötet, die sich im Fell eingenistet haben.

Beim Essen am Lagerfeuer wetteifern Diane und ich darum, wer als erster ein Tier entdeckt, das dann sofort mittels Fernglas bestimmt wird. Montaine spielt mit und beobachtet die Umgebung durch das Glas, auch wenn ihr nicht immer ganz klar ist, an welchem Ende sie hineinschauen muß.

Der Platz, den wir für die Hütte gewählt haben, bietet einen weiten Ausblick nach drei Seiten. Wir überschauen den gesamten See, in dem sich rund 20 Berge spiegeln, einer schöner als der andere. Und wenn wir wollten, könnten wir den ganzen Tag Tiere beobachten, Karibus auf den Almen, Bären in den Heidelbeerfeldern, Dickhornschafe und Schneeziegen auf den Bergkämmen, Elche im Ufergestrüpp, Gänse, Enten, Biber und Otter auf dem See. Es kostet mich große Überwindung, nicht alle fünf Minuten die Arbeit zu unterbrechen und hinüberzusehen, ob diese oder jene Ziege noch da oben auf dem Felsen thront, ob dieser oder jener Bär noch Heidelbeeren mampft, ob die Karibukuh mit ihrem Kalb noch am Fuß des Gletschers zu unserer Linken liegt...

So gern wir die Hütte auch bauen, manchmal sehnen wir uns danach, endlich fertig zu werden, damit wir in aller Ruhe die Berge erforschen und die Taiga durchstreifen können. Auf der ersten Etappe unserer Reise hat uns das Wetter wahrlich nicht verwöhnt, doch seit wir hier sind, läßt es keine Wünsche offen. Seit zehn Tagen lacht die Sonne von einem strahlend blauen Himmel. Wir arbeiten mit nacktem Oberkörper, und unsere Haut hat die Farbe alten Leders angenommen. Montaine, das Gesicht von der Sonne gebräunt und das zerzauste Haar voller Gras, strotzt vor Gesundheit. Sie macht sich prächtig und ist schön wie eine Blume. Es gibt viel zu lachen, wenn sie zu Hammer, Feile, Stechbeitel oder Handbohrer greift und geschickt unsere Handgriffe nachmacht. Immer häufiger besteht sie darauf, uns zu helfen, und wir suchen ihr dann eine Beschäftigung, damit sie zufrieden ist, geben ihr ein Stück Kiefer zum Entrinden, einen Ballen Moos zum Abdichten, einen Nagel zum Einschlagen. Sie arbeitet eifrig und hochkonzentriert und strahlt, wenn sie ein Resultat erzielt, das ihr positiv erscheint. Sie will sich unbedingt nützlich machen.

Heute morgen liegen vier mal fünf Stämme aufeinander. Bisher hat ein Sprung genügt, um ins Innere des Gevierts zu gelangen, jetzt sind die Wände so hoch, daß wir klettern müssen. Wir geben Montaine eine Beschäftigung im Innern der Hütte, damit sie uns nicht mehr ausreißen kann. Draußen müssen wir sie ständig im Auge behalten. Otchum kläfft im Wald einem Eichhörnchen nach, und im nächsten Moment ist sie zwischen den Bäumen verschwunden, und wenn über dem See der Ruf eines Unglückshähers ertönt, rennt sie ans Ufer. Keine Sekunde Ruhe! Doch heute morgen können wir aufatmen. Der Hütte sei Dank. Leider währt unsere Freude nicht lange, denn Montaine hat den Trick schnell durchschaut und will rausgelassen werden. Sie muß sehen können, was um sie herum vorgeht.

»Nicolas, nimmst du Montaine, sie will raus.«

Diane hebt Montaine über den obersten Stamm, und ich nehme sie ihr mit ausgestreckten Armen ab. Montaines Augen suchen Otchum, und als sie ihn zusammengerollt im Schatten einer jungen Tanne entdeckt, ist sie beruhigt und sieht mir mit großem Interesse bei der Arbeit zu.

Ich errichte einen zwei Meter hohen Dreifuß und befestige daran den Flaschenzug, mit dem ich die Stämme nach oben hieven will. Zu Beginn der Bauarbeiten habe ich sehr dicke *logs* von etwa 25 Zentimeter Durchmesser verwendet und erwartet, daß ich in dem Maß, wie die Wände in die Höhe wachsen, auf dünnere würde zurückgreifen müssen. Doch wenn ich die Stämme, die ich mit dem Pferd herbeischaffe, sorgfältig neben der Hütte ablege, kann ich dank der achtfachen Übersetzung meines Flaschenzugs mühelos Stämme bewegen, die 250 Kilo und mehr wiegen. Statt also dünnere Stämme zu verwenden, fällen wir immer dickere. Ursprünglich haben wir 15 Stämme pro Wand veranschlagt, doch am Ende werden zwölf genügen. Tatsächlich erhält man mit zwölf Stämmen von durchschnittlich 22 bis 23 Zentimeter Durchmesser eine Wand, die 1,85 Meter hoch ist, hat also einen Verlust von sechs bis sieben Zentimetern pro Stamm wegen der länglichen Vertiefung, in die der nächste eingepaßt wird. Wenn nichts dazwischenkommt, müßten die Wände in einer Woche stehen.

»Morgen ist Pause, wir gehen in die Berge«, sage ich und hebe Montaine hoch.

»Ist morgen Sonntag?«

Wir wissen es nicht.

KAPITEL 14

KAUM STEIGT MAN ETWAS HÖHER, WIRD DIE LANDschaft weiter. Der Horizont weicht zurück, neue Berge tauchen hinter den ersten auf, Flüsse treten hervor, die Hügel schrumpfen. Der Mensch wird sich seiner Vergänglichkeit bewußt und fühlt sich kleinlaut angesichts der endlosen Weite des unbewohnten hohen Nordens. Er ertappt sich dabei, wie er leise spricht, beinahe flüstert wie in der Kirche.

Wir brechen heute morgen früh auf. Der See schlummert noch unter grauen Nebelschwaden. In Ufernähe ziehen Biber silbrige Spuren durchs glatte Wasser. Montaine schläft auf meinem Rücken. Hin und wieder schreckt sie hoch, wenn Otchum einem auffliegenden Kragenhuhn nachbellt oder einen Hasen aufscheucht, doch gleich darauf fallen ihre müden Augen wieder zu und sie taucht wieder in ihre Träume ein. Heute wollen wir den Berg besteigen, den wir »Karibuberg« getauft haben. Er ist einer der beiden Gipfel, die der Hütte am nächsten liegen. Nach einer Viertelstunde Fußmarsch beginnt der Aufstieg. Und abermals eine Dreiviertelstunde später gelangen wir oberhalb des Tannen- und Kiefernwalds auf die Gebirgsmatten. Mehrere hundert Hektar Gras und Flechten, eine Art Tundra-Kuppeldach, aus dem hier und da eine Felsspitze ragt. An ihrem Fuß halten sich häufig Karibuherden und sogar Schneeziegen auf.

Die Sonne steigt zwischen zwei Gipfeln empor, als wir an der Baumgrenze Rast machen. Diane nutzt die Gelegenheit und gibt Montaine, die vor kurzem aufgewacht ist und jetzt neben Otchum auf dem weichen Flechtenteppich liegt, ihr Fläschchen. Voller Stolz stellen wir fest, daß unsere Hütte von hier oben zu sehen ist. Als goldener Punkt sticht sie gegen den dunkelgrünen Wald ab, an dessen Rand wir sie gebaut haben. Aus einem Teich rund 800 Meter hinter der Hütte taucht der hochgewachsene Körper eines Elchs auf, ein dunkler Fleck auf dem Grün der Wasserpflanzen. Wir bemerken einen Schwarm Gänse, die von einem toten Flußarm zum See fliegen. Ihre Rücken zeichnen sich scharf gegen den glitzernden See ab. Ein Anblick, der einem selten vergönnt ist. In einem Gestrüpp etwas oberhalb von uns scheucht Otchum ein paar Schneehühner auf. Schimpfend stürzen sich die weißen Vögel den Hang hinunter. Montaine klatscht entzückt, als sie dicht über unsere Köpfe hinwegschwirren.

Auf dem flechtenbewachsenen Plateau beobachten wir mehrere Vogelarten, die wir im Tal noch nie gesehen haben, darunter zahlreiche Spornammern und Schneeammern. Doch in erster Linie hoffen wir, hier oben Karibus, Bären, Dickhornschafe und Schneeziegen anzutreffen. Vergeblich, wie wir bald einsehen müssen. Montaine macht mit ihrem unermüdlichen Geplapper praktisch jede Hoffnung zunichte, und das verdirbt Diane ein wenig die Laune. Sie brennt darauf, die großen Tiere zu sehen.

»Ich habe einfach kein Glück. Wenn du allein losziehst, siehst du jedes Mal eine Menge Tiere, und wenn ich dich begleite, bekommen wir nichts zu sehen, weil Montaine dabei ist.«

»Dann geh doch ab und zu allein, ich passe auf Montaine auf.«

»Nein, ich habe zu große Angst vor den Grizzlys. Hier gibt es überall Spuren.«

»Dann nimm ein Gewehr mit.«

»Ich könnte es nicht benutzen, und selbst wenn, würde ich ihn nur anschießen, und das wäre noch schlimmer.«

»Dann schieß zur Übung auf einen Baumstumpf.«

»Das ändert nichts. Ich werde nie allein ins Gebirge gehen.«

Tatsächlich darf man das Bärenproblem nicht auf die leichte Schulter nehmen. Um diese Jahreszeit sind viele Weibchen mit ihren Jungen unterwegs. Sie greifen sofort an, wenn ihrem Nachwuchs Gefahr droht. Hinzu kommt das Risiko, auf einen Grizzly, gleich welchen Geschlechts, zu stoßen, der gerade ein Tier gerissen hat. Nähert sich ein Mensch dem Kadaver auch nur zufällig bis auf 100 Meter, wird der Bär seine Beute mit großer Wahrscheinlichkeit verteidigen. Jedes Jahr fallen in den Rocky Mountains zehn Menschen dem Grizzly zum Opfer. Und das sind keine Schauermärchen. Wir selbst haben zwar noch keinen Grizzly gesehen, seit wir hier am See sind, wohl aber frische Spuren des Sohlengängers, die manchmal nur zehn Meter vom Lager entfernt waren! Wir sind auf der Hut und entfernen uns nie ohne Gewehr oder, was noch wichtiger ist, ohne Otchum vom Lagerplatz.

Wir verweilen zwei Stunden auf dem Gipfel. Die Sonne taucht die Landschaft in ein etwas fahles Licht, und wir nutzen die Gelegenheit, um mit dem Fernglas die gesamte Umgebung abzusuchen. Auf einem Kamm entdecken wir vier Schneeziegen, doch sie sind zu weit weg. Erst beim Abstieg werden wir für die anstrengende Kletterpartie belohnt. Wir scheuchen zu unserer Linken eine Schwarzbärin und ihre zwei Jungen auf. Tolpatschig, wie Jungbären nun einmal sind, galoppieren sie über die Bergwiese davon. Ein drolliger Anblick.

»Ach, sind die niedlich, richtige Teddybären!«

Diane ist ganz verzaubert und beobachtet mit Bedauern, wie sie verschwinden. Auch Montaine hat sie gesehen und ruft ihnen den üblichen Gruß nach.

Gegen Abend kehren wir erschöpft, aber glücklich ins Lager zurück.

Wir schleppen die Stämme immer auf demselben Weg zur Hütte, und so ist im Wald ein regelrechter Treidelpfad entstanden. Er führt direkt zur »Pferdelichtung« und von dort mitten in den Wald hinein, wo er sich vielfach verzweigt und zu den verschiedenen Einschlägen führt. Um geeignete Stämme zu finden, müssen wir immer tiefer in den Wald vordringen, doch der Abtransport stellt kein Problem dar. Der Alte könnte den Weg mittlerweile fast allein finden.

Heute ist ein großer Tag. Wir schleppen die letzten zwölf Kiefern ins Lager. Sie sind sieben Meter lang und sollen den Abschluß der Wände bilden. Es regnet, aber das stört uns nicht. Wir wollen möglichst schnell fertig werden, damit wir endlich die Tür und die Fenster aussägen können. Erst dann können wir uns ein richtiges Bild von unserer Hütte machen.

Diane entrindet den letzten Stamm, und sie ist darüber nicht traurig. Schwielen an den Händen, das Hemd voller Harzflecken, die Hosen zerschlissen, das Haar zerzaust – sie kann nicht mehr. An einem halben Tag hat sie zwölf Stämme entrindet, eine Leistung, die ihr keine Frau so leicht nachmacht. Lustig, welche Arbeitsteilung sich eingespielt hat. Ich suche die Bäume aus, markiere und fälle sie, entferne die Äste und behaue sie leicht auf einer Seite. Dann hebele ich die Basis des Stamms mit einer Stange auf den Baumstrunk, damit Diane beim Entrinden nicht auf der Erde herumkriechen muß. Sie fährt mit einem Suppenlöffel unter die Rinde und reißt große Stücke herunter. Wenn sie fertig ist, spanne ich das Pferd vor und schleppe den Stamm ins Lager, wo ich ihn hochwinde, die beiden Kerben anbringe und ihn solange zurechtstutze, bis er paßt. Danach stopft Diane die Ritzen mit Moos aus, das sie zuvor in einem vier Quadratmeter großen Tuch im Wald gesammelt hat. Aus entrindeten jungen Kiefern haben wir mittlerweile zwei große Leitern gezimmert, über die wir ins Innere der Hütte gelangen. Die Tür können wir erst aussägen, wenn die Wände fertig sind, denn der letzte Stamm bildet so etwas wie den »Schlußstein«, der die beiden Wandhälften zusammenhält.

Am 18. August sind die Wände endlich fertig, und wir sägen mit einem frischen Sägeblatt die Tür aus. Jeder auf einer Seite stehend, ziehen wir das Blatt mit Hilfe eines Stücks Holz, das wir an jedem Ende befestigt haben, hin und her. Das Geräusch, mit dem sich der Stahl in das weiche Holz frißt, ist Musik in unseren Ohren. Nacheinander lösen sich die Klötze von den Stämmen. Ein Stoß mit der flachen Hand, und sie fliegen wie dicke Korken hinaus. Die Tür nimmt Formen an. Wir lächeln, als wir die Hütte zum ersten Mal durch die Tür betreten und wieder verlassen. Eine Stunde später schlägt die Hütte die Augen auf, die Fenster sind fertig. Jetzt hat sie Ähnlichkeit mit einer Hütte. Fehlt nur noch der Hut.

KAPITEL 15

SEIT DREI WOCHEN SCHIELE ICH NACH DEN NEUN KIEfern, die ich nach langer Suche gefunden, sorgfältig markiert und bis heute nicht angerührt habe, denn sie sind für das Dachgebälk reserviert. Ich benötige acht, vier für jede Seite, dazu eine für den First: ein schön gewachsenes Exemplar, neun Meter lang, kerzengerade, ohne Äste, tadellos entrindet, ohne die kleinste Schramme. Ich freue mich schon darauf, das Holz zuzuschneiden und zusammenzufügen. Seit wir die Tür und die Fenster ausgesägt haben, sind wir ganz aufgeregt. Mit dem Mund ihrer Tür und den Augen ihrer Fenster lächelt uns die Hütte an, glücklich darüber, hier zu stehen, harmonisch eingefügt in eine Landschaft, die für eine Blockhütte nicht schöner sein könnte. Sie bräunt in der Sonne und schimmert golden, wenn ihre Ecken die Sonnenstrahlen einfangen. Innerhalb von zwei Tagen sind die Bäume für den Dachstuhl gefällt, entrindet und zur Hütte geschafft. Drei Tage lang passen wir sie ein und prüfen immer wieder nach, ob die Schrägen auch schön symmetrisch sind. Am sechsten Tag setzen wir dem Ganzen die Krone auf: den Dachfirst.

»Hurra!«

Wir sind stolz auf das Ergebnis unserer Arbeit und bilden uns etwas darauf ein. Zum Henker mit der Bescheidenheit!

Es gibt noch einen zweiten Grund, warum wir aufgeregt sind. Bald kommt das Flugzeug.

Hunde, Menschen, Verpflegung, Werkzeug, vielleicht Post. Das Leben!

Die beschaulichen Tage sind vorbei. Wir lauschen gespannt, suchen in der Hoffnung, etwas anderes zu entdecken als einen Vogel, unablässig den Himmel ab. Otchum spürt die Veränderung in unserem Verhalten. Unruhig läuft er umher und winselt, ohne zu verstehen.

»Wo bleibt es denn nur?«

Wir warten seit zwei Tagen. Es müßte längst da sein.

»Drei Tage Verspätung, das ist doch nicht normal. Jetzt kommt es überhaupt nicht mehr.«

Langsam wird die Sache bedenklich. Unsere Vorräte sind aufgebraucht. Kaum noch Milchpulver, kein Zucker, kein Fett, kein Mehl. Nichts! Fisch oder Fleisch, morgens wie abends.

Und wenn es nicht kommt? Wir können nicht anders, wir müssen uns diese Frage stellen, das Schlimmste heraufbeschwören, auch wenn wir keine Sekunde daran glauben, wie um unsere Befürchtungen zu zerstreuen und uns zu beweisen, daß unsere Sorge unbegründet ist.

Doch Stunde reiht sich an Stunde, Tage vergehen, die Stimmung sinkt.

Schließlich, als wir die Hoffnung schon aufgeben wollen, durchbricht Motorengeräusch die Stille. Gleich darauf erfüllt ein Dröhnen den Himmel, und die Maschine taucht über den Wipfeln auf. Sie fliegt eine weite Schleife, geht dann gischtsprühend auf dem Wasser nieder und gleitet auf uns zu. Durch die beschlagene Scheibe erkenne ich Nanook und Baikal, dann Jérôme mit Amarok und Ska neben sich, Clarence zwischen Voulk und Oumiak. Was für eine Fracht!

Der Schlitten, der an einen der beiden Schwimmer gebunden ist, gibt dem Ganzen obendrein eine beinahe unwirkliche Note. Die Tür geht auf. Mit gesträubtem Fell taxiert Voulk die Höhe, doch Baikal drängt von hinten nach, und die beiden Hunde stürzen ins Wasser, unmittelbar gefolgt von Amarok, Oukiok und Ska.

Montaine macht große Augen. So viele Hunde, ein Flugzeug, Menschen! Und das alles innerhalb weniger Sekunden. Das ist zuviel. Sie vergräbt das Gesicht in Dianes Haaren und ruft immer wieder:

»Taitaine Angst.«

Diane beruhigt sie so gut es geht.

»Schau doch, das sind Otchums Söhne.«

Otchum, wir haben es geahnt, ist über die Neuankömmlinge nicht sehr begeistert. Er ist jetzt nicht mehr mit uns allein und spürt wohl, daß es mit dem Paschaleben vorbei ist.

Wieder wird er seine Autorität unter Beweis stellen und sich raufen müssen, um den Platz in der Rangordnung zu behaupten, der am schwersten zu verteidigen ist, den des Rudelchefs.

Als erstes verbietet er den Hunden, und zwar jedem, sich dem Lagerplatz zu nähern, der durch Feuer, Zelt und Hütte symbolisiert wird. Dringt einer in die verbotene Zone ein, vertreibt er ihn sofort mit lautem Knurren und Bissen. Doch die Meute ist froh, daß sie sich nach dem langen Flug austoben kann, und nimmt es hin, ohne aufzumucken.

Nach den Hunden steigt Jérôme aus. Wir fallen uns bewegt in die Arme.

»Eine herrliche Gegend. Traumhaft. Ich habe mich vom Flugzeug aus nicht daran satt sehen können.«

»Willkommen im Paradies, alter Freund. Ich freue mich, dich zu sehen.«

Der Pilot, mein Freund Clarence, klettert als letzter aus der Maschine. Beim Anblick der Hütte pfeift er bewundernd.

»*What a good job, my friend.*«

»Aber wo sind denn die anderen Hunde und Alain?«

»In der *Beaver* war nicht genug Platz für alle. Ein Kumpel von Clarence kommt mit Alain, Kurvik und ...«

Jérôme hat den Satz noch nicht vollendet, da erscheint das Flugzeug über uns, und seine letzten Worte gehen im Motorenlärm unter.

Fünf Minuten später stehe ich gerührt meinem Kameraden Alain – Spitzname: »der dicke Costaud« – gegenüber, der mich auf der Expedition durch Sibirien begleitet hat. Bei ihm sind die Jüngsten des Gespanns: Kurvik und Uktu, inzwischen fünf Monate alt.

Wir bestürmen unsere Besucher mit Fragen. Wir sind so gierig nach Neuigkeiten, daß wir oft nicht das Ende der Antwort abwarten, um eine neue zu stellen.

Montaine hat nur Augen für die Meute. Die zehn großen Hunde erkunden die Gegend, streifen am Ufer entlang, durch den Wald, springen in den See und jagen Enten. Ich freue mich sehr, sie wiederzusehen. Sie sind in Hochform, durchtrainiert und muskelbepackt, wahre Athleten.

Clarence hat das Material und die Lebensmittel mitgebracht, die wir aufgelistet hatten. Außerdem hat ihm seine Frau eine Kiste mit selbstgezogenem Gemüse, Obst und Kuchen mitgegeben, auf die wir uns wie halb verhungert stürzen. Alain und Jérôme zaubern ein paar Überraschungen aus dem Rucksack: Wein, Käse und Wurst.

Am Abend wird geschlemmt. Während Diane und ich nur Augen für den Inhalt unseres Eßgeschirrs haben, bewundern Alain und Jérôme die Landschaft. Ihre Blicke verlieren sich am Horizont, während die Nacht sich wie ein Vorhang über diesen Freudentag senkt.

Kaum ist der Tag über dem schlafenden Camp heraufgezogen, probiere ich die Kettensäge aus, die mir Clarence zum Zusägen von Dach und Fußboden mitgebracht hat. Ich möchte wissen, wie lange wir für die Fertigstellung der Hütte noch brauchen. Zunächst zersäge ich einen fünf Meter langen und zehn Zentimeter dicken Stamm der Länge nach in zwei Teile: gut zehn Minuten. Danach wiederhole ich die Prozedur, indem ich einen Stamm zwei bis drei Zentimeter tief einsäge. Mit einem großen Hammer und zwei Keilen spalte ich den Baum ohne allzu große Mühe: zehn Minuten.

Auf diese Weise werde ich das Dach zimmern, ohne zuviel Benzin zu verbrauchen. (Ich habe nur zwei Kanister mit jeweils 20 Litern.) Eine Lage Halbstämme, dann, eingefügt zwischen vier oder fünf querliegende Stämme, eine 20 Zentimeter dicke Moosschicht, und schließlich eine zweite Lage Halbstämme mit der flachen Seite nach außen, damit wir die goldene Farbe des Holzes, die uns so gefällt, genießen können. Das ergibt etwa 350 Kiefern, jede vier Meter hoch und zehn Zentimeter dick. Wenn ich eine Stunde brauche, um zehn Bäume zu fällen und abzutransportieren, dazu über zehn Minuten pro Kiefer zum Spalten, komme ich auf insgesamt 100 Stunden, nicht gerechnet die Zeit, die wir brauchen, um tonnenweise Moos zu sammeln und zu verarbeiten. Für das Abstützen und Einpassen der Dielen veranschlage ich 80 Stunden. Wir brauchen also noch 200 Stunden, bis die Hütte fertig ist, und das bedeutet, daß wir mit unvermindertem Tempo weiterarbeiten müssen. Die Gipfel der höchsten Berge färben sich schon weiß. Der Wettlauf mit dem Winter hat begonnen.

KAPITEL 16

»AH, WIRKLICH TOLL, DER INDIANERSOMMER.«

Seit zwei Tagen mault Alain und wirft haßerfüllte Blicke zum Himmel.

»Das macht mir Spaß, bei dem Wetter zu reiten!«

Doch auch für ihn und Jérôme beginnt ein Wettlauf gegen die Uhr. Sie müssen mit den vier Pferden vor dem ersten Schnee in die Zivilisation zurückgekehrt sein. Die Zeit drängt. Letzte Nacht ist das Thermometer auf –5° C gesunken, und heute morgen bedeckt eine dünne Eisschicht die kleine Bucht. Der Himmel ist voller Vögel: Gänse, Enten und Pfeifschwäne ziehen gen Süden und singen über unseren Köpfen alle dasselbe Lied: Der Winter naht!

Seit 48 Stunden regnet es ununterbrochen. Ich habe im Wald die Kette gespannt und die Hunde daran festgebunden. Sie schlafen zusammengerollt unter den Tannen und bieten mit ihrem feuchten Fell einen traurigen Anblick. Sie mögen keinen Regen.

Sobald der Tag graut, binden wir zwei Hunde los und lassen sie ein bis zwei Stunden frei herumlaufen, dann kommen die nächsten an die Reihe und so weiter, bis sich alle einigermaßen ausgetobt haben. Normalerweise bleiben sie in der Nähe, erkunden das Seeufer oder streunen durch das Gelände zwischen Lager und Pferdelichtung. Würden wir alle gleichzeitig freilassen, läge der

Fall ganz anders. Ihr Vater ist ein reinrassiger Laika, und mit seinem Jägerblut in den Adern würden sie sich zusammentun und große Tiere wie Elche, Karibus oder Schwarzbären hetzen… Solange sie nur zu zweit sind, gibt es keine Probleme, vorausgesetzt, wir lassen kein Duo infernale wie Baikal und Amarok von der Kette. Zwar haben die Hunde am zweiten Tag die Pferde attakkiert und erschreckt, als handele es sich um Wild, doch mittlerweile haben sie sich an sie gewöhnt und schenken ihnen keine Beachtung mehr. Ohnehin werden die Pferde heute mit Alain und Jérôme die Rückreise nach Prince George antreten, wo sie verkauft werden sollen.

»Danke, Alter, ohne dich hätten wir die schöne Hütte nicht bauen können.«

Ein dicker Kuß auf die Stirn.

»Danke, Junger, du bist ein verdammt kräftiger Kerl. Erinnerst du dich an die Flüsse, die wir zusammen durchquert haben, an die Pässe und Wälder…«

Ein Tätscheln der Nase.

»Danke, Weißer, du hast unseren Proviant, unsere Ausrüstung, unser Werkzeug geschleppt, ohne jemals schlappzumachen.«

Ein Kraulen am Kinn.

»Danke, Dicker, weil du so ruhig bist, konnten wir Montaine auf deinen Rücken setzen. Du hast sie bis hierher getragen, ohne daß sie einmal runtergefallen ist.«

Längeres Streicheln des Halses.

»Und ein großes Dankeschön für die Hunde, Jérôme, du hast hervorragend für sie gesorgt. Gute Reise, nehmt die Route, die ich euch gezeigt habe, und Vorsicht vor den Grizzlys.«

»Salut, Alain, danke für die Bäume, die du für mich gefällt hast. Und paßt gut auf die Pferde auf.«

»Macht's gut, Jungs!«

Mit einem dicken Knoten im Magen sehen wir zu, wie

die kleine Karawane das Lager verläßt und auf den Wald zuhält, der sie wenig später verschluckt. Kein Laut, nichts. Ein Gefühl der Leere überkommt uns. Eine tiefe Niedergeschlagenheit. Der Besuch der Freunde hat uns schlagartig bewußt gemacht, wie einsam wir sind. Wir stehen etwas verloren vor der Hütte, zu keinem Wort fähig. Diane hat rote Augen.

»Wie allein wir sind!«

Plötzlich wirken die gewaltigen Entfernungen, die uns von der Zivilisation trennen, die grenzenlose Freiheit, auf die wir gestern noch Lobeshymnen gesungen haben, beklemmend. Die endlose Weite und die Abgeschiedenheit sind wie die Mauern eines Gefängnisses, das wir bis jetzt nicht bemerkt haben.

»Ich bin deprimiert, Nicolas. Ist dir klar, wie allein wir sind? Im Umkreis von mindestens 30 Tagesmärschen keine Menschenseele!«

Seufzen.

Und zu allem Überfluß regnet es. Alles erscheint grau in grau …

Wir entzünden ein Feuer in dem kleinen Ofen, den wir ins Zelt gestellt haben, und essen im Trockenen zu Abend.

»Morgen spanne ich eine Plane über das Dach der Hütte, dann können wir anfangen, uns häuslich einzurichten.«

»Zuerst brauchen wir einen Tisch, an dem wir essen können.«

»Jetzt dauert es nicht mehr lang. In zwei Wochen sind wir fertig.«

»Ich kann es kaum erwarten. Ich halte es in dem engen Zelt mit Montaine nicht mehr aus, noch dazu bei dem Regen.«

Wir arbeiten von Sonnenaufgang bis Sonnenuntergang, und mit neuem Elan, denn die eintönigen, sich ständig wiederholenden Arbeiten liegen hinter uns. Es gibt so viele verschiedene Dinge zu tun: Dach, Fußboden, Tisch, Fenster, Tür, Bett. Wir springen hin und her, arbeiten eine Stunde hier, eine Stunde dort. Das hebt nicht nur die Laune, sondern strengt auch weniger an, da nicht ständig dieselben Muskeln belastet werden. Das Arbeiten mit Holz macht mir Spaß: verdübeln, schleifen, zuschneiden, hobeln. Wir lernen eine Menge dabei.

Nichts wird perfekt. Alles kommt, ehrlich gesagt, nur ungefähr hin, doch wenn man berücksichtigt, daß wir nur über wenige Werkzeuge verfügen, acht insgesamt, kann sich das Ergebnis durchaus sehen lassen.

Das Dach ist furchtbar ungleichmäßig und riesengroß. Hinten und an den Seiten ragt es einen Meter über die Wände hinaus, vorn sogar zweieinhalb Meter. Nicht weniger als 400 Bäume von fünf Metern Höhe müssen dafür gefällt und gespalten werden. Wenn es irgend geht, arbeiten wir jeden Tag vier Stunden am Dach.

Am 10. September regnet es immer noch. Der Himmel klart, wenn überhaupt, nur ganz selten auf, so daß wir keine Gelegenheit haben, die Farbenpracht des Indianersommers zu bewundern. Im hohen Norden habe ich noch nie eine so lange Schlechtwetterperiode erlebt. Wie habe ich vom Indianersommer geschwärmt! Und jetzt stehe ich blamiert da.

»So was nennst du Herbst? Seit drei Wochen haben wir keine Sonne mehr gesehen.«

Ich sehe Diane an, die triefend vor Regen Moos auf dem Dach verteilt. Während unserer Reise hat sie Farbe angenommen, und das steht ihr gut. Mit ihren langen dunklen Haaren, ihrem gebräunten Teint, ihrer zierlichen, aber muskulösen Gestalt bekommt sie immer mehr Ähnlichkeit mit der Indianerin meiner Träume, die sich in der tiefsten Wildnis ebenso sicher bewegt wie auf einem mondänen Empfang. Selbst ihre Augen haben die Farbe des Waldes angenommen, was wohl daran liegt, daß sich Bäume und Blumen in ihnen spiegeln. Offen gesagt, ich finde sie wunderschön. Der Wald steht ihr gut. Ich liebe sie, und sie mich. Ich bin hier sehr glücklich mit meiner Frau, meiner kleinen Tochter, meinen Hunden, der Hütte, und ich genieße diese Freiheit, die so groß ist, daß sie uns manchmal angst macht. Ich bin unendlich froh, und kein Wölkchen trübt den Himmel meines Glücks. Der Anbeginn der Welt muß ein wenig unserer Geschichte geähnelt haben. Warum hat der Mensch diesen Weg nicht weiterverfolgt? Warum sind wir so verrückt geworden? Heute, bei der Arbeit, denke ich über das natürliche Gleichgewicht nach, die Harmonie, die der Mensch dem sogenannten Fortschritt geopfert hat. Unter dem Vorwand, diesem Fortschritt zu dienen, hat er doch nur sein Unvermögen demonstriert, sein Haus, die Erde, in Ordnung zu halten.

Ich gehöre nicht zu denen, die das Rad der Geschichte zurückdrehen möchten. Meines Erachtens lassen sich Ökologie und Fortschritt durchaus miteinander vereinbaren, aber sie müssen Hand in Hand gehen. Die Welt schreitet zu schnell voran. Leichen pflastern den Weg des Fortschritts.

Es wird Zeit, daß wir umdenken und entsprechend handeln.

Heute abend haben wir 9 Grad Kälte, und an dem herrlichen violetten Himmel geht ein Stern nach dem anderen auf. Gegen zehn Uhr, als wir gemütlich an unserem grob gezimmerten Kieferntisch sitzen und gerade mit dem Abendessen fertig sind, hören wir Otchum an der Bucht unten wütend bellen. Ich schnappe mir den Karabiner und stürze nach draußen. Jenseits der Bucht treibt sich ein Vielfraß herum. Der berüchtigte Vielfraß, auch

Järv oder Bärenmarder genannt, gehört zur Familie der Marder. Er hat eine gewisse Ähnlichkeit mit dem Dachs, ist aber als Räuber viel gefürchteter – kräftig, angriffslustig, bösartig und verschlagen. Die Natur hat ihn mit einer schwarzen Augenmaske ausgestattet, die ihm ein furchteinflößendes Aussehen verleiht. Sein Pelz ist der einzige auf der Welt, der nicht mit Rauhreif verklebt, deshalb eignet er sich hervorragend für Kapuzen und steht bei Trappern hoch im Kurs. Allerdings muß man früh aufstehen und viel Geduld mitbringen, wenn man einen Vielfraß in die Falle locken will – jeder Trapper wird es bestätigen. Wer einen fängt, erhält die höheren Trapperweihen.

Unser Vielfraß huscht mit großen, katzenartigen Schritten am Strand entlang. Ich höre ihn schnüffeln. Nicht auszudenken, welche Verletzungen er und Otchum einander zufügen würden. Im Winter hätte ich ihn wegen des Fells bestimmt erlegt, doch jetzt, im Herbst, ist es wertlos. Ich lasse ihn also entwischen, hoffe aber, daß er nicht wiederkommt und um die Hütte herumschleicht.

Die Hunde haben sich kaum beruhigt, als der Radau gegen elf Uhr von neuem beginnt. Oumiak kläfft am lautesten, obwohl sie die kleinste im Gespann ist. Ska, die Mutter der gesamten Meute und neben Oumiak das einzige Weibchen, bleibt stumm, ebenso Voulk und die beiden Jüngsten. Der Rest bellt, was das Zeug hält. Es macht sie rasend, daß sie an der Kette liegen und nicht auf den Eindringling losgehen können. Offen gestanden, würde ich einem oder sogar zwei Hunden gegen einen Vielfraß wenig Chancen einräumen. Selbst der Grizzly geht diesem kleinen Teufel mit seinen 30 Kilo aus dem Weg! Wird er attackiert, wirft er sich auf den Rücken und schlitzt dem Angreifer mit seinen rasierklingenscharfen Krallen den Bauch auf. Der Vielfraß ist das schlimmste Tier, dem man im hohen Norden begegnen kann.

Und der hier geht mir langsam aber sicher auf die Nerven. Er hat es mit Sicherheit auf das Hundefutter abgesehen, das ich draußen in Säcken unter einer Plane gestapelt habe. Doch zum Glück weicht ihm Otchum nicht von der Seite. Um ihn ist mir nicht bange. Otchum ist ein alter Fuchs. Er hält immer den nötigen Abstand, damit er sich im Fall eines Angriffs in Sicherheit bringen kann, genau wie bei einem Bären oder einem großen Elch. Sein Instinkt sagt ihm, wem er sich gefahrlos nähern kann und mit wem er sich besser nicht anlegt.

Der Mond, noch im ersten Viertel, spendet so wenig Licht, daß ich den Vielfraß nicht ausmachen kann, doch dank Otchum weiß ich, daß er um die Hütte schleicht und etwas im Schilde führt.

»Dieses Mistvieh!«

»Hältst du es für möglich, daß er uns in der Hütte angreift?«

»Iwo, vor Menschen hat er Angst, und Otchum würde ihn auf jeden Fall daran hindern, und wenn er dabei draufgeht.«

»Trotzdem wäre ich ruhiger, wenn die Fenster und die Tür schon drin wären.«

»Morgen machen wir die Tür.«

Gegen Mitternacht kehrt Ruhe im Lager ein. Der Vielfraß hat endlich das Weite gesucht. Hechelnd, aber zufrieden nach getaner Arbeit legt sich Otchum an seinen Stammplatz unter dem Vordach. Er hält Wache.

Bevor wir die Tür zimmern, setzen wir die Scheiben ein, die uns Clarence gebracht hat. Das Thermometer zeigt −5°C, und ein eisiger Luftzug pfeift durch die Hütte. Seit zwei Tagen brennt ständig ein Feuer im Ofen, doch die Wirkung ist gering. Die Wärme, die nicht durch die Tür- und die Fensteröffnungen abzieht, entweicht durch das halbfertige Dach.

Wir arbeiten zügig, um dem Mißstand abzuhelfen, behandeln aber die Scheiben, die hier draußen unersetzlich sind, mit größter Vorsicht. Da wir gute Vorarbeit geleistet haben, brauchen wir für das Einsetzen nur einen halben Tag. Die Veränderung in der Hütte wird sofort spürbar. Es wird wärmer, und vor allem haben wir zum ersten Mal das Gefühl, nicht im Freien zu sitzen. Ohne die Scheiben waren wir Kälte, Wind und Nässe ausgesetzt, und plötzlich zeigt die Hütte, wie durch Zauber, ihre wahren Vorzüge. Bevor wir die Tür zimmern, wollen wir den Fußboden fertigstellen. Drei Stunden lang säge ich zwanzig Stämme in zwei Teile und verlege sie dann bis in die Nacht hinein. Eine zeitraubende Arbeit. Ich lege einen Halbstamm neben den vorigen, begradige mit der Axt die Kanten, damit sie sich gut zusammenfügen, dann gleiche ich mit unterschiedlich dicken Holzkeilen etwaige Unebenheiten aus. Schließlich nagele ich die Dielen und die Keile an sechs Stellen an die sechs querliegenden Stämme, auf denen der Fußboden ruht. Das Resultat kann sich sehen lassen. Wir finden unseren Fußboden sogar »einsame Spitze«.

Solange wir die Pferde noch hatten, haben wir soviel Bau- und Brennholz zur Hütte gebracht, wie wir zu brauchen glaubten, doch wir haben etwas knapp kalkuliert, beim einen wie beim anderen. Ich versuche, ein oder zwei Hunde anzuspannen, zunächst Otchum, dann Torok, den Kraftprotz der Meute, doch sobald der Stamm an einem Stein, einer Wurzel oder einem Erdhaufen hängenbleibt, bleiben sie einfach stehen, statt wie der Alte einen Gang zuzulegen. Also gehe ich bald dazu über, Stämme und Brennholz selbst zu schleppen. Doch obwohl ich mich abrackere, schaffe ich in zwei Stunden gerade mal soviel wie der Alte in einer Viertelstunde. Zum Glück kann ich Brennholz auch mit dem aufblasbaren Kanu transportieren. Es faßt über 50 Kilo. Ich brauche nur in Ufernähe eine abgestorbene Kiefer zu fällen und über den See zur Hütte zu paddeln. Der Ofen brennt nun ständig. Wir verbrauchen nicht weniger als 30 Holzklötze am Tag, doch nach wie vor verflüchtigt sich ein Großteil der Wärme durch Tür und Dach.

Wir sind also erleichtert, als wir, noch ehe das Dach fertig ist, die Tür einsetzen. Eine Arbeit, die mich vor die größten technischen Probleme gestellt hat. Es ist nämlich gar nicht so einfach, eine Tür zu zimmern, die auch aufgeht! Unsere wiegt mindestens zwei Zentner und besteht aus dicken Kiefernbrettern, fünf waagrechten und sieben senkrechten, mit einer alten Decke als Wärmedämmung dazwischen. Besonders schwierig ist das Einsetzen der Angeln in das dicke Holz von Tür und Hütte. Die Tür muß dicht schließen, aber noch soviel Spiel haben, daß sie sich leicht öffnen und schließen läßt. Eine knifflige Arbeit. Um so größer ist unsere Freude, als wir am Abend des 15. September unsere schöne Tür schließen und sich schon im nächsten Augenblick eine wohlige Wärme im Innern ausbreitet, die nun nicht mehr entweichen kann.

Wir essen im T-Shirt zu Abend und bewundern dabei durch das große Fenster den Sonnenuntergang über dem See. Draußen herrschen -9° C. Wir freuen uns wie Schneekönige.

»Sieh mal, da!«

Ich bin aufgesprungen, pflücke im Vorüberlaufen Montaine von der Bank und stürze ans Fenster. Keine zehn Meter von der Hütte entfernt staksen eine Elchkuh und ihr Kalb friedlich am Ufer entlang.

»Och, ist das süß! Sieh mal das Kleine mit seinen langen Beinen, als würde es Stelzen laufen.«

Montaine reißt die Augen auf und klatscht in die Hände.

»Elle! Elle!«

Sie weiß noch den Namen des Tiers, bleibt aber mißtrauisch. Als ich sie auf den Boden stelle und meine Kamera hole, um die Szene zu filmen, brüllt sie vor Angst und wirft sich in die Arme ihrer Mutter. Ich reiße die Tür auf, ohne daran zu denken, daß Otchum in der Ecke liegt. Mit drei Sätzen ist er draußen und stürmt auf die Elche los. Ich filme. Die Elche flüchten ins Wasser und schwimmen durch die Bucht. Am anderen Ufer angekommen, schütteln sie sich in aller Ruhe und verschwinden dann in der Tiefe des Waldes. Otchum kehrt stolz auf seinen Platz in der Hütte zurück.

»Nichts da, du Pascha, dein Platz ist draußen, bei den andern!«

Otchum sieht mich hochmütig an, als wollte er sagen: »Sonst noch was? Du vergißt wohl, mit wem du sprichst. Ich bin Rudelchef und obendrein Leithund, ein König.«

Mein König. Ich liebe diesen Hund. Ein Teil meines Lebens ist mit dem ungewöhnlichen Schicksal dieses Hundes verknüpft, der am größten See der Erde geboren ist, mit mir Sibirien und Lappland durchquert hat und bald über die Rocky Mountains klettern wird.

Wir werden im hohen Norden noch große Dinge zusammen vollbringen und noch viele leere Seiten in unserem Buch vollschreiben. Auf jeden Fall werden wir noch gemeinsam in die Arktis und die Mandschurei vorstoßen, und es ist sehr gut möglich, daß Otchum mit seiner Meute am schwierigsten und längsten Hundeschlittenrennen der Welt teilnehmen wird, denn schnell sind wir.

KAPITEL 17

EIN PAAR SEESCHWALBEN UND MÖWEN SCHWIMMEN ruhig zwischen einer Schar Brillenenten, die in der Bucht niedergegangen sind. Graue Nebelschwaden liegen über dem See und schillern in den ersten Strahlen der fahlen Sonne. Das Kanu durchschneidet das Wasser mit einem kaum wahrnehmbaren Geräusch von zerreißendem Stoff. Ich gehe heute morgen allein in die Berge. Auf dem Kamm eines Berges, den zwei majestätische Gletscher schmücken, habe ich Schneeziegen erspäht. Zwischen den Gletschern zieht sich ein Felsband den Hang hinauf, links und rechts von schmalen Grasstreifen gesäumt, die großen Tieren wie Dickhornschafen und Schneeziegen als Weide dienen.

Ich mache einen großen Umweg und will versuchen, über eine Granitfelswand auf den Gipfel zu klettern, um mich dann von oben an die Tiere heranzupirschen. Ich tauche das Paddel kräftig und tief in das glasklare Wasser des Sees. Von Zeit zu Zeit zuckt der silbrige Blitz eines Fischs in der Tiefe. In Ufernähe glitzert eine dünne Eisdecke im Licht und sendet regenbogenfarbene Strahlen aus. Eisenten, die Papageien unter den Enten, flattern vor mir auf, gefolgt von einigen Schellenten. Hoch am Himmel zieht ein Weißkopf-Seeadler seine Kreise. Ich nähere mich dem Sumpf. Ich höre Meergänse, das kurze, abgehackte Pfeifen von Sumpfschnepfen, das Trillern von

Regenpfeifern. Eine dunkle, massige Gestalt löst sich aus dem Schilf und verschwindet plätschernd im Dunst – ein Elch, der in den Sumpf flüchtet. Ein Biber schwimmt auf dem Weg zu seiner Burg an zwei Fischottern vorbei, die unbekümmert zusehen, wie ich näherkomme. Ich liebe Otter, ihre kleinen, intelligenten Gesichter, die Art, wie sie auf dem Rücken im Wasser liegen, wie sie spielen und das Leben genießen. Ich bin schon des öfteren am Abend hierhergepaddelt, um sie zu beobachten. Ein paar Mal waren sie da, und ich habe ihnen eine ganze Stunde lang beim Fischen und Herumtollen zugesehen. Otter verbringen ihre Zeit damit, sich zu amüsieren. Ich kenne nicht viele Tiere – von den Kolkraben vielleicht abgesehen –, die soviel Zeit mit Spielen verbringen.

Ich ziehe das Kanu auf den kleinen Sandstrand. Jedesmal, wenn ich hierherkomme, verwische ich alle Spuren, damit ich später feststellen kann, ob in der Zwischenzeit Tiere hiergewesen sind. Diesmal entdecke ich die Abdrücke eines einsamen Karibubullen, dann die einer Grizzlybärin mit ihrem Jungen und schließlich die mehrerer Wölfe, ganz frisch, von letzter Nacht.

Die Bärin gibt mir Rätsel auf. Überall stoße ich auf ihre Spur, doch sie selbst bekomme ich nie zu Gesicht.

Wo versteckst du dich mit deinem Jungen? Ich würde dir gern einen Besuch abstatten und dein Baby bewundern.

Über die Wolfsspuren freue ich mich besonders. In den letzten zwei Wochen habe ich kaum welche gesehen. Ich durchquere den Sumpf und dringe an der Bergflanke, die ich erklimmen will, in den Wald ein. Der Aufstieg ist mühsam und beschwerlich. Der Hang ist sehr steil, und ich muß ständig die Äste verkrüppelter Tannen zur Seite biegen. Ich scheuche mehrere Hasen auf, dann einen Schwarzbären. Er grunzt wie ein Schwein und trabt behäbig quer über den Hang.

Nach gut einer Stunde Fußmarsch lichten sich endlich die Tannen. Ein paar Kiefern, in deren Ästen zeternde Hörnchen turnen, klammern sich an den Hang. Ein Stück weiter beginnen die Matten, die sich bis zum Fuß des Gletschers erstrecken. Rittersporn und Glockenblumen sprenkeln noch den Grasteppich, aus dem vereinzelte Sträucher sprießen: Moosblumen, Heidelbeeren und Weiden, dazu Farne wie Cheilanthes, Wurmfarne und viele andere, deren Namen ich nicht kenne. Im dichten Heidelbeergesträuch gackern und rufen Schneehühner.

Ich gehe bis zum Fuß des Gletschers, der sich an eine große, von Zwergsträuchern gesäumte Moräne schmiegt, und erklimme einen schroffen Felsen, der die Gletscherstirn überragt. Das Eis wirkt wie von Künstlerhand modelliert, und ein weiches, betörendes Licht umspielt seine Kanten. Hier und da schimmern ungleichmäßige smaragdgrüne Linien. Sie verlaufen quer zu etlichen Rinnsalen, die, kristallklar und blaßblau, einen sprudelnden Bach speisen, dessen Bett wie mit einer Axt in die Gletscherstirn gehauen scheint.

Um auf den Kamm oberhalb der steilen Grasmatte zu gelangen, muß ich einen großen Umweg machen und schroffe Felswände erklimmen. Auf dem bröckligen Gestein ist der Aufstieg nicht gerade einfach. Ich setze vorsichtig einen Fuß vor den anderen, bis ich einen breiten Grat aus Granit erreiche, auf dem es schneller vorangeht. Eine halbe Stunde später erblicke ich vom Gipfel aus eine Landschaft von unglaublicher Schönheit. Ich sehe den gesamten See, alle Täler, die zu ihm hinführen, die Sümpfe, den Fluß, gut dreißig Kilometer weit, andere Gletscher, andere Seen, es ist märchenhaft.

Mein Blick erfaßt eine solche Vielfalt neuer Kombinationen, daß wohl ein ganzes Menschenleben nicht genügen würde, um sich daran sattzusehen. Ich verschlinge die Landschaft mit den Augen, berausche mich an so viel Schönheit. Selbst die Wolken, die, mit bunten Fransen geschmückt, wie Federn am blauen Himmel schweben, scheinen bemüht, ein Spektakel zu bieten, das dem der Berge in nichts nachsteht. Eine Zeitlang vergesse ich darüber ganz die Tiere. Doch ich weiß, daß sie da sind. Irgendwo da unten am Hang oder im Schatten der Felsen. Ich suche. Ich liebe es, durch das Fernglas zu spähen, denn die Freude ist groß, wenn man nach langer Suche Leben entdeckt. Ein weißer Punkt in den Felsen, vielleicht eine Schneeziege, ein schwarzer Fleck in den Heidelbeeren, zweifellos ein Bär, ein grauer Schatten im Schnee, ein Karibu. Die Suche mit dem Fernglas ist eine Kunst, die viel Erfahrung und eine genaue Kenntnis der Lebensgewohnheiten wilder Tiere erfordert. Man sucht nicht irgendwo oder irgendwie, sonst wird man selten fündig – mit Zufall hat diese Art von Beobachtung nichts zu tun. Sie gleicht eher einer Wanderung. Man geht von Ort zu Ort, und zwar auf dem Weg, den die Tiere vermutlich genommen haben. Läßt man den Blick einfach über das Gelände gleiten, und sei es auch nur langsam, entdeckt man nichts, bemerkt man keine Bewegung. Das Auge muß an einem Ort verweilen, wie eine Fotokamera eine bestimmte Zone erfassen. Welche, hängt von dem Tier ab, das man sucht, von der Tageszeit, der Jahreszeit, der Beschaffenheit des Geländes, der eigenen Intuition – Intuition ist wichtig. Wie sagte Victor Hugo: »Intuition ist der Ausguck des Verstands.«

Ich suche Schneeziegen. Es ist zehn Uhr morgens, September, Sonne, Wind. Wahrscheinlich stecken sie irgendwo zwischen den Felsen, unweit der kräuterreichen Bergwiese, die sozusagen ihre Speisekammer ist. Ich beginne oben an den Felsen. Eine ungünstige Stelle, denn sie bietet wenig Fluchtmöglichkeiten. Mein Blick gleitet weiter. Was ist mit dem leicht geneigten Felsvorsprung? Schon besser. Gut aufgestützt, verschaffe ich mir zunächst einen Überblick über das Gelände, ehe ich mir nacheinander die Schlüsselstellen herauspicke. Ich untersuche eine nach der anderen. Keine Ziegen. Vielleicht in der Gletschermoräne, auf den windzerklüfteten Felsen? Vier weiße Punkte! Es sind Ziegen, zwei Geißen mit Kitzen. Entzückend! Die beiden Mütter dösen im Schatten eines großen Granitblocks, und die Kleinen tollen auf dem Hang, spielen Fangen, messen ihre Kräfte, bäumen sich auf und rammen die Köpfe zusammen. Ich will versuchen, mich anzuschleichen, prüfe die Windrichtung, studiere das Gelände. Schwierig. Der Hang ist steil und zwingt mich, wenn ich näher herankommen will, zu einer Kletterpartie. Außerdem steht der Wind ungünstig. Statt also auf den Zufall zu hoffen, beschließe ich, den schroffen Gipfel auf der Nordseite zu umgehen und auf einem Weg ins Tal hinabzusteigen, der mir einen Ausblick auf die Berge erlaubt, die von der Hütte aus nicht zu sehen sind.

Beim Abstieg auf dem sonnenüberfluteten Hang bemerke ich sieben Karibus, die gemächlich über die Bergwiese ziehen. Wieder Weibchen mit ihren Jungen, diesjährigen und einjährigen. Das alte, unfruchtbare Weibchen, das die Gruppe anführt, wittert mich. Es stampft mehrmals mit dem Vorderlauf auf und flieht dann in Richtung Tal, wobei es die anderen, die den sonnigen Platz nur widerwillig verlassen, vor sich her treibt. Ich schlendere eine Stunde lang über die Matten, bewundere die verschwenderische Farbenpracht der Flechten und mache mich gerade an den Abstieg durch den Wald, als aus dem Tal ein kurzes Bellen ertönt. Habe ich geträumt? Ich habe den Laut noch im Ohr und vergegenwärtige ihn mir wie die Momentaufnahme eines vorüberhuschenden Tiers. Ein tiefes, kräftiges Bellen. Ob einer der Hunde mir gefolgt ist? Ich spähe ins Tal. Dort, neben einer Zwergtanne, bewegt sich etwas. Ein grauer Fleck. Aufgeregt stelle ich mein Fernglas scharf. Ein Wolf, und zwar ein Prachtexemplar. Er steckt schnuppernd die Nase in die Luft, dann läuft er weiter. Er ist nicht allein. Ein zweiter folgt ihm, ein dritter. Ich zähle vier, fünf, zehn, elf Wölfe! Ein ganzes Rudel, einer hinter dem anderen, die Nasen am Boden. Das Herz schlägt mir bis zum Hals. Nichts, keine Begegnung macht mich so glücklich. Ich teile diese Leidenschaft mit Diane. Ach, wenn sie doch nur hier wäre! Wie sie sich freuen würde! Wie schön wäre es, wenn sie in diesem seltenen Augenblick bei mir wäre. Wölfe auf der Jagd, und ich auf einem Logenplatz! Wäre ich jetzt unten im Tal, würde ich sie wahrscheinlich nicht einmal bemerken. Bestenfalls würden sich unsere Wege kreuzen, und das Rudel würde sofort Reißaus nehmen. Von hier oben überblicke ich das weite und offene Tal, die wenigen Tannenhaine schränken die Sicht nicht ein.

Vermutlich haben die Wölfe soeben ihren Unterschlupf verlassen, um auf die Jagd zu gehen, und das Bellen, das meine Aufmerksamkeit erregt hat, war wohl das Signal des Leitwolfs zum Aufbruch. Ich kann nicht anders, ich muß ständig an die seltsame Ähnlichkeit dieses Rudels mit meiner Meute denken, die ebenfalls aus elf Tieren besteht. Die Wölfe, die einander im Abstand von zwei Metern folgen, legen rund 100 Meter zurück, dann bleibt der Rudelchef stehen, und mit ihm alle anderen. Zwei verharren an Ort und Stelle, während vier Tiere nach rechts und fünf nach links ausschwärmen und sich etwas nach vorn absetzen, so daß die Gruppe eine Art umgekehrtes Hufeisen bildet. Der Leitwolf bleibt in der Mitte, die beiden Flügel streichen am Wald entlang. Alles geht ohne das leiseste Bellen oder irgendein anderes Signal vonstatten, wie ein sorgfältig geplantes und eingeübtes Gefechtsmanöver. Das Hufeisen hat sich in Bewegung gesetzt, und ich durchschaue sofort, was diese Formation bezweckt. Der Leitwolf und seine beiden Adjutanten, die

20 Meter links und rechts neben ihm traben, durchkämmen das Tal und durchqueren die Haine wie die Treiber bei einer Wildschweintreibjagd. Eine gefürchtete Methode. Sollte ein Elch in einem der Wäldchen stecken und vor den Räubern die Flucht ergreifen, ist er, ohne es zu ahnen, bereits umzingelt. Und tatsächlich, keine zehn Minuten später bricht ein junger Elch aus einem Erlengehölz hervor, in dem er vermutlich geschlafen hat. Die drei Wölfe hinter ihm beschleunigen nicht, im Gegenteil. Ich habe eher den Eindruck, daß sie das Tempo etwas drosseln. Ich sehe ein oder zwei Tiere, die an der Spitze des Hufeisens laufen. Im Gegensatz zu den anderen legen sie einen Zahn zu und traben hinter den ersten Bäumen im Wald. Der Elch läuft noch immer im Zentrum des Hufeisens, 200 Meter vor den Wölfen, die ihn aufgescheucht haben. Ich bin begeistert. Mein Blick springt von einem Verfolger zum anderen, dann wieder zum Elch, zurück zum Rudelchef. Mit geschmeidigen Sätzen überqueren die Wölfe einen Fluß. Ach, wie gern würde ich diese Szene noch einmal in Zeitlupe sehen. Alles geht mir viel zu schnell. Am liebsten würde ich jedes Bild, jede Sekunde festhalten, doch die Wölfe laufen weiter talaufwärts und der Abstand zwischen uns wächst. Vermutlich hetzen sie den Elch, bis er müde wird, dann lassen sie die Falle zuschnappen. Was würde ich darum geben, wenn ich dabei sein könnte! Doch der Elch ist bereits hinter einer Anhöhe verschwunden, und ein Wolf nach dem anderen entschwindet meinen Blicken. Das Tal liegt wieder wie verlassen da. Habe ich geträumt? Nein, ich war soeben Zeuge eines bemerkenswerten Schauspiels, aufgeführt von meinen Lieblingsakteuren, meinen Idolen des hohen Nordens, meinen Brüdern, den Wölfen.

»Waidmannsheil!«

Das ist das dritte Mal, daß ich ein Wolfsrudel bei der

Jagd beobachten durfte. Das erste Mal war während einer Kanufahrt im Westen der Halbinsel Labrador. Ich pirschte mich am George-Fluß an eine kleine Karibuherde heran, als plötzlich unter lautem Geheul Wölfe die Herde angriffen. Ich rannte so schnell ich konnte auf einen Hügel, um die Hatz zu beobachten, doch wie heute entschwanden die Jäger meinem Blickfeld, ehe es zur Entscheidung kam.

Das zweite Mal war in Alaska, am Oberlauf des Kuskokwim-Flusses, den wir im Kanu bis zur Beringstraße hinunterfuhren. Ich beobachtete, wie junge Wölfe die Jagd auf junge Enten erlernten. Es war großartig. Die Enten waren noch nicht richtig flügge. Die Wölfe jagten sie über den Fluß, und das Wasser spritzte nach allen Seiten und glitzerte dabei in der Sonne.

Diese Bilder, die sich mir tief ins Gedächtnis eingegraben haben, kommen mir in den Sinn, als ich wehmütig und bewegt in den Flechten sitze und in das Tal hinabschaue, das soeben einen Namen bekommen hat: das Wolfsrudeltal. Denn ich habe in meinem Leben schon viele Wölfe gesehen, wirklich viele, Einzelgänger und Paare, aber nur ganz selten ein so schönes Rudel. Ich lasse den Blick über die Berge schweifen. Ich danke ihnen von ganzem Herzen dafür, daß ich einen solchen Augenblick erleben durfte. Ob mein stummer Dank bei ihnen ankommt? Ich bin auf der Leiter des Glücks so hoch geklettert, daß mir schwindlig wird.

KAPITEL 18

ICH LIEBE SYMBOLE. UND HEUTE WERDE ICH GERADEZU verwöhnt. Kaum haben wir die letzte Dachlatte eingepaßt und angenagelt, beginnt es in schönen weichen Flocken zu schneien. Es ist kein nasser Schnee, der sich am Boden sofort in schmutzigen Matsch verwandelt, sondern schöner Pulverschnee, der die Erde weiß färbt, als hätte man Kalk verstreut.

Der erste Schnee des Winters.

Die Hütte ist fertig. Wir fühlen uns wohl darin, richtig wie zu Hause. Sie fügt sich harmonisch in die Landschaft ein und bildet mit ihrer goldbraunen Farbe einen schönen Kontrast zu dem Blau des Sees und dem Grün des Waldes. Der Schlitten ist unter dem großen Vordach geparkt, neben einem stattlichen Vorrat Brennholz, und wartet dort auf seine große Stunde. Das Kanu haben wir ins Uferschilf der Bucht gezogen. Der Platz der elf Hunde ist am Waldrand unter den großen Kiefern. Wir lassen immer zwei oder drei frei herumlaufen. Meist durchstreifen sie nur die nähere Umgebung, doch manchmal verschwinden ein oder zwei auch im Wald. Sie bleiben selten länger als vier Stunden fort, aber wenn sie ausreißen, zählen wir die Zeit, die sie sich in den Bergen herumtreiben, nicht mehr in Stunden, sondern in Stacheln. Denn bei ihren Streifzügen stoßen sie früher oder später unweigerlich auf ein Stachelschwein und bedrängen es solange, bis einer von ihnen unliebsame Bekanntschaft mit seinem Nadelkleid macht. Noch bevor wir den Rückkehrer sehen, hören wir ihn winseln. Mit Geduld und einer Pinzette bewaffnet, bringen wir dann eine gute Stunde damit zu, die Stacheln zu entfernen. Bisweilen müssen wir den Hund auch mit einem Mittel betäuben, das wir mit Fett vermengen. Das Dumme ist nur, daß bestimmte Raufbolde wie Baikal und Voulk aus der schmerzhaften Erfahrung keine Lehre ziehen. Die beiden erwischt es mehrmals. Sie sind unverbesserlich!

Wir sammeln die letzten Heidelbeeren, ehe der Schnee die Taiga vollends unter sich begräbt. Montaine macht das immer noch sehr viel Spaß.

»Mehr Heiben.«

»Nein, Montaine, das sind Heidelbeeren.«

»Heibeben.«

Sie ist von Kopf bis Fuß blau. Das ist kein Gesicht mehr, sondern eine einzige große Heidelbeere.

»Wenn ich daran denke, daß ich zwei Stunden lang ihre Sachen gewaschen habe«, seufzt Diane.

Zum Glück ist Montaine schon seit einiger Zeit sauber, was die lästige Wascherei in Grenzen hält. Zu der Zeitersparnis kommt die Freude darüber, daß dieser mühsame Lernprozeß noch vor dem Winter erfolgreich abgeschlossen ist.

Am Spätnachmittag hat es aufgehört zu schneien. Die Berge ringsum sind völlig weiß und werden es vermutlich auch bleiben. Wenn wir noch den einen oder anderen Ausflug in die Berge machen wollen, müssen wir uns beeilen. Der Winter naht mit großen Schritten.

Bei Einbruch der Nacht fahre ich mit Montaine im Kanu angeln. Es ist anstrengend, von morgens bis abends auf Montaine aufzupassen, und eine Stunde Ruhe wird Diane guttun. Dabei ist Diane viel geduldiger als ich.

Hätte ich nicht mehrere Stunden am Tag ganz für mich allein, in denen ich Holz sammele, jage, fische oder Tiere beobachte, würde ich durchdrehen. Aber hin und wieder passe auch ich allein auf Montaine auf, damit ihre Mutter etwas ausspannen kann.

Montaine fährt sehr gern mit mir zum Angeln auf den großen See hinaus. Da wir zwei Angelruten haben, gebe ich ihr eine, und sie macht mir alles nach. Sie imitiert die Wurfbewegung, hantiert an der Rolle, als hole sie den Köder ein, und gerät sogar in Erregung und haut an, wenn ein imaginärer Fisch angebissen hat.

Wir verlassen die Bucht und angeln an einer tiefen Stelle zwischen zwei von Seeschwalben bevölkerten Inseln. Heute ist unser Glückstag. Beim dritten Wurf beißt eine schöne, zwei Kilo schwere Cristivomer-Forelle an. Sie springt mehrmals aus dem Wasser, ehe sie aufgibt. Montaine quietscht vor Vergnügen, klatscht in die Hände und fällt vor lauter Begeisterung beinahe über Bord. In dem Moment, als ich die Forelle ins Kanu ziehe, bemerke ich in den Erlen auf der Uferböschung gegenüber eine Bewegung. Ein Elch, ein stattlicher Bulle!

»Montaine, sieh mal den Elch, 200 Meter neben der Hütte. Den schnappen wir uns.«

Ich räume die Angelruten beiseite und paddele so schnell ich kann zur Hütte zurück. Um jedes Plätschern zu vermeiden, tauche ich das Paddel tief ein.

Montaine hat die Situation vollkommen erfaßt. Sie macht ein ernstes Gesicht und verhält sich, an die Bootswand geklammert, ganz still. Sie sieht mich an, als wollte sie sagen: »Mach dir meinetwegen keine Sorgen. Los, den Elch holen wir uns.«

Wir brauchen ihn nämlich. Wir brauchen Fleisch für die Hunde und uns selbst. Ein Elch so nah an der Hütte ist wie ein Geschenk des Himmels. Würde ich das Tier zwei oder drei Kilometer von hier erlegen, bräuchte ich zwei Wochen, um die 200 Kilo Fleisch zur Hütte zu schaffen, ganz zu schweigen von den 30 Kilo Knochen, Haut und Innereien, die den Hunden entgehen würden, da ich sie praktisch nicht transportieren könnte!

Wenn ich ihn hier erlege, direkt neben der Hütte, geht kein Gramm verloren. Die Hunde werden das Gerippe restlos verputzen.

In Rekordzeit bin ich bei der Hütte. Ich habe Montaine gebeten, still zu sein, und bis jetzt hat sie noch keinen Mucks gemacht. Als wir die Hütte betreten, ist es mit ihrer Selbstbeherrschung vorbei.

»Mama, Mama, Elle, Papa Elle.«

Ich bin schon wieder draußen und schleiche, mit dem Karabiner bewaffnet, vorsichtig über die dünne Schneedecke. Um mich gegen den Wind anzupirschen, schlage ich einen weiten Bogen um das Gehölz, in dem ich den Elch noch immer vermute. Ich brauche nicht lange zu suchen. Da ist er, sein Kopf mit dem großen Schaufelgeweih taucht aus dem Pflanzengewirr auf, Erlen und Weiden, blutrot, mit allen Farbschattierungen von Gelb über Orange und Karmesinrot bis Violett. Ein herrliches Bild. Ich könnte ohne weiteres vergessen, weshalb ich hier bin. Der Schuß ist aus dieser Entfernung eine Formsache. Die Kugel trifft das Tier mitten ins Herz. Ein schneller Tod. Die Sekani-Indianer oder Montagnais, mit denen ich oft auf die Jagd gegangen bin, haben mich gelehrt, daß der Akt des Tötens in einer Atmosphäre des Respekts erfolgen muß und mit spirituellen Pflichten verbunden ist. Das ist einer der grundlegenden Unterschiede zwischen ihrer und unserer Kultur. Wir haben uns der Welt der Tiere hoffnungslos entfremdet, wohingegen die Indianer oder die Inuit innerhalb eines spirituellen Kreislaufs leben. Die Jagd ist für sie ein Austausch zwischen Mensch und Natur. In ihrer Vorstellungswelt ist die Idee des Geschenks stärker als der Tod.

Mit der Zeit habe ich die ganze Bedeutung dieser »Technik der Bewußtwerdung« begriffen, die darin besteht, daß man dem Tier erklärt, warum es getötet worden ist.

Ich träume von einer Welt, in der die Jäger ihr Gewissen prüfen und sich diese wichtige Frage stellen. Warum hast du am Wochenende diesen Hirsch erlegt? Um sein Geweih als Trophäe aufzuhängen und Wichtigtuer zu beeindrucken? Oder weil die Jagd der vernünftigen Regulierung des Wildbestands dient und Teil der notwendigen Prozesse innerhalb der Nahrungskette ist?

Ehe ich das Gerippe der Meute überlasse, haben wir das Fleisch abgelöst, um es in den nächsten Tagen in kleinen Portionen an die Hunde zu verfüttern. Montaine ist dabei, als wir die blutigen Fleischstücke zum Kanu tragen. Alles badet in Blut. Das beinahe fluoreszierende Rot vermischt sich mit den scharlachfarbenen Tönen des Erlen- und Weidenlaubs, das einen merkwürdigen, großartigen Kontrast zu dem dunkelblauen See und dem weißen Schnee bildet.

Zu dem Widerspruch, welcher der Jagd innewohnt, gesellt sich der Widerspruch zwischen Schönheit und Gewalt, den die Tiere nicht wahrnehmen. Die Unschuld der Tiere ist mit der eines Kindes vergleichbar, eines kleinen Mädchens wie Montaine, das lachend im Blut eines wilden Tiers spielt.

Ein hellviolettes Polarlicht entrollt am Himmel von Westen nach Osten seine prismatischen Schleier und spannt einen leuchtenden Bogen über den gesamten nördlichen Horizont. Hier und dort schimmern einige Sterne im schwach fluoreszierenden Licht.

Montaine schläft tief. Der Ofen bullert behaglich, die Holzscheite knacken im Feuer. Eine wohlige Wärme erfüllt die von zwei Kerzen schwach erleuchtete Hütte.

Wir sitzen am Tisch und lauschen dem wütenden Bellen unseres Schutzengels in der Ferne. Tag und Nacht geht Otchum mit Eifer seinen Pflichten nach und dankt uns auf diese Weise dafür, daß er frei herumlaufen darf.

»Was kann das sein?« Es ist frustrierend, wenn man das Tier wegen der Dunkelheit nicht sehen kann.

»Ein Vielfraß, ein Wolf, ein Bär. Auf jeden Fall eins von den dreien.«

»Es kommt näher.«

Diane hat recht. Das Bellen wird lauter.

»Es ist verdammt nahe.«

Stimmt, das Tier ist höchstens noch 20 Meter von der Hütte entfernt.

Ich schnappe mir die alte Winchester, trete vor die Hütte und spähe in die Dunkelheit. Otchum und das Tier stecken im Erlengestrüpp. Ich kann nichts erkennen, doch ich höre Kiefer mahlen und Knochen krachen. Ein Brummen klärt mich über die Identität des Besuchers auf.

»Es ist ein Bär!«

»Ein Schwarzbär oder ein Grizzly?«

»Schwer zu sagen. Es ist zu dunkel. Ich kann nichts erkennen.«

Nachsehen kommt nicht in Frage. Der Bär verschlingt gerade das Fleisch, das wir hierhergeschafft haben, und wird sein Eigentum ohne Zögern verteidigen. Falls es sich um einen Grizzly handelt, wäre Nachsehen glatter Selbstmord.

Otchum läßt nicht locker. Drei Stunden lang bedrängt er den Bären, den wir nicht einmal zu Gesicht bekommen, bellt, täuscht Angriffe vor, springt um ihn herum.

Mehrmals attackiert ihn der Bär unter wütendem Gebrumm. Otchum weicht zurück, geht aber sofort zum Gegenangriff über, wenn der Bär sich wieder dem Fleisch zuwendet.

Diane hat ein wenig Angst, ist aber auch begeistert, daß

sie das Drama wenigstens akkustisch mitverfolgen kann, und kommentiert jedes Brummen mit »Ohs« und »Ahs«.

»Hast du das gehört? Das muß ein Grizzly sein!«

Am schrecklichsten ist das Krachen, wenn die Kiefer Knochen zermalmen.

Montaine ist aufgewacht und fragt ihre Mutter:

»Elle, Mama?«

»Nein, Montaine, ein Bär.«

»Er.«

»Nein, Bär.«

»Tschu-Tschu!«

Montaine hat Angst um Otchum. Und nicht nur sie. Ich vertraue darauf, daß Otchum den nötigen Sicherheitsabstand wahrt, doch jedem Hund kann einmal ein Fehler unterlaufen, vor allem wenn er mitten in der Nacht im Erlengestrüpp einem Grizzly gegenübersteht.

Gegen zwei Uhr morgens sind wir kriegsmüde und legen uns hin.

Viel Fleisch wird nicht übrigbleiben. Wir hätten es aufhängen sollen. Morgen werde ich ein Versteck bauen, in dem es vor Bären sicher ist.

Gegen drei trollt sich der Bär endlich. Otchum folgt ihm noch eine Weile, kehrt dann zurück und legt sich ausgepumpt, aber unverletzt vor die Tür.

Ich schlafe endlich ein.

Um fünf geht das Theater wieder los. Gebell, Gebrumm. Mit einem Satz bin ich aus dem Bett. Der Tag graut bereits. Dichter Nebel liegt über dem See, kriecht die Uferböschungen hinauf, hüllt Kiefern und Berge in Grau. Im Nu habe ich Hose und Stiefel an.

»Wo willst du hin?« fragt Diane und streckt sich.

»Nach dem Bären sehen.«

»Ist er wieder da?«

»Hör doch!«

Diane springt auf und stürzt ans Fenster.

»Man sieht ja nichts.«

»Doch, ein bißchen.«

»Nimm dich in acht!«

Otchum tobt draußen.

Ich eile an seine Seite und brauche nur ein paar Meter in die Richtung zu blicken, in die seine Schnauze zeigt. Ein Bär, mit einem Fleischbrocken im Maul.

Ein Schwarzbär.

Ich zögere keine Sekunde. Der Schuß hallt mehrfach von den Bergen wider.

Der Bär liegt tot am Boden, mit einer Kugel im Hals.

Ich muß daran denken, was Clarence zu mir sagte, als ich ihm von meinen Vorhaben erzählte, an einem einsamen See in den Rocky Mountains eine Hütte zu bauen und fünf Monate darin zu leben.

»Du wirst jede Menge Bären in die Gegend locken. Wenn du deine Ruhe haben willst, mußt du ein gutes Dutzend von diesen Räubern erschießen.«

In den Städten stellt der Schwarzbär, dessen Bestände explosionsartig anwachsen, ein ernsthaftes Problem dar. Allein im Sommer 1994 mußte die Polizei in den Straßen von Prince George über 200 Bären erschießen. Auf der Suche nach Freßbarem dringen sie in Gärten ein, durchwühlen Mülltonnen und töten Hunde. Eine regelrechte Invasion.

Uns haben die Bären bisher nicht behelligt. Und der da kommt uns nicht ungelegen, im Gegenteil. Sein zartes, schmackhaftes Fleisch wird den Verlust des Elchfleischs, das er gefressen hat, mehr als ersetzen, denn Elchfleisch ist zäh und hat, wie ich finde, einen ziemlich strengen, unangenehmen Geschmack. Aber natürlich ist das Geschmacksache. Ich jedenfalls mag es nicht, und das hat auch mit einer unerfreulichen Erfahrung zu tun. Bei einer Expedition mit Hundeschlitten ging uns einmal der Proviant aus. Um zu überleben, jagten wir Elche. Zwei

Monate lang aßen wir Elchfleisch, morgens, mittags und abends. Das reicht für ein ganzes Leben. Und davon einmal abgesehen, ist mir wirklich niemand bekannt, der Elchbraten einem Bärensteak vorziehen würde. Der Bär ist das Limousin-Rind des hohen Nordens.

Aber natürlich esse ich in jedem Fall lieber das Fleisch eines Tiers, das in der freien Natur gelebt hat, als das in Frischhaltefolie verpackte Steak von einem Rind, das nie einen Huf auf eine Bergwiese gesetzt oder in einem Fluß seinen Durst gelöscht hat, sondern sein Leben lang gemästet, unter unwürdigen Umständen gehalten und geschlachtet, methodisch zerlegt und dann an gedankenlose Menschen verkauft wird, die nicht einmal mehr wissen, daß ein Tier blutet, wenn man ihm die Kehle durchschneidet.

Da ist mir ein gutes Bärensteak, eine Wildschweinkeule oder eine Wildente lieber. Und ich ziehe es vor, ein Tier, das in Würde gelebt und mit Respekt getötet wurde, eigenhändig zu rupfen, aufzubrechen und zu zerlegen.

Gewiß, in der Welt, in der wir leben, ist das kaum noch möglich. Doch ich finde die Haltung jener Leute unverantwortlich und unerträglich, die die Jagd, die bis heute, selbst in Frankreich, auf ganz natürliche Weise betrieben wird, als unzeitgemäßen, barbarischen Akt verurteilen. Der Anblick von Blut stört sie. Hätte der moderne Mensch lieber eine keimfreie Version der Natur? Und das Bild jenes Kindes, das, als es aufgefordert wurde, einen Fisch zu malen, eine Tiefkühlpackung zeichnete?

Da ist mir ein Kind wie Montaine lieber, die ihrer Mutter hilft, das Fleisch eines wilden Tieres zu zerlegen.

Montaine wird keine Tiefkühlpackungen in ihre Hefte malen. Sie wird Vögel malen, deren Namen sie kennt: Seetaucher, Gänse, Kragenhühner. Sie wird Respekt vor dem Leben haben, denn sie wird sich bewußt sein, was Leben bedeutet.

Sie wird von der Welt der Tiere nicht abgeschnitten sein durch all das, was in unserer Gesellschaft die Frischhaltefolie symbolisiert, unter der das Fleisch gemästeter Tiere liegt.

Heute abend sitze ich, bequem an die Hütte gelehnt, auf einem großen Holzklotz unter dem Vordach und bin besoffen vor Glück.

Ich betrachte das Bärenfell, das zum Trocknen zwischen zwei Bäume gespannt ist, die Fleischstücke, die ausgebreitet auf einem Rost liegen, den Schlitten, das Kanu, die Blockhütte, die Hundemeute, Diane und Montaine, die Steine in den See werfen. Ich sehe einen Traum.

Und bald kommt der Winter und eine lange Fahrt mit dem Hundeschlitten durch die einsamen weißen Weiten.

Das blaue Eis auf dem kältestarren See, die tiefe Stille, der Rauhreif, den unsere Münder ausatmen. Die Wölfe, die in eisiger Nacht heulen.

Unser Traum ist wahr geworden.

KAPITEL 19

DER WINTER HÄLT UNS ZUM NARREN. ERST TUT ER SO, als sei er da, dann zieht er sich wieder zurück, unschlüssig und launisch wie ein junger Vogel, der mal hierhin, mal dorthin flattert und nicht recht weiß, wo er sich niederlassen soll.

Der Schnee ist geschmolzen, und ein feiner Dauerregen fällt auf die Taiga, die alle Pracht der letzten Tage verloren hat. Das scharlachrote Laub der Espen und Weiden, das der Landschaft eine heitere Note gegeben hatte, ist abgefallen, fortgetragen von einem Wind, der den See aufwühlt und schäumende Wellen aufwirft. Die Natur scheint zu grollen, verletzt über das geplatzte Stelldichein mit dem Winter. Auch die Hunde irren traurig am Ufer entlang, ungeduldig wie Matrosen, die sich danach sehnen, wieder in See zu stechen.

Sie haben das Gerippe des Elchs vollständig abgenagt, die Knochen zermalmt, Sehnen und Haut zerrissen, die Eingeweide verschlungen. Zwei Wölfe haben sich uneingeladen an dem Schmaus beteiligt und in drei Nächten hintereinander die Gabe des Himmels dankbar angenommen. Otchum hat gebellt, aber nur halbherzig, mehr aus Prinzip. Wir haben Abdrücke von Pfoten gefunden, die doppelt so groß sind wie die unserer kräftigsten Hunde. Diane gerät ins Schwärmen.

»Wenn ich doch nur welche sehen könnte. Wie gern

»Unser« See mit der Blockhütte, die wir dort gebaut haben

Unser Haus ...

... und wie es entstand

Montaine in unserem Kanu

Auf dem See unterwegs

Ein großes Mufflon (links) und Schneeziegen

Blick aus unserem Haus an den See

Montaines Trockenübungen mit den Schneeschuhen

Gut gerüstet für
den kommenden Winter

würde ich mal einen sehen, wenigstens von weitem, nur mal sehen!«

Jeden Tag paddele ich eine Stunde vor Einbruch der Dämmerung mit dem Kanu auf den See hinaus und angle, und das bei jedem Wetter. Manchmal begleitet mich Diane, zur großen Freude Montaines.

»Schiff. Schiff!«

Heute abend gehe ich allein. Es ist kalt und feucht. Diane genießt die wohlige Wärme in der Hütte und liest Montaine aus einem Buch vor. Einem Vogelführer für Nordamerika.

»Rabe.«

»Abe!«

»Gans.«

»Ans!«

Und so weiter.

Kaum habe ich, langsam gegen den Wind paddelnd und einen Köder hinter mir herziehend, die Bucht verlassen, da ertönt zu meiner Linken ein seltsam heiseres, aber melodiöses Heulen. Ein Wolf.

»Diane!«

Sie öffnet die Tür der Hütte. Ich winke ihr, und sie kommt mit Montaine ans Wasser. Erneutes Heulen. Sie bleiben wie angewurzelt stehen. Ich sehe, wie ein Lächeln ihre Gesichter erhellt.

»Wolf! Wolf!«

Ich lege die Hände trichterförmig an den Mund und ahme das Heulen des Wolfs nach.

»Aaouuuuuuuu!«

Der Wolf antwortet.

Ich heule noch einmal.

Der Wolf antwortet wieder.

Ein unvergeßlicher Augenblick. Ein unsichtbarer Faden verbindet das wilde Tier mit dem Menschen. Die

Spannung ist fast mit Händen zu greifen. Was hat dieser Dialog zu bedeuten? Was sagt er? Was will er mitteilen?

Ich schweige.

Er schweigt.

Ich heule.

Er heult.

Der Wolf steht dicht am Ufer neben einem großen Felsen. Ich sehe ihn nur undeutlich. Ein regloser grauer Schatten, halb verdeckt von den Weiden.

Der Wolf heult ein letztes Mal, dann verschwindet er.

Ich fahre rasch zu Diane. Wir laden Montaine ein und paddeln mit kräftigen Stößen zu dem Felsen. Doch der Wolf ist fort und läßt uns mit demselben Gefühl zurück wie der Winter, als er sich nach seiner kurzen Stippvisite unvermittelt wieder zurückgezogen hat.

Der Wind flaut ab und legt sich dann völlig. Der See ist ein riesiger glatter Spiegel, in dem die Berge Kopf stehen. Das Kanu gleitet lautlos dahin. Wir scheuchen Wasservögel auf: Blauflügelenten, Pfeifenten, Reiherenten und ein paar Schwäne. Etwas weiter schwimmt ein Karibu durch eine kleine Bucht.

Montaine registriert alles. Man muß gesehen haben, wie sie die Ohren spitzt und nach Tieren Ausschau hält. Nichts entgeht ihr. In der Ferne fliegt eine Gans auf. Montaine fährt mit einem Ruck hoch, zeigt mit dem Finger auf den Vogel und ahmt händeklatschend seinen Ruf nach. Ein Geier löst sich aus den hohen Kiefern und schwebt am Fluß entlang. Sie verfolgt seinen Flug mit gerunzelter Stirn, in Erwartung eines blitzschnellen Angriffs auf ein Hörnchen oder ein Waldhuhn, das dann einen überraschten Schrei ausstoßen wird.

Wir suchen nach unseren Freunden, den Ottern, doch sie lassen sich ebensowenig blicken wie unsere Kameraden, die Biber, die sich mit zunehmender Kälte immer rarer machen.

Der Winter naht. Die Vögel verlassen uns einer nach dem anderen. Die Finken sind bereits fort, ebenso die Ammern. Die Enten sammeln sich, und ihr Geschnatter verhallt in der Nacht. Die Elche tun sich zusammen, und das heisere Röhren der Bullen kündet von den Kämpfen, die sie sich in den nahen Bergen um die Weibchen liefern. Manchmal lauschen wir abends minutenlang ihrem eindrucksvollen Konzert. Endlose Gänseschwärme ziehen immer wieder über uns hinweg. »Der Winter ist da! Der Winter ist da!«

Die Eichhörnchen springen kreischend von Baum zu Baum. Die Bären, die sich in den Heidelbeeren den Winterspeck anfressen, weiden am hellichten Tag auf den Almen wie große schwarze Kühe. Jeden Tag beobachten wir von der Hütte aus, wie sie sich mit den Früchten den Bauch vollschlagen. Die große Zahl der Schwarzbären, die wir in den Bergen bemerken, beeindruckt uns. Manchmal erhaschen wir einen flüchtigen Blick von seinem scheueren Vetter, dem Grizzly. Die Bärin mit dem Jungen habe ich noch immer nicht zu Gesicht bekommen. Und doch ist sie da und schleicht um uns herum, wie die Spuren beweisen. Es wurmt mich, daß es mir nicht gelingt, sie aufzustöbern.

Friedlich vergeht eine Woche. Wir verbringen ganze Tage in den Bergen und beobachten Schneeziegen, Dickhornschafe, Karibus, Elche und Bären.

Ein- oder zweimal erklimmen wir zu dritt einen Kamm, Montaine auf meinem Rücken. Ich habe mich noch nie so gut gefühlt. An einem Tag beobachte ich stundenlang den Kampf zweier Elche im Sumpf. Tags darauf beschleiche ich eine Karibuherde, die auf den Flechten ruht. Dann wieder beobachte ich Schneeziegen beim Klettern in einer schwindelerregenden Felswand, eine Bärenmutter bei der Erziehung ihrer Sprößlinge, einen

Adler bei der Murmeltierjagd oder junge Wölfe beim Spielen auf den Bergwiesen …

Wir paddeln oft auf den See hinaus, erkunden im Kanu nacheinander alle Täler, in die man auf dieser über 2000 Hektar großen Wasserfläche vordringen kann. Wir angeln Forellen, jagen Enten. Hin und wieder erklimmen wir einen Hang, der zu einem Paß, einem Hochsee oder einem Kamm führt. Unsere Freiheit ist grenzenlos. Wir genießen dieses friedliche und harmonische Leben in vollen Zügen.

Am Abend, wenn es dämmert und die Dunkelheit wie schwarzer Rauch in die Täler quillt, kehren wir ebenso erschöpft wie begeistert in unsere Hütte zurück, die wie ein goldenes Fenster am Waldrand leuchtet. Wir zünden den Ofen an und bereiten uns mit den Blaubeeren, Pilzen, Forellen oder Enten, die wir von unserem Ausflug mitgebracht haben, ein Abendessen zu.

»Heute abend mache ich ein Bärenragout.«

Draußen heulen die Hunde und begrüßen mit ihrem herzzerreißenden Lied eine schöne Sternennacht.

Montaine sieht, an der Fensterscheibe klebend, den Hunden zu, die mit zurückgelegtem Kopf diese schöne alte Weise singen:

Der alte Wandertrieb erwacht,
zerrt an den Ketten der Gewohnheit,
und aus hundertjährigem Schlaf
ertönt der alte Ruf der Art.

Doch das laute Knurren von Otchum und Oumiak, die beide frei herumlaufen, unterbricht den Gesang.

»Geht das schon wieder los!«

»Ich seh mal nach.«

Otchum führt das Wort. Er bellt wütend, während Oumiak nur knurrt.

Der Besucher, ohne Zweifel wieder ein Bär, bleibt im Schutz des Waldes und meidet das Seeufer, wo ich ihn im Mondlicht sehen könnte.

Der Krach hält die ganze Nacht an. Am nächsten Morgen, als der Tag graut, gehe ich hinaus, um mir die Spuren anzusehen. Ich brauche nicht lange zu suchen. Keine 100 Meter von der Hütte entfernt entdecke ich die Abdrücke eines mächtigen Grizzly.

»Scheiße!«

Hoffentlich ist er fort. Die Sache gefällt mir nicht. Er könnte Hunde töten, unsere Futterverstecke demolieren, Teile der Ausrüstung beschädigen oder, schlimmer noch, Diane und Montaine in Gefahr bringen, die sich ohne Waffe in der Umgebung der Hütte aufhalten.

Wir haben den Besuch von letzter Nacht fast vergessen, als der Radau am Abend gegen elf Uhr von neuem losgeht. Otchum schimpft lauthals, doch ich bezweifele, daß der Grizzly sich davon beeindrucken läßt. Mehrmals hören wir ihn durch den Wald schleichen und Zweige zerbrechen. Sein Brummen geht uns durch und durch. Wir haben ein mulmiges Gefühl und sind aufs äußerste angespannt. Wir bangen um die Hunde. Ohne die geringste Furcht streicht das Tier um sie herum. Wolken verhüllen den Mond, die Sicht ist gleich Null. Auf gut Glück auf ein solches Ungetüm zu schießen, kommt nicht in Frage.

Wir tun die ganze Nacht kein Auge zu.

Am Morgen ist der Grizzly fort.

Otchum kehrt mit heraushängender Zunge zurück.

Mit unguten Gefühlen gehe ich hinaus und ziehe eine Schadensbilanz.

Der Bär hat mehrere Futtersäcke aufgeschlitzt, das Zelt zerfetzt und das Gras um die Kiefern niedergetreten, in deren Geäst ich das Fleisch und einen Großteil unserer Lebensmittelvorräte versteckt habe: Fett, Zucker, Mehl, Trockengemüse. Die Rinde ist von oben bis unten aufgeschlitzt, und das weiße Holz schaut hervor. Ich bin beeindruckt.

Ich bin beeindruckt und zugleich wütend auf den mächtigen Sohlengänger. Etwas widersprüchliche, aber durchaus verständliche Gefühle.

Ich baue ein zweites Versteck in einer Höhe von vier Metern und verstaue darin Zelt, Futtersäcke und alles, was einen Bären interessieren könnte. In der folgenden Nacht dasselbe Theater. Der Bär kommt der Hütte immer näher. Der geladene Karabiner hängt griffbereit über dem Bett. Wir fragen uns, ob das Raubtier die Tür aus den Angeln reißen oder ein Fenster eindrücken wird, um ins Innere der Hütte zu gelangen.

»Ich habe Angst, Nicolas.«

Unsere Sorge wächst.

Montaine spürt es und schläft erst nach Stunden ein. Zehn, fünfzehn Mal stehe ich in der Nacht auf und spähe nach draußen, doch es ist stockfinster.

Wir sind der Belagerung hilflos ausgesetzt.

Die Hunde haben Angst und mucksen sich nicht. Nur Otchum und Oumiak knurren und bellen ohne Unterlaß. Wir haben Angst um sie. Was, wenn der Grizzly die angeketteten Hunde angreift? Nicht auszudenken. Ein Blutbad. Ich könnte die Meute in der Nacht frei herumlaufen lassen, doch ich fürchte, das wäre noch schlimmer.

Die Hunde würden sich gegenseitig anstacheln, die Folgen wären dramatisch.

Ich muß den Grizzly töten.

Leicht gesagt.

In der Nacht wäre das reiner Wahnsinn.

»Irgendwann wird er sich schon zeigen!«

»Und wenn er sich zeigt?«

»Werden wir improvisieren.«

Zu der zermürbenden Geschichte mit dem Grizzly kommt das trostlose Wetter. Seit einem Monat pendelt das Quecksilber zwischen 10°C und –10° C und will einfach nicht tiefer sinken. Der graue Himmel entleert sich über den Bergen, dem See und der gesamten Taiga. Es ist, als habe die Sonne sich von der Erde zurückgezogen. Das Blau ist aus den Regenbogenfarben verschwunden. Zurück bleibt ein trübes Gemisch aus verwaschenen, bleifarbenen Tönen.

Wir sitzen stundenlang in der Hütte fest.

Die Zeit wird spürbar. Wir atmen sie, kleben an ihr, schleppen sie mit uns herum.

»Ich halt das nicht mehr aus!«

Wäre es nur schon richtig kalt. Hätten wir nur schon den Schnee, den der Winter verspricht, dann könnten wir uns endlich mit dem Hundeschlitten auf die eisigen Pisten stürzen.

Wir ertappen uns mehrmals am Tag, wie wir in Richtung Thermometer schielen. Doch das Quecksilber verhöhnt uns und bleibt oberhalb des Gefrierpunkts hängen.

Nacht für Nacht kommt unser Kerkermeister wieder.

»Ich kann den Lärm nicht mehr ertragen.«

»Was können wir dagegen tun?«

»Nichts.«

Langsam, aber sicher geht mir der Bär auf den Geist. Eine geschlagene Woche dauert das Theater nun schon. Wir tun kein Auge mehr zu. Die Hunde zittern.

Wir trauen uns nicht mehr von der Hütte fort. Die Situation wird unerträglich.

Am 24. Oktober fällt endlich das Thermometer. Am Nachmittag klart es auf, und die Sonne bricht durch die Wolken und gießt ihr Licht über die Berge.

Nach drei Wochen Regen stürzen wir erleichtert ins Freie. Der See dampft. Die Berggipfel treten aus dem tristen Grau hervor und zeichnen sich scharf gegen den Himmel ab.

»Hoffentlich bleibt es so«, seufzt Diane.

In der Ferne steigen zwei Singschwäne in die Luft und streichen mit ihren weißen Flügeln am Horizont dahin.

Gegen 17 Uhr zeigt das Quecksilber bereits –17° C. »Diesmal wird es richtig kalt, ihr spürt es.«

Und ob sie es spüren, die Hunde. Man muß sie gesehen haben. Sie vollführen Freudensprünge wie Welpen.

Uktu und Kurvik sind schnell gewachsen und haben ihre Brüder fast eingeholt. Uktu schlägt ganz seinem Vater nach – nicht von ungefähr nennt Montaine ihn »Klein-Tschum«. Kurvik ähnelt mit seinem herrlich cremefarbenen Fell der Mutter. Tatsächlich schlagen die meisten Hunde Ska und nicht Otchum nach, als hätten sich die Erbanlagen der Grönländerin gegen die des Laika durchgesetzt. Baikal, die Nummer zwei in der Rangordnung nach Otchum, hat als einziger etwas von beiden. Doch nur Oukiok hat die schönen goldenen Augen seiner Mutter geerbt.

Ein Fall für sich ist Oumiak. Man könnte meinen, sie stamme aus einem anderen Wurf. Eine richtige kleine Wölfin, wild und schön, sehr schön.

Sie ist Dianes Liebling. Diane versucht, sie zu zähmen, doch Oumiak läßt sich nicht zähmen. Sie ist richtig wild, zu wild.

Ich kann es kaum erwarten, mich mit ihnen in den frischen Schnee zu stürzen. Ich kenne wenige Dinge, die soviel Freude machen, wie über eine schöne weiße Piste zu gleiten und gelegentlich einen übermütigen Schrei auszustoßen, nicht um die Hunde anzuspornen, denen der Spaß am Laufen deutlich anzusehen ist, sondern um sich die Lungen vollzupumpen und der unbändigen Freude Luft zu machen, die man als Lenker eines Gespanns empfindet.

Das Thermometer fällt weiter: –19°C.

Um 18 Uhr kann ich den Lockungen des Sees nicht länger widerstehen. Ich schnappe mir Angelrute und Gewehr und paddele hinaus in die kleinen Buchten, die vom Ufer her bereits zufrieren. Dies dürfte mein letzter Angelausflug im Kanu sein, denn das Eis wächst unaufhaltsam.

Diane hat es vorgezogen, die letzten Heidelbeeren zu sammeln. Sie hat unweit der Hütte am Fluß eine schöne Stelle entdeckt.

Angeln bei 20 Grad Kälte ist nicht einfach. Wenn man den Köder herauszieht, erstarren die Wassertropfen an der Schnur augenblicklich zu Eis, so daß die Rolle ständig blockiert. Aber egal. Allein schon der Anblick des jungen Eises in der Abendsonne lohnt die Mühe. Das Spiel des Lichts, die eherne Stille, die kaum merkliche Spannung, die von der anziehenden Kälte ausgeht, das alles jagt mir wohlige Schauer über den Rücken. Auch die Tiere reagieren auf die Zeichen des unsichtbaren Regisseurs. Das Spiel der Seeschwalben in der Luft, das Gezeter der Eichhörnchen in den Bäumen, das Treiben der Regenpfeifer, die ziellos übers Eis flattern, mal hierhin, mal dorthin, beweisen es.

Als die Sonne versinkt und mit ihrem Streiflicht die Gipfel der rot schimmernden Berge umschmeichelt, paddle ich langsam zur Hütte zurück. Ich ziehe gerade das Kanu auf den weichen Sand der Bucht, da sehe ich ihn.

Der Grizzly!

Das Blut schießt mir ins Gesicht, mein Puls rast. Der Bär steht genau an der Stelle, wo Diane und Montaine Heidelbeeren pflücken wollten.

»Mein Gott!«

Ich stürze zur Hütte und reiße die Tür auf.

Diane und Montaine sind da und sehen mich mit großen Augen an.

»Was ist los? Ist was passiert?«

»Der Grizzly!«

KAPITEL 20

LEIDER BLEIBT MIR KEINE ANDERE WAHL. DIESER BÄR läßt sich durch nichts mehr aufhalten. Dem ist alles schnuppe, die Hunde, wir, die Schüsse und alles andere, was wir uns ausgedacht haben, um ihn zu vertreiben.

Die Sache gefällt mir nicht.

Ich habe keine Lust, ihn zu erschießen, und ich habe Angst. Und doch muß ich es tun, sonst geschieht früher oder später ein Unglück. Da Montaine bei uns ist, dürfen wir bestimmte Risiken nicht eingehen. Zum ersten Mal in meinem Leben werde ich auf ein Tier schießen, um mich zu verteidigen, und nicht, um es zu essen. Und zum zweiten Mal werde ich einem Tier gegenüberstehen, das mich töten könnte.

Das erste Mal war, wie bereits erwähnt, auf dem Packeis vor der Küste Labradors. Ein Eisbär hatte mich verfolgt. Ich befand mich auf der Robbenjagd, und der Bär pirschte sich lautlos an mich heran. Bis auf 20 Meter herangekommen, hätte er sich auf mich gestürzt und mich mit einem einzigen Prankenhieb getötet. Der Eisbär gilt als ausgezeichneter Jäger, dem nie ein Angriff mißlingt. Ich hatte unwahrscheinliches Glück. In dem Augenblick nämlich, als das Raubtier auf mich losging, feuerte ich mit dem Karabiner auf eine Robbe. Der Schuß ging fehl, schlug aber den Bären in die Flucht.

Natürlich ließ ich ihn entkommen, denn ich hatte keinen Grund, ihn zu töten. Sein Fleisch ist ungenießbar, und ein Fell wiegt kein Bärenleben auf. Später haben mir die Inuit Vorhaltungen gemacht, denn sie jagen Eisbären. Doch ich bin nun mal kein Inuit.

Heute liegen die Dinge anders. Der Eisbär wollte mich töten, um mich zu fressen. Ich werde diesen Grizzly töten, um mich zu verteidigen. Wenn ich danebenschieße oder meine erste Kugel nicht richtig sitzt, wird er angreifen. In neun von zehn Fällen greift ein angeschossener Grizzly an. Ich habe Angst, denn dieser gefährliche Sohlengänger imponiert mir. Gemessen an der Kraft und der Stärke, die er ausstrahlt, erscheint mir ein Elf-Gramm-Geschoß lächerlich, so rasant es auch fliegen mag.

Wie töte ich ihn mit dem ersten Schuß? Denn ich habe nur einen. Werde ich genug Zeit zum Nachladen haben, wenn der Bär nach dem ersten Schuß auf mich losgeht?

Ich ziehe es vor, nicht darüber nachzudenken, und konzentriere mich ganz auf die Durchführung meines Plans. Ich will mich unbemerkt an ihn heranpirschen, bis ich nahe genug bin, um einen tödlichen Schuß abzugeben.

Ich bin ruhig.

Ich habe Angst, eine Heidenangst, aber ich zittere nicht und bin hochkonzentriert.

Diane und Montaine sind aufs Dach der Hütte gestiegen. Von dort oben können sie das Geschehen gefahrlos verfolgen. Die Hunde sind angebunden, auch Otchum. Ich will nicht, daß der Bär gestört wird, während ich ihn beschleiche.

Ich prüfe den Wind, lade meinen Karabiner und verlasse wortlos das Lager. Ich spüre einen dicken Knoten im Magen.

»Nimm dich in acht, Nicolas, ich flehe dich an, nimm dich bloß in acht, er ist riesig!«

Der Grizzly ist noch immer an derselben Stelle, rund 300 Meter von der Hütte entfernt. Er trottet am Ufer auf und ab und beobachtet die Hütte mit boshafter und eroberungslustiger Miene.

Ich fasse ihn ein paar Minuten durchs Fernglas ins Auge, studiere sorgfältig seine Position und das Erlengestrüpp, das mir Deckung bieten soll. Dann schlage ich einen weiten Bogen, um in seinen Rücken zu gelangen und mich gegen den Wind an ihn heranzupirschen. Ich nähere mich langsam und geräuschlos im Schutz des Waldes. Eine Viertelstunde vergeht. Ich arbeite mich Meter um Meter vorwärts, achte auf jede Bewegung, jedes Geräusch …

Da ist er.

Er ist nervös und ärgerlich, wenn ich sein ständiges Brummen richtig deute. Aus dieser Entfernung, höchstens 100 Meter, wirkt er noch imposanter. Ich bin fasziniert von dem riesigen Kopf, den dicken Backen, die im Kontrast zu den kleinen, wilden Augen stehen, die tief im dichten Fell liegen. Ich glaube nicht, daß er mich gewittert hat, doch er wirkt übellaunig. Genau der Typ von Bär, mit dem man sich besser nicht anlegt. Und doch ist das meine Chance!

Der Bär trottet, links und rechts schnüffelnd, langsam in Richtung Furt, zu der Stelle, wo sich der See in das Flußbett ergießt. Ich laufe im Wald neben ihm her. Er stürzt sich in die Furt und durchquert den Fluß.

Mist!

Er verschwindet im Wald. Die Nacht zieht herauf, und mit ihr die Kälte. Bald wird er zurückkommen und wieder die Hütte belagern. Ich bereue, daß ich nicht geschossen habe. Ich wollte es zu gut machen, und so habe ich die einzige Chance verpaßt, den Bären unschädlich zu machen, bevor er uns in ernste Schwierigkeiten bringt. Meine Angst weicht der Wut. Ein Knacken im Unterholz reißt mich aus meinen Gedanken.

Er kommt zurück!

Offensichtlich hat er beschlossen, zur Hütte zurückzukehren. Er kommt direkt auf mich zu! Ich verstecke mich hinter einer Baumgruppe, und nachdem ich mich vergewissert habe, daß mein Gewehr entsichert ist, nehme ich zwei Patronen in die Hand und lege auf den Bären an. Er durchwatet die Furt. Ich befinde mich etwas oberhalb von ihm, auf der Böschung 10 Meter vom Wasser entfernt.

Er kommt näher.

100 Meter.

80 Meter.

70 Meter.

Mein Gott, wie groß er ist!

60 Meter.

Ich habe noch nie einen solchen Bammel gehabt.

Schieß, verdammt noch mal, schieß!

Ich drücke ab. Die Kugel trifft den Bären mitten in die Brust. Er brummt fürchterlich, richtet sich zu seiner ganzen Größe auf und rudert mit den riesigen Pranken in der Luft, als wolle er einen unsichtbaren Feind in Stücke reißen.

Schnell, schnell, eine zweite Kugel.

»Beeil dich, Nicolas, beeil dich!«

Ich zittere leicht. Der Bär hat mich gesehen. In seinen kleinen Augen, die fest auf mich gerichtet sind, blitzt ein furchtbarer Haß auf. Er hat mich entdeckt, als ich das Gewehr geöffnet habe, um nachzuladen. Von den nächsten Sekunden hängt mein Leben ab. Von der Zeit, die der Bär braucht, um mich zu erreichen, oder die ich brauche, um die leere Patronenhülse herauszunehmen und die zweite Patrone hineinzuschieben. Ich darf das Tier nicht ansehen, das kostet nur Zeit. Der Grizzly fällt auf die Pfoten zurück und stürzt mit offenem Maul und blutunterlaufenen Augen auf mich zu.

Ich nehme die leere Patrone heraus, sie klemmt ein wenig. Ich versuche, die neue Patrone einzusetzen, doch ich weiß, daß die Zeit nicht mehr reicht. Ich höre, wie er näher kommt. Schrecklich, dieses Gefühl der Ohnmacht. Diese Sekunde, in der ich mein Leben verwirke. Dieser Bär, den ich töten wollte, wird mir mit einem Prankenhieb den Schädel zertrümmern, bevor ich das Gewehr wieder geschlossen habe. Noch während ich die Kugel in den Lauf schiebe, sehe ich aus dem Augenwinkel, wie zu meiner Linken ein schwarzer Pfeil naht und auf den Bären zufliegt. In vollem Lauf von dem unerwarteten Besucher gestoppt, lenkt der Bär seinen Angriff in eine andere Richtung und geht auf meinen Retter los: Otchum.

Ich habe keine Zeit, darüber nachzudenken, was geschehen ist. Ich schließe die Waffe und lege auf den Bären an. Der will gerade meinen wütend bellenden Hund angreifen, der sich ihm mutig entgegenstellt und mehrmals nur knapp einem blitzschnellen Hieb entgeht.

Ich ziele auf den Hals und drücke ab.

Der Bär bricht zusammen.

Es ist aus.

Ich gehe langsam zu Otchum. Meine Augen füllen sich mit Tränen des Dankes und der Liebe.

»Mein Otchum!«

KAPITEL 21

OTCHUM, DER LINKS NEBEN DER HÜTTE AN EINE KIEfer gebunden war, hat mit den Pfoten das Halsband über seinen Kopf gestreift und sich so befreit.

Er hat den Angreifer abgelenkt und mir dadurch ohne jeden Zweifel das Leben gerettet. Woher hat er gewußt, daß ich ihn brauchte? Durch welchen glücklichen Zufall hat er im entscheidenden Augenblick eingegriffen? War es überhaupt Zufall? Im Grunde interessieren mich diese Fragen nicht, ich will sie gar nicht beantworten. Ich weiß nur, daß dieser überaus erstaunliche Hund zum wiederholten Mal seine Intelligenz und seinen Mut unter Beweis gestellt hat. Das genügt mir.

Im Verlauf meiner Sibirien-Expedition verlief sich mein Freund Thomas, einer meiner Begleiter, eines Tages hoffnungslos in den Bergen, weil er zwei Täler verwechselt hatte. Ohne Kompaß irrte er völlig orientierungslos umher und entfernte sich dabei immer weiter vom Lager. Die Nacht brach an, Regen setzte ein, und Thomas bekam es mit der Angst zu tun. Der hohe Norden ist endlos weit. Wer vom Weg abkommt, kann monatelang umherirren, ohne auf einen Pfad, eine Straße, einen Menschen zu stoßen. Ich war zu Pferd unterwegs und hatte Otchum bei mir. Er streunte durch den Wald, blieb aber immer in der Nähe. Er entfernt sich nie allzu weit, wenn wir unterwegs sind. Von Zeit zu Zeit nimmt er eine frische Fährte auf oder verfolgt ein Wild, doch es vergehen selten mehr als zehn Minuten, ehe er wieder zurückkommt, um nachzusehen, wo wir sind.

An jenem Abend machte ich mir Sorgen. Er war schon seit einer halben Stunde verschwunden. Und nach einer Stunde war er immer noch nicht da. Ein ungewöhnliches Verhalten, und deshalb beunruhigend.

Zwei oder drei Kilometer von mir entfernt geriet Thomas in Panik. Ohne Kompaß und Karte, ohne irgendeinen Anhaltspunkt, der ihm die Richtung weisen konnte, wußte er sich nicht mehr zu helfen. Plötzlich tauchte Otchum auf und sprang aufgeregt bellend um ihn herum. Thomas schöpfte wieder Hoffnung. Er befestigte seinen Gürtel an Otchums Halsband und marschierte entschlossen nach Norden, während unser Lager im Westen lag. Er versuchte, den Hund mitzuziehen, doch der wollte offensichtlich nicht in die von ihm eingeschlagene Richtung.

Verzweifelt beschloß er, dem Hund zu folgen.

»Otchum, ins Lager, zu Nicolas. Such Nicolas.«

Otchum führte ihn auf direktem Weg ins Lager, doch das ist an sich nichts Außergewöhnliches. Jeder x-beliebige Hund, jedes Pferd kann einem einen solchen Dienst erweisen. Otchums Leistung bestand in etwas anderem. Woher hatte er gewußt, daß Thomas sich verirrt hatte? Und da er es offensichtlich gespürt hatte, welche Signale hatte er empfangen? Woher hatte er gewußt, wo Thomas steckte?

Am Rande unserer Sinneswahrnehmung beginnt eine Welt, deren Sphären wir kaum kennen. Denken wir nur an die erstaunliche Fähigkeit indianischer Schamanen, ein Ereignis vorauszusagen. Ich habe selbst miterlebt, wie ein alter Häuptling der Montagnais-Indianer allein durch Konzentration auf einer Landkarte den genauen Aufenthaltsort einer Karibuherde ausfindig machte. Wir reisten mit dem Flugzeug zu der bezeichneten Stelle.

Eine überzeugende Demonstration. Anderthalb Stunden lang flogen wir über die Taiga, ohne einen einzigen Karibu zu entdecken, und als wir den fraglichen See erreichten, war die Herde da. Wenn man weiß, daß eine Karibuherde ständig umherzieht, daß in jenem Winter noch kein Flugzeug die Gegend überflogen hatte, kein Indianer dort gewesen war und weder der Schamane noch irgendein Jäger die Stelle von früher kannte, müssen sich Skeptiker schon etwas einfallen lassen, um eine plausible Erklärung für diesen Vorgang zu finden.

Dank meiner Konzentrationsfähigkeit, meiner geschärften Sinne, meiner geschulten Beobachtungsgabe und meiner genauen Kenntnis der Lebensgewohnheiten bestimmer wilder Tiere habe ich selbst bei mehreren Gelegenheiten Erfahrungen gemacht, die der gewöhnliche Sterbliche gern, und in meinem Fall ein wenig voreilig, als »übersinnlich« bezeichnet.

Ich habe es stets vermieden, mit Bekannten darüber zu sprechen, um mich nicht der Lächerlichkeit preiszugeben und die Skeptiker auf den Plan zu rufen.

Wozu soll es gut sein, über solche Erfahrungen zu sprechen?

Der moderne Mensch sollte die fabelhaften Instinkte respektieren – oder vielmehr zugeben, daß Tiere und Menschen Fähigkeiten besitzen, die sich unserem Verständnis entziehen. Er sollte von seinem hohen Roß heruntersteigen und den Unterschied anerkennen. Wir fliegen zum Mond, doch wir wissen noch zu wenig über das Verhalten der Tiere. Und während wir uns immer weiter von der Natur entfernen, entdecken wir in den Laboratorien der Städte, daß auch die Pflanzen miteinander »kommunizieren«, indem sie Gase freisetzen, die andere aufnehmen.

Manchmal träume ich von einer Welt, in der wir Menschen, statt unsere eigene Vernichtung zu betreiben, unsere Kenntnisse der Pflanzen- und Tierwelt vertiefen und auf diese Weise zu mehr Toleranz und Achtung vor dem Leben beitragen würden.

Während ich zur Hütte eile, um Diane vom glücklichen Ausgang der Kampfes zu unterrichten, bleibt Otchum bei dem Grizzly und paßt auf ihn auf, als befürchte er, er könnte wieder zum Leben erwachen.

Vom Dach der Hütte aus hat Diane das Geschehen, das sich hinter den Bäumen am Fluß abgespielt hat, nicht mitverfolgen können. Die Sekunden müssen ihr wie Stunden vorgekommen sein.

Ich renne, um die innere Anspannung abzubauen. Als ich bei der Hütte ankomme, hat sich mein Puls wieder etwas beruhigt, so paradox das nach einem Sprint durch den Wald auch erscheinen mag.

»Er ist tot!«

Diane und Montaine klettern vom Dach. Wir steigen ins Kanu und paddeln in Richtung Fluß.

Unterwegs berichte ich, was geschehen ist. Montaine, die im Bug des Bootes sitzt, »angelt« mit einer Weidengerte, die sie am Ufer gefunden hat. Diane findet es toll, daß Otchum der Held der Geschichte ist. Ich weiß nicht, wer von uns dreien am meisten an diesem Hund hängt, der anscheinend alles kann bis auf sprechen. Eigentlich sind wir keine dreiköpfige, sondern eine vierköpfige Familie. Und es kümmert uns nicht, wenn man unsere Gefühle für diesen Hund für übertrieben hält.

Otchum begrüßt uns mit einem freudigen Bellen. Er sitzt stolz neben »seinem« Grizzly, der ausgestreckt in den Heidelbeersträuchern am Flußufer liegt.

Montaine zieht es vorsichtshalber vor, das fremde Tier von den schützenden Armen ihrer Mutter aus zu bestaunen. Sie reißt die Augen weit auf, wie hypnotisiert von dem imposanten Sohlengänger. Minutenlang bringt sie keinen Ton heraus. Diane und ich empfinden widerstrebende Gefühle. Erleichterung und Bedauern halten sich die Waage. Der dicke Teddy, der ausgestreckt zu unseren Füßen liegt, hat wenig Ähnlichkeit mit dem Grizzly, der uns das Leben schwer gemacht hat. Nach Indianerart erklären wir dem Tier die Gründe für unser Tun. Ein stummes Gebet, bei dem wir das Gefühl haben, mit dem Geist des Bären in Verbindung zu treten. Nach Auffassung der Indianer kann die Seele des Bären erst in Frieden in die ewigen Jagdgründe eingehen, wenn sie dem Jäger gesagt hat: »Ich gebe dir meinen Pelz, meine Knochen und mein Fleisch.« Der Indianer bedankt sich. Im Frieden mit sich, nimmt er sich, was er braucht, und dieser Tausch wird zum Symbol einer wunderbaren Harmonie zwischen Mensch und Natur.

KAPITEL 22

WINTER, -34°C.

Heute morgen herrscht eine tiefe, bestrickende Stille, beinahe unnatürlich in ihrer vollkommenen Reinheit. Das ganze Land atmet eine eigenartige Stimmung und zwingt den Menschen, sich zu verneigen und der Allmacht der Elemente nachzugeben. Wir sind selbst erstaunt, daß wir von allein ganz leise sprechen, denn die Stimme trägt weit.

Ich denke an Jack London, der einmal geschrieben hat: »Der hohe Norden scheint in seinem Geiz die Erde verleugnet zu haben.«

Keine einzige Vogelstimme, kein Laut mehr. Nichts stört die ebenso beängstigende wie großartige Einsamkeit. Nichts regt sich. Selbst das Wasser auf dem großen See ist zu Eis erstarrt. So wie wir muß ein Mensch empfinden, den sein Clan verlassen hat. Unser Clan waren die Vögel, die mit ihrem Flug den Himmel belebten und mit ihrem Gesang die Stille beseelten. Sie haben uns verlassen, die Gänse, in riesigen, lärmenden Keilformationen, die Meisen, die Seidenschwänze, die Tyrannen, ja, ein wenig überraschend und von uns unbemerkt, sogar die Enten, gewissermaßen ohne die Tür hinter sich zu schließen aus Angst, zurückgerufen zu werden.

Die Einsamkeit des nordischen Winters hat keinerlei Ähnlichkeit mit der, die man im Sommer empfindet. Der

Sommer bleibt menschlich. Der Winter verneint das Leben, beraubt alles, was sich regt, der Bewegung, dringt bis ins Mark der Bäume und läßt sogar die Wasserfälle erstarren. Der Winter herrscht unumschränkt. Er unterjocht das ganze Land, zwingt ihm seine Gesetze auf, und wer in seinem Schoß überleben will, muß sich fügen oder sterben. Der Winter fordert Respekt, Demut, Verzicht. Er geht hart ins Gericht mit jenen, die, psychisch oder physisch, von dem schmalen Weg abkommen, den er vorgibt und dem jeder folgen muß, der in die faszinierende Welt der eisigen Weiten vordringt.

Ich habe auf den Winter gewartet.

Diane hat ihn gefürchtet.

Montaine entdeckt ihn.

Er ist da.

Heute morgen liegt über allem eine unsagbare, etwas beklemmende Ruhe. Wir ziehen uns warm an und verlassen die Hütte mit Otchum und Oukiok. Ska folgt uns mit ihren beiden Welpen Uktu und Kurvik, die fröhlich um uns herumhüpfen. Montaine trägt stolz ihren herrlichen Biberpelzmantel, dazu Mokassins aus Elchleder und Strümpfe aus Koyotenfell. In den letzten zwei Wochen haben wir die Abende damit zugebracht, nach Indianerart ihre Kleidung zu nähen. Heute sieht sie wie eine richtige kleine Schneeprinzessin aus. Wir betreten den zugefrorenen See. Ein riesiger, silberglänzender Spiegel, auf dem Montaine lange Zeit stumm und reglos verharrt, wie hypnotisiert vom Anblick des Wassers, das wie durch Zauber fest geworden ist. Sie versteht nicht. Sie betrachtet das Eis, bückt sich und betastet es.

»Kalt«, sagt sie lachend.

»Sieh mal da, unter dem Eis, eine Forelle!«

Diane ist ausgelassen wie ein Kind. Aus vollem Hals lachend schlittert sie übers Eis, immer den jungen Hunden nach, denen das ungewohnte Geläuf nicht ganz geheuer ist. Otchum trabt, ganz Vorbild und dank seiner scharfen Krallen mit sicherem Tritt, stolz nebenher, wie es sich für einen Rudelchef ziemt. Ska und Oukiok sind am Ufer geblieben, knabbern Eis und jagen kläffend hinter ein paar Schneehühnern her.

Wir wagen uns nicht weit hinaus und gehen lieber am Ufer entlang. An manchen Stellen bekommt das Eis Sprünge. Wie Schüsse knallen sie in der Kälte und zeichnen unterschiedlich gekrümmte Linien auf den See, die sich kreuzen und zusammenlaufen wie bei einem schlampigen Spinnennetz. Wir lieben dieses kristallklare, metallische Geräusch, das von den Bergen widerhallt. Eine gute Stunde lang nehmen wir diese Musik der arbeitenden Eisdecke, die mit jeder Stunde dicker wird, auf Kassette auf. Sie ist großartig, hat fast etwas Magisches. Mitten auf dem See ist ein Wasserloch frei geblieben. Es dampft in der reglosen Luft und schillert märchenhaft silbern und golden. Morgen wird es nicht mehr da sein. Die Kälte wird die ganze Landschaft erstarren lassen. Und es wird Zeit, denn die Hunde werden ungeduldig. Trotzdem müssen wir noch etwas warten. Das Eis trägt kaum unser Gewicht. Warten – seit einem Monat tun wir nichts anderes!

Am Nachmittag bringen wir das Fischnetz aus. Dazu hacken wir zunächst acht Löcher im Abstand von jeweils fünf Metern ins Eis, dann nehmen wir eine dünne Holzstange derselben Länge, binden eine Schnur an ihrem Ende fest und schieben sie unter der Eisdecke von Loch zu Loch. Wenn sie wieder zum Vorschein kommt, brauchen wir nur die Schnur herauszuziehen, an deren Ende das Netz geknüpft ist. Die einzige Schwierigkeit dabei ist, daß wir Montaine von den Löchern fernhalten müssen, denn um sie herum ist das Eis brüchig.

Bereits um 16 Uhr schwindet das Tageslicht, und die Dämmerung bricht an. Mit der Nacht kommt die Kälte.

»Morgen spannen wir die Hunde an.«

Wir haben Glück.

In der Nacht hat es geschneit. Auf dem Eis liegen drei bis vier Millimeter Schnee und bedecken es wie mit einem makellos weißen Tuch. Der Winter hat auf die Leinwand des von Bergen umschlossenen Sees eine neue, kaum wiederzuerkennende Landschaft gemalt.

Das Thermometer zeigt −28°C. Mit einem langen Stock bewaffnet, verlasse ich im Morgengrauen die Hütte und spure zu Fuß eine zwei bis drei Kilometer lange Piste. Sie führt zunächst am Ufer entlang, dann in einem Bogen auf den See hinaus und um die beiden Inseln herum. An diesen Stellen ist das Eis am dicksten. Es hat sich dort früher gebildet, weil das Wasser vor dem Wind geschützt war. Dasselbe Phänomen kann man beobachten, wenn man auf dem Meereis vor der Küste reist. Solange das Eis zwischen Ufer und Inseln eingeschlossen ist, geht der Reisende kein Risiko ein. Jenseits dieser Zone können ihm die arbeitenden Eismassen böse Überraschungen bereiten. Bei einer Expedition mit Hundeschlitten an der zerklüfteten Küste Labradors wählten wir stets eine Route übers Meereis, wenn uns eine Insel vor der offenen See abschirmte. Sobald wir jedoch ihren Schutz verließen, wichen wir auf die Küste aus und kehrten erst wieder aufs Meer zurück, wenn uns eine neue Insel schützte.

Der See ist an manchen Stellen über 40 Meter tief. Ein Unfall hätte für die Hunde und den Musher, wie der Schlittenlenker genannt wird, tödliche Folgen. Bei meinen verschiedenen Expeditionen durch unberührte Gegenden habe ich meist die natürlichen Straßen der Flüsse und Seen benutzt. Viermal bin ich dabei im Eis eingebrochen, einmal davon in Sibirien mitten im Januar bei −55°C. Ich habe alle Unfälle unbeschadet überstanden, allerdings nur, weil ich fast immer vor den Hunden marschierte, um die Festigkeit der Eisdecke zu prüfen. Nur einmal nicht. Louis und ich rutschten mit dem Schlitten über das Loch und entgingen nur deshalb dem Tod, weil der Bug unseres Gefährts an der Kante hängenblieb und die Hunde, von Todesangst gepackt, uns mit verzweifelter Anstrengung aus dem Loch zogen. Sonst hätte uns die Strömung unter dem Eis fortgerissen.

Wie viele Waldläufer und Hunde mögen auf diese Weise umgekommen sein? Letztes Jahr ist ein bekannter kanadischer Musher mit 14 Hunden auf einem See tödlich verunglückt. Ein Mann mit 25jähriger Erfahrung, der zigtausende Kilometer mit dem Schlitten zurückgelegt hatte. Das Eis kann wahrlich tückisch sein.

Aus diesem Grund lege ich Wert darauf, die Piste zu erkunden und zu spuren, bevor ich sie mit den Hunden befahre. Heute steht unser erster Ausflug nach vier Monaten Zwangspause auf dem Programm, und ich bin mir nicht sicher, ob ich meine Sprinter auf dem harten Geläuf im Zaum halten kann.

Andererseits bin ich fest davon überzeugt, daß Otchum meiner Spur folgen wird. Ich habe ihn mitgenommen und spreche auf dem Eis mit ihm.

»So, mein Tschum, jetzt geht es wieder an die Arbeit.«

Kein Zweifel, er weiß genau, worum es geht. Gestern abend, als ich die Geschirre aus der großen Stofftasche zog, winselte er wie ein Welpe, bellte, sprang in die Luft, wälzte sich auf dem Rücken und wedelte wild mit dem Schwanz. Die ganze Meute, allen voran Baikal und Amarok, drängte sich um ihn, als ich den Schlitten neben der Kette aufstellte. Man muß einfach gesehen haben, wie diese elf Hunde auf der Stelle hüpften, kläfften, winselten, mit den Pfoten im Schnee scharrten und in ihre Kette bissen.

Montaine klatschte begeistert und mußte so lachen, daß ihr fast die Luft wegblieb. Danach fütterte ich die Hunde, und das half ihnen zum Glück etwas über die Enttäuschung hinweg. Trotzdem haben sie die ganze

Nacht geheult und an der Kette gezerrt. Sie können es kaum erwarten, sich wieder ins Geschirr zu werfen, zu ziehen, zu galoppieren, kurz, diese Arbeit zu verrichten, die sie leidenschaftlich lieben.

Schlittenhunde sind so wild aufs Ziehen, daß sie manchmal lieber auf ihrem Platz im Gespann vor Erschöpfung sterben, als hinten auf den Schlitten aufzusitzen und eine Verschnaufpause einzulegen. Aufgabe des Musher ist es, diesen *will to go** aufrechtzuerhalten. Nur dann kann er das Beste aus seinem Gespann herausholen.

Heute habe ich nur ein Problem: Ich muß die Erregung bezähmen, die auch mich befallen hat. Zunächst spanne ich fünf Hunde ein. Otchum natürlich an der Spitze. Er ist der erste, dem ich das Geschirr anlege.

Er ist sehr ruhig und bewahrt Würde, als bekomme er einen Orden von mir umgehängt. Ich lasse den Karabinerhaken einschnappen und spanne die Leine. Otchum nimmt von sich aus Platz.

»Sehr gut, Tschum.«

Dann schirre ich Torok an. Er stammt aus dem ersten Vierer-Wurf und ist der Kräftigste von allen. Er trabt noch, wenn die anderen schon galoppieren. Ein prächtiger Hund, der auf Anhieb die Rolle des *wheel dog* ergattert hat. Auf dieser Position, direkt vor dem Schlitten, hat er den anstrengendsten Part und bekommt die meisten Stöße ab. Torok ist ein fabelhafter *wheel dog.* Wenn es hart auf hart geht, kann er den Schlitten ganz allein ziehen. Ich stelle ihm häufig einen seiner Milchbrüder an die Seite, Baikal oder Nanook. Heute erhält Baikal diesen Vorzug, der größte Raufbold der Meute.

»Sitz!«

---

* Mit dem Ausdruck *will to go* bezeichnen Musher in aller Welt diese unbändige Freude am Ziehen.

Baikal und Torok lassen sich gegenseitig nicht aus den Augen. Sowie einer aufsteht, stürzt der andere nach vorn, um mit dem Schlitten davonzupreschen.

»Sitz! Keiner rührt sich.«

Sie kennen den Befehl genau, und zur Verdeutlichung hebe ich den Arm. Sie bleiben brav sitzen, winseln aber vor Ungeduld. Vor Torok und Baikal plaziere ich Ska und Amarok. Otchum bewahrt ruhig Blut, doch er weiß, daß es jeden Moment losgeht. Er beobachtet mich mit seinen intelligenten Augen, lauert auf ein Zeichen oder einen Befehl.

Etwas abseits steht Diane, auf dem Arm Montaine, die unsere Darbietung mit großen Augen verfolgt. Sie registriert alles und plappert Befehle wie »Sitz«, »Platz«, »Ruhe« oder »langsam« nach, die ich mehrmals rufe.

»Gut, es kann losgehen. Ich drehe jetzt eine Runde. Wenn alles glatt geht, hole ich euch hier ab und wir drehen zusammen eine zweite.«

»Bist du sicher, daß das Eis hält?«

»Auf der Piste, die ich gespurt habe, ja.«

»Und wenn sie die Piste verlassen?«

»Otchum wird sie nicht verlassen.«

Ich löse die Leine, die verhindern soll, daß die Hunde ohne Kommando lospreschen, und grinse Otchum verschwörerisch an. Ich bin so bewegt wie am Tag meines ersten Hundeschlittenrennens. Ein intensiv erlebter Augenblick, der für mich eine symbolische Bedeutung hat, denn er ist der Lohn für die Anstrengungen, Mühen und Opfer mehrerer Jahre.

Mein eigenes Hundeschlittengespann mit Otchum an der Spitze, diesem Hund aus dem tiefsten Sibirien, dem ein so außergewöhnliches Schicksal beschieden ist. Hinter uns die Hütte, die wir mit eigenen Händen gebaut haben. Dieses außergewöhnliche Fleckchen Erde, zu dem zurückzukehren ich mir schwor, als ich vor acht Jahren im Verlauf einer Expedition hier vorbeikam. Die Anwesenheit meiner Frau und der vor Freude strahlenden Montaine. Und dieses großartige Abenteuer, das wir in vollen Zügen genießen.

Vor lauter Glück brülle ich lauter als nötig. Ein Augenzwinkern hätte es auch getan.

»Los, Hunde!«

Torok wirft sich ins Geschirr. Mit demselben Elan preschen Baikal, Ska und Amarok los. Ich höre den trockenen Knall, als die Leine sich spannt wie die Saite einer Violine. Der Ruck fährt mir in die Hüften und jagt mir wohlige Schauer über den Rücken. Ich werde buchstäblich nach vorn geschleudert. Ein herrliches Gefühl der Stärke.

Ich trete leicht auf die Bremse und blicke mich um. Eine Garbe aus weißem Pulver scheint mir zu folgen. Ich winke Diane zu. Montaine beobachtet mich fasziniert. Was für ulkige Fragen ihr jetzt wohl durch den Kopf gehen mögen! Ich kann es kaum erwarten, sie abzuholen.

Otchum galoppiert geschmeidig an der Spitze, die Leine ist gut gespannt. Die Kufen knirschen über die vereiste Kruste, und der Schlitten gleitet mit einem gedämpften, rhythmischen Pfeifen dahin, untermalt vom Hecheln der Hunde. Die Anspannung fällt von mir ab, und ich sauge tief die kalte Morgenluft ein. Mit gesenktem Kopf folgt Otchum der Piste, ohne von ihr abzuweichen.

In den Kurven rutsche ich übers Eis, und Schnee spritzt nach außen wie bei einem Skiläufer. Dann taucht der Fluß vor uns auf. Die Piste biegt hier nach rechts ab und führt auf den See hinaus. Bis zu den beiden Inseln sind es rund 600 Meter. Die Hunde mögen das glatte, harte Geläuf und legen einen Zahn zu, soweit das im gestreckten Galopp überhaupt möglich ist. Der Wind pfeift mir ins Gesicht. Auf dem Rückweg tränen meine Augen, ich muß sie schließen. Ich verlagere mein Gewicht auf die Innenkufe, leider eine Idee zu spät. Der

Schlitten kippt zur Seite, schießt einige Meter auf einer Kufe dahin und überschlägt sich dann mehrmals.

Ein schöner Zieleinlauf!

Diane kugelt sich vor Lachen. Otchum knurrt und versucht, wieder Ordnung in das Chaos zu bringen. Amarok wirft sich platt auf das Eis und legt unterwürfig die Ohren an. Baikal kläfft, und Ska amüsiert sich. Ein schönes Durcheinander! Ich entwirre die verwickelten Leinen und richte das Gespann wieder aus.

Nanook, Voulk und Oumiak, die noch angekettet sind, machen unterdessen einen unerträglichen Radau. Oukiok und die beiden Jungen sind ruhiger, denn sie sind noch nicht der Leidenschaft des Ziehens verfallen. Sie bellen zwar, aber nur um bei dem Tohuwabohu mitzumischen, nicht aus Lust am Laufen.

»Ja, Nanook, jetzt bist du dran.«

Ich spanne ihn zusammen mit Voulk ein. Die beiden stammen aus einem Wurf und verstehen sich blendend.

»Sind sieben Hunde nicht zuviel, wenn Montaine mitfährt?« fragt Diane besorgt.

»Keine Bange. Wir lassen sie eine halbe Stunde laufen, dann werden sie schnell ruhiger.«

»Glaubst du wirklich, sie laufen eine halbe Stunde lang brav auf deiner Piste im Kreis?«

»Wenn es weiter nichts ist!«

Zweiter Start.

Montaine schwankt zwischen Angst und Freude. Eng an ihre Mutter geschmiegt, sitzt sie auf dem Schlitten und läßt sich nichts von dem Spektakel entgehen.

Wir drehen drei Runden ohne Zwischenfall. Die Hunde werden etwas ruhiger und finden ihren Rhythmus. Montaine ist überglücklich.

»Hooooo!«

Die Bremse greift knirschend ins Eis und bricht silberne Plättchen heraus, zerbrechlich wie Glas.

Die Hunde befolgen mein Kommando. Sie bleiben stehen, und Otchum paßt auf, daß keiner weiterläuft. Nanook und Torok dampfen vor Schweiß wie Pferde und wälzen sich auf dem Eis, um sich abzukühlen. Montaine applaudiert begeistert.

»Na, Montaine, macht dir das Schlittenfahren Spaß?«

»Ja, ja, noch mal.«

»Ist dir nicht kalt?« fragt Diane.

»Nicht kalt«, antwortet Montaine und schüttelt mehrmals den Kopf.

»Noch mal Hunde!«

Montaine fordert eine Zugabe.

»Los, Hunde!«

Wir galoppieren eine gute Stunde über den See, ehe wir zur Hütte zurückkehren.

Alles läuft bestens. Wie erwartet, stellt sich Montaine langsam und wie selbstverständlich auf den Winter ein, ohne irgendwelche Aggressionen zu entwickeln.

Als wir bei der Hütte ankommen, würde sie am liebsten draußen bei den Hunden bleiben. Wir zünden den Ofen an und kochen uns einen schönen heißen Kakao.

Die Hunde haben sich draußen an ihren Leinen in den Schnee gelegt. Otchum behält sie im Auge. Ich lasse sie eine halbe Stunde verschnaufen, dann gehe ich hinaus und spanne statt Ska Oukiok ein. Er ist ein Jahr alt und wird heute sein Debüt als Schlittenhund geben. Ich streichele ihn, während ich ihm das Geschirr anlege, als sei das Ganze ein Spiel.

»Brav, Oukiok, so ist es brav.«

Er bleibt, dem Beispiel der anderen folgend, gehorsam auf seinem Platz sitzen. Prima.

Ich gebe das Startkommando. Oukiok folgt dem Beispiel der anderen und zieht mit einer Selbstverständlichkeit, als habe er in seinem Leben nie etwas anderes getan. Das erstaunt mich nicht. Oukiok war schon immer ein »pflegeleichter« Hund, gehorsam, ausgeglichen, mit einem ausgeprägten Gemeinschaftssinn. Er zieht weniger aus Instinkt als vielmehr aus Solidarität mit den anderen.

Nach 500 Metern halte ich das Gespann an, kraule ihm ausgiebig den Bauch und lobe ihn.

»Brav, Oukiok, du bist ein Superhund, ein Super-Oukiok.«

Er zwinkert vergnügt, mein Oukiok.

Auf dem Rückweg verheddert er sich mit einer Hinterpfote in den Leinen. Ich halte absichtlich nicht an. Er trabt auf drei Beinen weiter und schüttelt das vierte, bis er endlich die richtige Bewegung macht und wieder freikommt. Jetzt hat er einen der kleinen Tricks gelernt, die nur die Erfahrung lehrt.

Unterwegs halte ich an und lade sechs große trockene Holzklötze auf, die ich am Vortag zersägt und auf der Böschung gestapelt habe. Obwohl wir die Rückfahrt vollbeladen antreten, sind wir beinahe ebenso schnell wie auf der Hinfahrt. Die Sonne beschließt im Westen ihre Bahn, und die Hunde werfen lange Schatten. Die Nacht zieht herauf, und ein blaßlila Polarlicht flackert am Himmel. Heute abend haben wir in der Hütte nur ein Gesprächsthema, die Hunde.

KAPITEL 23

ER STEHT IN STOLZER, GEMESSENER HALTUNG AM Fluß, als wisse er um den herrlichen Anblick, den er vor der winterlichen Berglandschaft bietet. Ein großer Wolf, ein Rüde, mindestens 70 Kilo schwer! Ein Einzelgänger mit sehr dunklem, nahezu schwarzem Fell.

Ska ist seit einigen Tagen läufig. Daher Isegrims Besuch. Hätte ich den Wunsch, meine Hunde zu kreuzen und mein Gespann mit etwas Wolfsblut aufzufrischen, so müßte ich die Hündin nur abseits von den anderen anbinden. Der Wolf würde sie mit Sicherheit decken, und zwei Monate später bekäme ich einen Wurf aus halben Wolfswelpen. Ein Freund von mir, ein alter Waldläufer aus Quebec, hat es mit einer seiner Hündinnen so gemacht. Das Ergebnis dieser Kreuzung konnte sich sehen lassen: große, muskulöse Hunde von schlankem Wuchs. Allerdings erwies sich ihre Ausbildung später als schwierig. Die Tiere blieben scheu, ängstlich und ziemlich wild. Es heißt, daß die Vorteile einer solchen Kreuzung im allgemeinen erst eine Generation später zum Tragen kommen, und mein Freund konnte das nur bestätigen. Er kreuzte einen der Halbwölfe mit einer Hündin aus seinem Gespann und bekam damit Welpen, die ein Viertel der genetischen Merkmale des Wolfes besaßen.

Diese Hunde waren größer und schlanker und hatten obendrein die Ausdauer wahrer Langstreckenläufer.

Mein Gespann ist, glaube ich, einmalig auf der Welt.

Vor mir hatte niemand eine Grönländerin mit einem sibirischen Laika gekreuzt, also einen Schlittenhund der Inuit mit einem Jagdhund. Das Produkt dieser Kreuzung, neun Welpen aus drei Würfen, hat meine Erwartungen noch übertroffen. Große, kräftige Hunde, gut gebaut und ungemein ausdauernd, Athleten, die 120 Kilometer traben können, ohne zu ermüden, aber auch in der Lage sind, eine 350-Kilo-Last durch Tiefschnee zu ziehen. Natürlich sind sie keine Chorknaben – kein Vergleich mit Alaskans oder Huskies. Sie sind eigenwillige Raufbolde und Jäger, mit anderen Worten, ziemlich wilde Gesellen, die schwer zu halten sind. Und sie bilden eine Meute mit einer sehr streng geregelten Rangordnung, in die der Mensch nicht hineinregieren darf. Der Mensch mischt sich nur in dem Maße ein, wie es nötig ist, um seine eigene Regel durchzusetzen: Nur er lenkt das Gespann. Ich liebe den Gruppengeist der Meute und ihr beständiges Bestreben, zu den instinktiven Verhaltensweisen zurückzufinden, die in den entlegensten Winkeln ihres Gedächtnisses eingegraben sind.

Der Wolf beobachtet uns eine Weile vom Flußufer aus, dann durchquert er die Furt, wobei er über die frische Eisdecke läuft und es nach Möglichkeit vermeidet, ins Wasser zu treten. Otchum, Oumiak und Voulk haben ihn bemerkt. Sie ziehen wie verrückt und stacheln damit den Ehrgeiz der anderen an. Alle greifen weiter aus, und ich lasse sie gewähren. Der Wolf ist im Wald verschwunden, aber Otchum wird sich nicht an seine Fährte heften, solange ich ihm nicht den Befehl dazu gebe. Und das Gespann wird sich nach ihm richten. Otchum ist nicht nur der Leithund, sondern auch der Chef der Meute und Vater aller Hunde. In einem Fall wie diesem ist das von entscheidender Bedeutung. Wenn die Hunde an der

Spitze des Gespanns ihrem Chef nicht folgen, droht ihnen eine saftige Abreibung. Sie wissen das und spuren. Und die Bewegungsfreiheit der anderen, die weiter hinten laufen, ist ohnehin sehr begrenzt. Schlagen die fünf Hunde vor ihnen die von Otchum vorgegebene Richtung ein, müssen sie wohl oder übel folgen. Sie werden buchstäblich mitgezogen. Aus diesem Grund spannen wir unmittelbar hinter Otchum gehorsame Hunde wie Ska und Oukiok ein. Manchmal aber, wenn etwa ein Hase oder ein Karibu vor uns auftaucht, ist die Bande nicht mehr zu halten. Dann sind auch Otchum und ich machtlos.

Einmal, als wir den finnischen Teil Lapplands durchquerten, stießen wir auf einem zugefrorenen, von Felswänden eingezwängten Fluß auf eine Rentierherde. Ich hätte versuchen können, die Meute zu stoppen, doch das hätte nichts gebracht. Also machte ich das Beste aus der halsbrecherischen Verfolgungsjagd. Hinten auf den Kufen stehend, feuerte ich die galoppierenden Hunde lautstark und wild gestikulierend an, um ihnen zu zeigen, daß ich freiwillig mitmachte. Eine regelrechte Hatz! Otchum riß das Maul weit auf und schnappte vor Vergnügen. Die Meute zog wie entfesselt. Der Wind pfiff mir um die Ohren, und die Kufen flogen nur so über den Schnee. Erst ein Gewirr aus Eisblöcken stoppte unsere Fahrt. Wir waren völlig aus der Puste.

Auch Hunde haben das Recht, sich von Zeit zu Zeit auszutoben.

Mit Winterbeginn haben wir unseren Lebensrhythmus verändert und den Verhältnissen angepaßt, die Kälte und kürzer werdende Tage mit sich bringen. Unsere Blockhütte zeigt bislang keine Mängel, und darauf sind wir stolz.

Heute, am 20. November, haben wir −42°C, und wir

essen im Hemd zu Abend. Durch das Fenster bewundern wir, wie die Strahlen der sinkenden Sonne die Bergspitzen umschmeicheln. Es ist ein herrliches Gefühl, gemütlich in der warmen Hütte zu sitzen, während draußen grimmige Kälte herrscht. Wir lauschen dem Ächzen der wachsenden Eisdecke auf dem See, diesem erhebenden Gesang des Nordens, den von Zeit zu Zeit ein Knacken unterbricht, wenn der Frost wieder einen Baum gesprengt hat.

Die Hunde liegen auf einer Schneeunterlage, die sie vor dem kalten Boden schützt. Sie haben sich zu Kugeln zusammengerollt, die Schnauze unter den dicken Schwanz geschoben und machen keinen Mucks.

An den Abenden bringen wir viel Zeit damit zu, Kleider zu nähen und zu stopfen, Leder zuzuschneiden, Holzgeräte zu fertigen, Geschirre zu flicken, Werkzeuge wie Axt, Messer und Stechbeitel zu schleifen. Und wir lesen viel. Dicke Bücher, die wir in Frankreich nach folgenden Kriterien ausgesucht haben: möglichst viel Text auf einer Seite, möglichst viele Seiten in einem möglichst kleinen und leichten Band. Ich lese wohl zum zwanzigsten Mal die Romane Jack Londons, sauge die Welt, in der wir leben, in mich auf und überlasse mich den Stimmungen, die er so meisterhaft beschreibt.

Vor dem Schlafengehen legen wir im Ofen Holz nach und schließen die Abzugsklappe. Gegen ein Uhr morgens erlischt das Feuer, doch unsere Hütte ist so gut isoliert, daß die Raumtemperatur selbst bei 40 Grad Kälte sieben bis acht Stunden lang nicht unter 10° C sinkt.

Ich stehe jede Nacht gegen ein Uhr auf. Ich gehe hinaus, betrachte den Himmel, prüfe das Thermometer, lausche dem Heulen der Wölfe oder bewundere die Polarlichter. Häufig nutze ich die Gelegenheit, um nach den Hunden zu sehen. Otchum hebt immer als erster den Kopf. Ich vergewissere mich, daß alles in Ordnung ist, streichele den einen oder anderen und kehre dann in die Hütte zurück, um noch ein paar Stunden zu schlafen.

Gegen sechs schlüpfe ich abermals aus dem Bett, heize den Ofen ein und mache Frühstück, bestehend aus Kaffee und Crêpes. Außerdem backen wir in der Pfanne köstliches Fladenbrot. Zwei Wochen hat es gedauert, bis wir die richtige Mischung aus Salz, Mehl, Wasser und Hefe gefunden hatten. Backen ist ein regelrechtes Ritual. Brot hat dieselbe Symbolkraft wie Feuer, und das rückt es in den Mittelpunkt des Lebens.

So wie das Feuer naturgemäß in der Mitte eines Lagers brennt, so steht das Brot stets mitten auf dem Tisch. Das eine wie das andere erfordert sorgfältige Vorbereitungen, trägt in der natürlichsten und einfachsten Form zum Überleben bei und verschafft ein Vergnügen, an dem alle teilhaben.

Feuer und Brot. Wo wären wir ohne sie?

Gegen halb acht erwacht Montaine und ruft nach mir.

»Papa, Papa, Taitaine Heia aus.«

Ich ziehe sie an und mache ihr das Fläschchen. Sie trinkt auf meinem Schoß, während ich mir noch einen Kaffee genehmige. Ich bin ein »Kaffeefreak« und schlage darin meinem Großvater nach, der ein großer Kaffeeröster war. Mein Großvater mütterlicherseits, der es vom einfachen Bauernsohn zum angesehenen Chirurgen brachte, hat mir seine Liebe zur Natur vererbt und zweifellos das Feuer meiner Reiselust geschürt.

Wenn ich morgens meinen Kaffee schlürfe, denke ich an meine Großväter, an die Sologne und an vieles andere mehr. Und wenn Diane langsam aufwacht, strahlt der Ofen bereits eine wohlige Wärme aus. Das Innere der Hütte ist in vier Bereiche unterteilt: die Ofenecke, die Kochnische mit einer langen, schmalen Arbeitsplatte an der Wand, das Bett und schließlich die Eßecke mit einem großen Tisch aus vierkantig behauenem und sorgfältig geschliffenem Kiefernholz, den wir so aufgestellt haben, daß wir durch zwei eigens zu diesem Zweck angebrachte Fenster den Ausblick auf den See und die Berge genießen können.

Wir können uns an dem herrlichen Blick, den wir vom Tisch aus haben, nicht satt sehen. Bei strengem Frost ist der Sonnenuntergang atemberaubend. Seit einigen Tagen benutzt Montaine das Wort »schön«. Kein Wunder, wenn ein Kind in einer solchen Umgebung aufwächst. Wie könnte Montaine länger Adjektive ignorieren, mit denen sich Gefühle ausdrücken lassen, die ihre Eltern so häufig empfinden und nun auch sie selbst?

»Schön, Bebe.«

»Berge!«

»Bebe.«

Noch vor dem Morgengrauen gehe ich hinaus und schirre sieben Hunde an. Ein siebenköpfiges Gespann läßt sich im Wald und auf den Bächen, an denen ich meine Hasenschlingen lege, gut lenken. Ich variiere den zwölf Kilometer langen Rundkurs ständig, je nachdem, welche Gebiete von Langohrkolonien frequentiert werden.

Für eine Runde brauchen wir 60 bis 90 Minuten. Gelegentlich erlege ich unterwegs auch Federwild: Tannenhühner, Kragenhühner oder Schneehühner. Oft halte ich an, untersuche die Spur eines Wolfes oder Vielfraßes, beobachte eine Schneeziege auf einem Kamm oder einen Elch in einem Schneefeld, kontrolliere meine Schlingen oder streichele einfach nur die Hunde und bewundere dabei den Sonnenaufgang über dem gezackten Horizont der Berge.

Meine Freude ist grenzenlos, wenn ich mit dem unbeladenen Schlitten ohne festes Ziel, nur zum Spaß, durch die Gegend fahre und durch die weißen Weiten gleite.

In der Zwischenzeit zieht sich Diane in der Hütte in

aller Ruhe an, spielt mit Montaine und räumt auf. Wenn ich zurückkehre, ist es bereits Tag. Ich tausche ein paar Hunde aus, dann machen wir einen Familienausflug. Wir holen im Wald trockenes Holz oder drehen einfach eine Runde auf dem See, fahren, um die Hunde zu trainieren, einen Bach hinauf oder erkunden einen anderen, der in den ersten mündet.

In der Regel kehren wir gegen zwei Uhr zurück, denn wir wollen Montaine nicht allzu lange der Kälte aussetzen oder, was noch schlimmer wäre, den Hunden den Spaß am Ziehen verderben. Schießlich wollen wir bald nach Alaska aufbrechen. Vor uns liegt eine dreimonatige Reise.

Jeden Tag fahren wir am Fluß entlang, um nachzusehen, welche Fortschritte das Eis macht. Nach und nach nimmt die Eisdecke Formen an. Doch es dauert lange, bis ein Fluß zufriert. Und der hier ist für uns der einzige Weg, der aus dem Gebirgslabyrinth hinaus in Richtung Yukon führt. Einen anderen gibt es nicht, es sei denn, wir reisen durch den Wald am Ufer entlang, doch in dem Fall wären wir monatelang damit beschäftigt, Bäume zu fällen, Schnee niederzutreten und uns eine Bresche durchs dichte Erlengestrüpp zu schlagen. Besser also, wir warten.

Montaine schläft jeden Nachmittag mindestens anderthalb Stunden. Für uns ist das eine willkommene Erholungspause. Wie oft haben Diane oder ich gerufen:

»Es lebe die Siesta!«

Ich nutze die Gelegenheit zum Lesen oder für ein halbstündiges Nickerchen. Von der Bürde befreit, auf Montaine aufzupassen, unternimmt Diane mit den Hunden einen Ausflug oder spaziert mit Schneeschuhen um den See, hackt Holz oder ruht sich mit mir aus. Wenn sie nicht ausfährt, bleiben die Hunde brav an der Stelle liegen, wo ich den Schlitten geparkt habe. Wir binden ihn nicht einmal mehr an.

Die Nachmittage sind kurz. Bei klarem Wetter bricht zwischen halb fünf und fünf die Dämmerung an und sprenkelt die Erde mit grauen Schatten. Auch zum Holzholen benutzen wir stets die Hunde. Wir haben eine drei Kilometer lange Piste in den Wald gelegt, die zu den Stellen führt, wo es am meisten morsche Bäume gibt. Ich habe eine Menge Tannen fällen müssen, um für das 20 Meter lange Gespann Platz zu schaffen, doch nun verfügen wir über einen unerschöpflichen und leicht zugänglichen Brennholzvorrat. Wir zersägen einen Baumstamm in vier oder fünf Teile von jeweils zwei Metern Länge, laden sie auf den Schlitten und fahren auf dem vereisten Weg zur Hütte zurück, eine regelrechte Bobbahn, auf der sich die Hunde nach Herzenslust austoben können.

Holzhacken ist Dianes Aufgabe. Sie liebt das trockene und dumpfe Geräusch, das entsteht, wenn die Axt das Holz spaltet.

»Oh, ist der schön!« ruft sie, wenn sie einen dicken, aschfarbenen Klotz vom Stapel nimmt.

Pro Tag verheizen wir etwa 50 dicke Scheite, also eine komplette Schlittenladung in zwei Tagen. Wir arbeiten auf Vorrat und holen jeden Tag eine Fuhre, manchmal auch zwei. Wir empfinden das nicht einmal als Arbeit. Es macht Spaß, mit den Hunden über die vereiste Piste zu gleiten, einen Baum zu suchen, der nicht allzu viele Äste hat und schön trocken ist, ihn zu zersägen und dabei das orangefarbene Holz mit den Jahresringen zu bewundern – und es später mit dem Glücksgefühl eines Bäckers zu verbrennen, der sein eigenes Brot kostet.

Bei Einbruch der Dunkelheit spanne ich die Hunde aus und gebe ihnen ihre Ration Trockenfutter, 400 Gramm pro Hund, ein extrem nährstoffreiches Kraftfutter, das Wissenschaftler von Pedigree Pal eigens für diese Reise entwickelt haben.

In der Zwischenzeit wird Montaine von Diane gebadet, was sie sehr liebt. Als Badewanne dient eine Waschschüssel, die 15 Liter faßt.

Ich räume draußen das Werkzeug auf, schlendere ein bißchen herum, spreche mit den Hunden, lasse für einige Zeit die Jungen frei und manchmal auch ein oder zwei ältere, damit sie mit ihnen spielen können.

Gegen 18 Uhr ziehe ich mich endgültig in die Hütte zurück. Diane geht noch einmal hinaus, um zwei Eimer Wasser an die Meute zu verteilen. Das nimmt eine gute Dreiviertelstunde in Anspruch. Auch sie nutzt die Gelegenheit, mit ihnen zu plaudern und sie zu streicheln. Die Hunde werden dann richtiggehend zu Kätzchen, die nach Liebkosungen und zärtlichen Worten lechzen.

Anschließend steht Montaine eine Lektion in Vogelkunde zu. Dianes Rückkehr ist das Signal.

»Papa, Vogel lesen.«

Wir schlagen den Vogelführer für Nordamerika auf, und ich erzähle ihr von Raben, Hähern oder Kleibern, zeige ihr die Farben ihres Gefieders, ahme ihren Ruf nach und erkläre ihr, woran man sie voneinander unterscheiden kann.

Montaine lauscht sehr aufmerksam, nimmt alles in sich auf, wiederholt unverdrossen die Namen der Vögel und quietscht vor Vergnügen, wenn sie auf den Bildtafeln einen wiedererkennt.

»Abe.«

»Richtig, Montaine, das ist ein Rabe, sehr gut.«

»Häher.«

»Nein, das ist eine Elster. Sieh doch, sie ist größer, und dann, hast du die Farbe des Gefieders gesehen? Der Tannenhäher ist ganz grau.«

Montaine beugt sich vor, deutet mit dem Finger auf das Gefieder, vergleicht und ruft entzückt:

»Elster.« Sie deutet auf die Elster. »Häher.« Sie deutet auf den Häher.

»Bravo!«

Beim Blättern in diesem Buch, in dem 700 Vogelarten vorgestellt werden, habe ich auch meine eigenen Kenntnisse vertieft. Doch sobald ich mich in einem Artikel festlese und Montaine darüber vergesse, ruft sie mich zur Ordnung und verlangt die Fortsetzung der Lektion.

Gegen acht wird gegessen. Dem Abendessen messen wir große Bedeutung bei. Ab sechs erörtern wir die Speisenfolge, unterbreiten Vorschläge und kabbeln uns bisweilen sogar wegen irgendwelcher Details. Das Essen nimmt einen wichtigen Platz ein!

Heute soll es Forelle geben. Die Frage ist nur, wie wir sie zubereiten sollen. Wir haben drei Möglichkeiten: braten, pochieren oder im »Ofen« grillen, das heißt in der Pfanne auf der Glut. Dann die Frage nach den Zutaten: getrocknete Zwiebeln, Kräuter, die wir in den Bergen gesammelt haben, Fett, Pfeffer, Salz, Mehl… Wieviel wovon? Vor oder nach dem Garen? Wir lieben solche leidenschaftlichen Diskussionen, die den Appetit anregen, so wie der Wind ein Feuer anfacht.

Gegen halb zehn gehen wir zu Bett. Montaine schläft in ihrem kleinen Schlafsack zwischen der Wand und ihren Eltern, damit sie nicht aus dem Bett fällt. Wir haben das Bett 60 Zentimeter hoch gebaut, damit wir alle möglichen Sachen darunter verstauen können. Im Schein einer Petroleumlampe, die direkt über unseren Köpfen hängt, lesen wir noch ein oder zwei Stunden. Montaine spricht im Schlaf. Daher wissen wir, daß ihre Träume von Vögeln und von Otchum bevölkert sind. Eine kleine Welt, die nur ihr gehört.

KAPITEL 24

ES SCHNEIT UNUNTERBROCHEN. DER SCHNEE HÜLLT die Hütte in ein weißes Kleid und türmt sich auf dem Dach, das mittlerweile einer riesigen Pelzmütze gleicht. Und er deckt die Pisten zu, die wir angelegt haben. Nur im Wald, wo sie vor dem Wind geschützt sind, bleiben sie sichtbar.

Vor einigen Tagen haben wir das Training mit dem Gespann intensiviert. Inzwischen legen wir täglich 30 bis 40 Kilometer mit einer Last von 150 Kilo zurück, uns selbst nicht mitgerechnet. Wir spannen neun Hunde an, die jüngeren dürfen abwechselnd ausruhen. Kurviks Debüt gestaltet sich schwierig. Vorgestern morgen haben wir ihn zum ersten Mal angespannt. Auf den ersten 100 Metern ließ er sich einfach mitschleppen, kläffte, winselte und heulte aber jämmerlich. Wir hielten an und versuchten, ihn zu beruhigen, ehe wir weiterfuhren. Doch es kam, wie es kommen mußte. Der sieben Monate alte Welpe sah uns mit großen angsterfüllten Augen an und flehte um Mitleid. Da kam mir eine Idee. Ich löste den Karabinerhaken, der das Halsband über eine kurze Leine mit der Zugleine verbindet. Die Musher nennen sie *neck line.* Jetzt wurde er nur noch durch das Geschirr zurückgehalten, das hinten mit der Zugleine verbunden ist.

Beim dritten Versuch konnte sich Kurvik nicht mehr mitschleppen lassen. Er mußte wohl oder übel mitlaufen, sonst wäre er mit dem hinter ihm plazierten Nanook zusammengeprallt. Und der hatte ihn gleich nach dem Start kräftig in den Schenkel gezwickt und klargemacht, daß er nicht gewillt war, sich von einem Anfänger aufhalten zu lassen. Also begann der arme Kurvik zu traben, zuerst aus schierer Not und dann, als er merkte, daß alles gut ging, mit Vergnügen. Wir sahen es an seinem aufgerichteten Schwanz, vor allem aber an seinen übermütigen Luftsprüngen und den Kopfstößen, die er seinem Nachbarn Voulk verpaßte, der ihn großmütig gewähren ließ. Nach einem Kilometer hielten wir an und hakten seine *neck line* ein. Er bockte nicht, und beim neuerlichen Start warf er sich sogar ins Geschirr!

Eine Stunde später lief Kurvik mit stolzgeschwellter Brust im Lager ein, als wollte er seinem gleichaltrigen Bruder Uktu sagen: »Hast du gesehen? Jetzt bin ich ein Schlittenhund.«

Als nächstes spannte ich Uktu für ihn ein. Es war unglaublich. Er ließ sich anstandslos das Geschirr anlegen und wartete wie alle anderen brav auf seinem Platz. Und dann, beim Start, kein Zögern und Zaudern. Er trabte mit den anderen mit, schön in der Reihe, die Leine gut gespannt.

Ich war begeistert.

Heute ist ein großer Tag. Die erste Ausfahrt mit allen elf Hunden. Das Gespann bietet einen prächtigen Anblick: fünf Hundepaare, schön ausgerichtet, und an der Spitze, 15 Meter vor uns, Otchum, der stolze Anführer.

Montaine thront hinten auf dem Schlitten auf einer dicken Rentierfellunterlage, links und rechts durch die mit Elchfell umwickelten Holmen geschützt.

Der Ausflug soll zwei Tage dauern. Für Diane und Montaine die erste Übernachtung in einem Winterlager. Gestern habe ich eine Piste gespurt. Sie führt am Seeufer entlang in eine langgestreckte Bucht und zweigt dann in einen Wildbach ab, der 30 Kilometer von hier auf einem Paß mit mehreren kleineren Seen entspringt. Soweit hoffen wir zu kommen.

»Sehen wir nach, ob wir auch nichts vergessen haben: Zelt, Ofen, Proviantsack, Hundefutter, Felle, Axt, Säge, Kette ...«

Wir überprüfen ein letztes Mal die Ausrüstung, dann löschen wir das Feuer im Ofen, und zwar mit Wasser. Ein verirrter Funke könnte einen Brand verursachen, und das wollen wir nicht riskieren. Welch schreckliche Vorstellung, bei der Rückkehr anstelle der schönen Hütte einen Haufen Asche vorzufinden!

Es schneit, doch wir beschließen, trotzdem aufzubrechen.

»Auf dem Weg nach Alaska wird auch nicht immer die Sonne scheinen, deshalb sollten wir bei jeder Witterung üben.«

»Schon, aber gleich am ersten Tag so ein scheußliches Wetter!«

»Vielleicht klart es ja noch auf.«

Diane zieht einen Flunsch. Sie ist über die Mini-Expedition alles andere als begeistert. Doch wir müssen unsere Ausrüstung, die Hunde, uns selbst und vor allem Montaine einem Test unterziehen.

Die Hunde ziehen den Schlitten ohne Probleme und fallen auf der Piste, die ich am Vorabend gespurt habe und die jetzt von einem dünnen Schneefilm überzogen ist, bald in Galopp. Wir fahren so schnell, daß uns die Schneeflocken förmlich ins Gesicht peitschen. Das ist nicht gerade angenehm, und Montaine beginnt zu weinen.

»Kein Schnee! Taitaine mag nicht.«

»Dreh den Kopf zur Seite, Montaine.«

Doch sie will nicht hören. Sie bekommt einen regelrechten Weinkrampf. Wir setzen sie so hin, daß sie besser geschützt ist, und hoffen, daß sie sich beruhigt.

»Ob sie irgendwann einschlafen wird?«

»Ich halte das nicht aus, wenn sie weiter so weint.«

»Sollen wir umkehren?«

»Nein, wir müssen es versuchen.«

Montaine weint sich die Augen aus:

»Taitaine kalt!«

»Glaubst du, sie friert?«

»Ausgeschlossen bei fünf Kleiderschichten. Das ist nur ein Weinkrampf, mehr nicht.«

Wir gelangen ans Ende der Bucht. Nun geht es gute 100 Meter steil bergauf.

»Glaubst du, sie schaffen das?«

»Ja, wir werden ein bißchen schieben müssen, aber es wird gehen.«

Ein paar Mal hört Montaine auf zu weinen, um dann nur noch heftiger wieder anzufangen. Es schneit ununterbrochen. Unsere Stimmung ist gedrückt und sinkt weiter. Montaines Tränen zerren an den Nerven.

Diane ist am Ende. Und ich kann mich nur mit allergrößter Mühe beherrschen.

»Ich halte das nicht mehr aus. Ich kann das Geheul nicht mehr ertragen.«

»Hör zu, vielleicht friert sie ja wirklich. Wir nehmen die Steigung. Oben ist das Gelände flach bis zum nächsten See. Dort halten wir an. Wenn alles gut geht, sind wir in einer Stunde dort.«

Wind kommt auf. Unser Ausflug wird zum Alptraum. Die Hunde spüren die Spannung und ziehen schlecht. Wir quälen uns den Hang hinauf. Der Schlitten neigt sich im Tiefschnee zur Seite, und einmal kippt er sogar um, so daß Montaine herausfällt. Das hat gerade noch gefehlt. Eine echte Katastrophe.

»Jetzt reicht's aber.«

Diane kriegt einen Koller. Mir geht es nicht besser. Montaine brüllt.

Wir halten nach einem Lagerplatz Ausschau, und nach einer halben Stunde finden wir eine mit Erlen überwucherte Terrasse, auf der ein paar verkrüppelte Tannen stehen.

»Hier rasten wir.«

»Ein scheußlicher Platz.«

»Egal, wir fahren nicht weiter.«

»Nein.«

»Kümmer dich um Montaine. Wickele sie in die Felle, ich baue so schnell wie möglich das Zelt auf.«

Montaine weint noch immer. Seit drei Stunden heult sie praktisch ohne Unterbrechung. Ein Horror!

Ich fälle ein paar Tannen und hacke die Äste ab, dann trampele ich dort, wo das Zelt stehen soll, mit den Schneeschuhen den Schnee fest und breite die Äste wie einen Teppich darüber.

Unterdessen versucht Diane das Unmögliche. Sie erzählt Montaine von Vögeln, singt ihr Lieder vor und tut was weiß ich noch alles, um sie zu beruhigen. Alles vergebens. Montaine hat sich mit dem Himmel verbündet, und ihr Geheul will ebensowenig ein Ende nehmen wie das Schneegestöber. Der Wind dreht sich ständig und bläst mal aus Süden, mal aus Westen – ein Zeichen für schlechtes Wetter.

Im Winter ein Zelt aufzustellen ist kein Honiglecken, erst recht nicht, wenn man allein ist. In Sibirien haben wir zu viert anderthalb Stunden gebraucht, um das Lager aufzuschlagen, und eine gute Stunde, um es wieder abzubauen. Eine tägliche Arbeit, die einem in zehn langen Wintermonaten ganz schön auf die Nerven gehen kann.

Aber natürlich kann ich das Zelt jetzt nicht in der vierfachen Zeit aufbauen! Ich muß mich ranhalten und mir

Tricks ausdenken, damit ich Zeit spare und eine Arbeit, die normalerweise zwei Leute erfordert, allein bewältigen kann. Wie zum Beispiel die Stangen zusammenbinden und gleichzeitig die Zeltbahn festhalten.

Trotz −25° C arbeite ich im Hemd und beeile ich mich so, daß ich ins Schwitzen komme. Ich habe Angst, daß Montaine sich erkälten könnte. Immerhin sitzt sie seit sechs Stunden reglos auf dem Schlitten und jetzt im Schnee.

Endlich steht das Zelt. Ich stelle den Ofen auf zwei dicke grüne Äste und entzünde ein Feuer.

Langsam steigt die Temperatur im Zelt. Wir setzen Montaine mitsamt den Fellen, in die wir sie gewickelt haben, hinein. Das Zelt mit dem bullernden Ofen ist für sie so neu, daß sie endlich aufhört zu weinen. Es wird aber auch Zeit. Länger hätten wir es wohl nicht mehr ertragen. Wir sind erschöpft, ernüchtert, demoralisiert und völlig mutlos.

»Das schaffen wir nie, Nicolas. Ein Wahnsinn, mit ihr im Schlitten zu reisen. 2000 Kilometer unter solchen Bedingungen! Weißt du, was das heißt? 40 Grad Kälte, Schneestürme, keine Piste, monatelang keine Menschenseele. Das schaffen wir nie. Unmöglich!«

KAPITEL 25

IN DER NACHT STEHE ICH MEHRMALS AUF UND SCHÜTtele den Schnee, der sich auf dem Zelt türmt, herunter.

Wir schlafen zu dritt in zwei Schlafsäcken, die wir zu einem einzigen verbunden haben. Montaine liegt, an mich geschmiegt, zwischen uns. Ich achte darauf, daß sie nicht friert oder gar eine Hand aus dem Schlafsack streckt. Bei −35° C würden ihre Finger innerhalb kurzer Zeit erfrieren. Wir schlafen vollständig angezogen: Handschuhe, Mütze, Filzhausschuhe, Schal. Nicht einmal bei −40° C können wir den Ofen die ganze Nacht brennen lassen. Es würde Stunden dauern, Brennholz für 13 oder 14 Stunden zu sägen. Außerdem könnten wir dann nur abwechselnd schlafen, denn wir müßten alle 15 Minuten Scheite nachlegen, und nicht zuletzt müßte immer einer auf das Feuer aufpassen. Wie oft habe ich im Winter nur knapp einen Zeltbrand verhindert? Glühende Holzstücke können herausfallen und das Zelt in Brand setzen, die Scheite, auf denen der Ofen steht, können Feuer fangen, die Tannenäste, die unter dem Ofen liegen, können zu glühen beginnen. Man darf das Feuer nicht aus den Augen lassen. Wir müßten mindestens zu viert oder fünft sein, um den Ofen die ganze Nacht brennen zu lassen, und in Sibirien waren wir nicht einmal bei −60° C imstande, genug Holz zu sägen und die ganze Nacht hindurch abwechselnd Wache zu schieben. Dafür machten wir schon gegen drei Uhr morgens wieder Feuer, wenn die Kälte unerträglich wurde, das Eis uns die Bärte überkrustete, die Lider verklebte und die Nasenlöcher verstopfte, so daß wir keine Luft mehr bekamen. Das Gefühl, das man dann empfindet, ist unbeschreiblich. Leider konnte ich es nur selten genießen, denn ich war stets derjenige, der das Feuer im Ofen entzündete.

Am frühen Morgen frischt der Wind auf. Stellenweise liegen schon 30 Zentimeter Neuschnee. Der Schlitten ist völlig unter einer dichten weißen Decke verschwunden. Zum Glück haben wir unser Werkzeug gestern abend noch aufgeräumt, sonst würden wir jetzt nichts mehr finden. Dort, wo die Hunde liegen, ist nichts als eine weiße Fläche. Sie schlafen bequem in ihren Kuhlen, unter dem Schnee vor Wind und Kälte geschützt. Ich pfeife.

Otchums Kopf sticht durch die weiche Decke und sieht mich erstaunt an.

»Guten Morgen, Tschum.«

Oumiak taucht auf, dann Nanook und Voulk. Die anderen regen sich nicht. Sie wollen ihr warmes Nest noch ein wenig auskosten.

Ein scheußlicher Tag. Wind und Schnee. Das sogenannte *white out,* eine Art weiße Nacht, in der das Auge vergeblich Orientierungspunkte sucht. Wäre unsere Hütte nicht so nahe, würden wir hierbleiben, doch die Vorstellung, noch eine Stunde länger an diesem ungastlichen Ort zu bleiben, ist uns unerträglich.

Ich spanne die Hunde an und belade den Schlitten. Das Zelt und den Ofen lasse ich bis zum letzten Augenblick stehen, um Montaine nicht länger als unbedingt nötig dem Blizzard auszusetzen.

»Otchum, ich verlasse mich auf dich. Such die Piste, ich weiß nicht mehr, wo sie ist.«

Mein Schneekönig sieht mir direkt in die Augen.

»Keine Sorge, ich werde sie schon finden.«

Wir legen das Zelt zusammen, verstauen den Ofen, setzen Montaine auf den Schlitten, und los geht's.

Auch den Hunden behagt der Blizzard nicht, doch sie ziehen wie die Weltmeister. Sie wollen aus diesem Schneegestöber heraus, das ihnen das Fell bürstet und die Schnauzen peitscht. Schon nach kurzer Zeit sehen sie aus wie weiße Sträucher.

Montaine verabscheut den Wind und beginnt wieder zu weinen.

»Jetzt geht das schon wieder los!«

»Vorwärts, meine Hundchen!«

Der Schneesturm hat Otchum verschluckt. Ich kann ihn nicht mehr sehen, doch ich vertraue ihm. Ich weiß, da vorn läuft mein Tschum und bringt uns, die Nase am Boden, sicher nach Hause.

»Meinst du, Montaine wird sich beruhigen, wenn ich mich zu ihr auf den Schlitten setze?«

»Versuch es.«

Montaine beruhigt sich, doch nach fünf Minuten geht es wieder los. Wir haben nur noch einen Gedanken: die Hütte. Die Tür schließen und den Schneesturm aussperren, bei bullerndem Ofen am Fenster sitzen und dem Wüten des Nordens zusehen.

Ein anderer Gedanke spukt mir im Kopf herum: Unser Vorhaben ist undurchführbar.

Mit Montaine kommen wir nie nach Alaska. Gestern sind wir zu einem zweitägigen Ausflug aufgebrochen. Wir haben bei $-15°$ C kaum 20 Kilometer geschafft und kehren wie Schiffbrüchige zurück, mutlos, verunsichert, total ausgepumpt, mit einem in Tränen aufgelösten Kind …

Wir werden die Reise nicht antreten.

Wir können nicht.

Außerdem ist uns die Lust vergangen.

KAPITEL 26

AM 1. DEZEMBER ZEIGT DAS THERMOMETER −38° C, tags darauf −44° C.

Trotzdem friert der Fluß nur sehr langsam zu. Jeden Tag gehen wir hin, um uns ein Bild von den Fortschritten zu machen.

»Bei −44° C müßte er doch eine feste Eisdecke haben!«

Die Piste ist fünf Kilometer weit gespurt. Dahinter beginnen Stromschnellen, die vorläufig noch ein unüberwindliches Hindernis darstellen, bis sie nach weiteren zwei Kilometern in einem großen Sumpfgebiet enden. Dahinter weitere Stromschnellen. Wir müssen uns also etwas anderes ausdenken, wie wir aus den Bergen heraus zum Chukachida-Fluß kommen können. Nach sorgfältigem Studium der Karten entscheiden wir uns für eine Route, die mit der vergleichbar ist, die wir mit den Pferden genommen haben. Sie führt über die baumlosen Almen in ein Nachbartal, das parallel zu unserem verläuft. Es ist breiter und folglich auch kälter, und der Fluß hat eine schwächere Strömung.

Wenn wir diesem Fluß folgen, dann müßten wir nach 60 Kilometern auf den Chukachida stoßen, und zwar in dem Abschnitt, wo er am ruhigsten ist. Der Umweg ist zwar beträchtlich, doch uns bleibt kaum eine andere Wahl.

»Wir haben schon Dezember, wir können nicht ewig

warten. Wenn wir Pech haben, friert der Fluß niemals ganz zu.«

»Aber wir wissen nicht mit Sicherheit, ob wir über den Berg kommen.«

»Wir müssen nachsehen. Am besten gleich morgen, denn das Wetter ist herrlich.«

»Ja, aber für Montaine ist es zu kalt. Wirf mal einen Blick aufs Thermometer. Mitten am Tag −44° C!«

»Dann können wir gleich testen, ob unsere Heizung funktioniert.«

Gestern habe ich nämlich eine kleine Heizung gebaut, die ursprünglich dafür sorgen sollte, daß die Kamera nicht einfriert, denn ab 30 Grad Kälte beginnt die Mechanik zu streiken und der Film zu reißen. Sie besteht aus einem zehn Zentimeter langen und fünf Zentimeter breiten Kohlebrikett, das in einer kleinen, isolierten Dose langsam verbrennt. Ein batteriebetriebener Ventilator bläst die warme Luft durch acht tentakelartige Schläuche von einem Meter Länge in einen Daunenanorak, in dem Montaine wie in einem Schlafsack steckt. Selbst bei −90° C sorgt das Brikett acht Stunden lang für eine angenehme Temperatur.

Gestern abend haben wir bei −35°C auf dem See zusammen eine Runde gedreht. Sie hat uns optimistisch gestimmt.

»Das müßte hinhauen.«

»Wenn Montaine es warm hat und keine Erfrierungen riskiert, könnten wir es schaffen!«

»Wir können es auf jeden Fall versuchen.«

Bei −40°C kondensiert der Atem der Hunde augenblicklich und bildet eine kleine Reifwolke, die ihr Fell mit einer weißen Schicht überzieht.

Montaine sieht großartig aus. Rauhreif klebt an ihren langen Wimpern, pudert ihre Wangen und glitzert in den zwei, drei Haarsträhnen, die unter den drei übereinandergestülpten Kapuzenmützen aus Wolle hervorschauen.

»Du bist schön, mein Schatz, wunderschön, eine richtige kleine Schneeprinzessin.«

Montaine strahlt übers ganze Gesicht und freut sich auf den »Ausflug«. Wir haben ihr erklärt, daß wir heute in die Berge fahren, um Karibus und vielleicht auch Wölfe zu beobachten. Auch Diane ist schön mit ihren langen, rauhreifbestäubten braunen Haaren. Mit makelloser Klarheit geht über den Bergen die Sonne auf und gießt reines, gleißendes Licht über den See.

»Los, ihr Hunde!«

Wir durchqueren den Wald auf der Piste, die wir zum Holzholen angelegt haben, und biegen dann nach links auf eine zweite Piste ab, an der wir Hasenschlingen gelegt haben.

Eine Dreiviertelstunde später gelangen wir in das kleine Tal, das wir zu Pferd durchquert haben.

Seit Wintereinbruch ist Diane nicht mehr hier gewesen.

»Komisches Gefühl, das Tal wiederzusehen. Alles liegt so weit zurück.«

»Erinnerst du dich noch an die Pferde, Montaine, an den Weißen, den Alten? Weißt du noch?«

»Ferde!«

Natürlich erinnert sie sich.

Ich ziehe die Schneeschuhe an und trete unmittelbar vor Otchum den tiefen Schnee nieder, damit die Hunde beim Ziehen nicht einsinken. Aus der Luft dürfte unsere kleine Karawane sicher hübsch aussehen. Ich stelle mir die Überraschung des Piloten vor, der uns plötzlich bemerkt, winzige Ameisen in einer Welt von Riesen, die sich bei –40° C durch diesen abgeschiedenen, menschenvergessenen Teil der Welt kämpfen. Er könnte der dunklen Linie folgen, die wir durch den Schnee gezogen haben wie einen Bleistiftstrich auf einem Blatt Papier. Und vor uns das makellose Weiß, beklemmend und endlos weit. Es erfüllt uns mit einem gewissen Stolz, daß wir bei dieser Kälte hier sind und ein so gutes Bild abgeben.

Montaine plappert vor sich hin, denkt sich Lieder aus. Ihre Stimmt klingt glockenhell in der winterlichen Stille.

»Papa Holz holen, Mama Hunden trinken geben, Hunde Vögel essen …«

Und so weiter, jeder kommt dran: Elche, Wölfe, Otchum.

Diane singt den Refrain:

»Papa Holz holen, Mama Hunden trinken geben, Otchum Vögel essen.«

Montaine bricht in Lachen aus und singt weiter.

Wir sind seit vier Stunden unterwegs, und alles läuft bestens. Die »Heizkrake« funktioniert tadellos. Wir sind sehr froh über diese Erfindung und schöpfen wieder Mut. Selbst wenn wir auf dem Weg nach Alaska das Yukontal durchqueren müssen, eine der kältesten und unwirtlichsten Gegenden der Erde, so erscheint uns das Vorhaben nun doch nicht mehr so undurchführbar, wie wir geglaubt haben.

Unser heutiger Ausflug, der bei extremer Kälte durch schwieriges Gelände führt, beweist es.

Gegen Mittag erreichen wir die kahlen Gebirgsmatten. Hier brauchen wir keine Schneeschuhe, keine Piste. Eine Herde von mehreren hundert Karibus hat in der Tundra Pfade und mehrere Meter breite Wege ausgetreten, die in alle Richtungen führen.

»Sagenhaft!«

»Wo sind sie wohl?«

»Ganz in der Nähe, die Spuren sind ganz frisch.«

Ich erklimme eine Anhöhe und schaue durchs Fernglas. Tatsächlich entdecke ich sie sofort, zwei oder drei Kilometer von uns entfernt: mehrere Karibuherden, die gemächlich davonziehen. Ich kehre zum Schlitten zurück.

»Sie haben uns kommen hören und weichen uns aus.«

»Schade!«

Mehrere frische Wolfsspuren kreuzen die Karibupfade. Wir staunen über die Pfotenabdrücke. Sie sind doppelt so groß wie die unserer kräftigsten Hunde. Montaine hat genau verstanden, worum es geht, beugt sich vor und reißt die Augen auf:

»Wölfe!«

»Ja, Montaine, das sind die Wolfsspuren.«

»Taitaine Wölfe sehen.«

»Sie sind im Moment nicht da, Montaine. Sie jagen Karibus.«

»Wölfe essen Ibus.«

Lachen.

Wir rasten am See, unweit der Stelle, wo wir im August unser Zelt aufgeschlagen hatten. Wir erinnern uns an eine große blühende Wiese, an Goldruten, Kreuzkraut und Glockenblumen, die sich mit dem hohen, saftigen Gras im warmen Sommerwind wiegten. Wir vermissen die Farben, die Geräusche, die Gerüche. Wie gern würden wir, nur für einen Moment, das Blau eines Vergißmeinnicht bewundern, seinen Duft einatmen und dabei dem Gesang eines Weißkehlammerfinken lauschen. Doch wir haben nichts von alledem. Das Weiß und die Stille beherrschen unsere Tage.

Wir verweilen nicht lange, denn selbst in der Sonne ist es hier schneidend kalt. Um diese Jahreszeit scheinen die Strahlen mit der Wärme zu knausern, als müßten sie sich die Energie aufsparen, die sie brauchen, um den Winter zu besiegen.

Wir stellen fest, daß die Heizkrake für Montaine unverzichtbar ist. Eine Viertelstunde stehen, und schon spüren wir, daß uns die Kälte wie mit eisigen Nadeln durchbohrt. Ohne Wärmequelle würde Montaine auf dem Schlitten frieren. Mit der Krake amüsiert sie sich königlich.

»Wie gern würde ich mit ihr tauschen, im Warmen sitzen und in aller Ruhe die Landschaft bewundern«, meint Diane von Zeit zu Zeit, wenn wir den Schlitten schieben, stundenlang durch Tiefschnee stapfen oder einfach nur der eisigen Kälte trotzen.

Montaine ist eingeschlafen. Ein sicheres Zeichen, daß sie sich wohl fühlt. Vom Schaukeln des Schlittens gewiegt, hält sie, mit Rauhreif überzogen, friedlich ein Nickerchen.

Die Hunde traben gemächlich zur Hütte zurück. Das Geläuf ist bereits hart und vereist. An manchen Stellen sind Schneeklumpen von den Rändern der Piste in die Spur gefallen. Ohne sich aufzubäumen, zermalmt sie der gebogene Bug des Schlittens mit einem angenehmen Zischen.

Wir gleiten dahin, ohne zu sprechen, ganz in den Anblick der Märchenlandschaft versunken, die langsam an uns vorüberzieht. Wir berauschen uns an der eisigen Klarheit des Firmaments, der absoluten Stille, die über allem liegt, dem Licht, das die gezackten Kämme umspielt. Aus dem Schatten des Tals blicken wir bewundernd zu dem himmlischen Feuer am Horizont, wo die Gipfel der Berge, die mit heiterer Majestät in den azurblauen Äther ragen, in rote Glut getaucht werden. Ein Anblick, der das Leben bereichert.

KAPITEL 27

DIE HUNDE TRABEN IN HOHEM TEMPO ÜBER DIE SCHÖne Piste, die sich durch die hohe Schneedecke schneidet.

Ich bin in der Nacht losgefahren, obwohl das Thermometer −46° C gezeigt hat. Ich liebe dieses Gefühl, allein auf der Welt zu sein, ein Gefühl, das Kälte und Dunkelheit noch verstärken. Der Schlitten knirscht auf der harten Piste. Ich lausche der Musik des am Holz reibenden Leders. Der Schlitten schaukelt auf dem Schnee wie ein Segelschiff auf den Wellen.

Ich friere, obwohl ich mich in meine Felle eingemummt habe. Die Kälte brennt im Gesicht. Um Frostbeulen vorzubeugen, reibe ich mir häufig die ungeschützte Nase und die Wangen.

Der gefrorene Atem der Hunde bepudert ihre Backen und Schnauzen mit Rauhreif. Sie ziehen gut, meine Champions.

Ein Maulkorb aus Eis umschließt meinen Bart und meine Lippen. Die harte Kruste macht es mir unmöglich zu sprechen. Aber das ist auch gar nicht nötig. Otchum kennt den Weg zu den Karibus. Wir durchqueren ohne Zwischenfall den Wald, dann einen zugefrorenen, mit dunklen Sträuchern und Erlen gesprenkelten Sumpf, ehe wir leise den Anstieg zu den Bergwiesen in Angriff nehmen.

Mit einem metallischen Licht in blauen und bernsteinfarbenen Tönen zieht der Morgen herauf. Es ist so kalt, daß ich von Zeit zu Zeit hinter dem Schlitten herlaufe, um mich aufzuwärmen.

Ich habe alles bei mir, was ein Mensch braucht, der bei so eisigen Temperaturen alleine reist: Schlafsack, Axt, Proviant, einen Vorrat Holzscheite, eine Kerze und Streichhölzer in einem wasserdichten Beutel, ein Paar Mokassins zum Wechseln, falls die Füße naß werden, und einen dikken Daunenanorak.

Hoffentlich finde ich die Karibuherde und komme nahe genug an sie heran, um ein paar Tiere zu erlegen. In wenigen Tagen brechen wir auf, und die Hunde brauchen dringend ein paar Happen Fleisch. Seit einem Monat haben sie keines mehr gefressen. Seit jenem Tag, an dem ich nach einer langen, siebenstündigen Verfolgungsjagd in einem Moor einen stattlichen Elchbullen geschossen habe.

Nach knapp zwei Stunden Fahrt gelange ich an den See. Ich spanne die Kette und hake die Hunde ein.

»Ruht euch aus, Champions, ich mache inzwischen ein paar Besorgungen.«

Ich staune über die vielen Wolfsspuren, die sich hier wie an einem geheimnisvollen Versammlungsort kreuzen.

Als ich letzte Woche von einem langen Ausflug mit dem Schlitten zurückkam, sah ich hier ein sechs- oder siebenköpfiges Rudel, das vor uns in den Wald flüchtete. Und als wir am Fluß entlang zur Hütte fuhren, überraschten wir in den Erlen einen Luchs bei der Jagd. Die Gegend wimmelt von Raubtieren.

Jedes Tier benutzt unsere Pisten: Elch, Karibu, Dickhornschaf, Schneeziege, Wolf und Luchs. Kein Wunder, daß meine Hunde gern die Almen erklimmen. Dort oben ist die Tierpopulation besonders dicht.

Sobald ich die Hunde angebunden habe, buddeln sie Löcher in den Schnee und kauern sich hinein, um Schutz vor der Kälte zu suchen.

Ich steige weiter den Hang hinauf und halte nach den

Karibus Ausschau. Ich entdecke jede Menge Spuren, aber kein Lebenszeichen. Was tun? Soll ich zu Fuß weitergehen oder die Hunde holen und ein Stück weiterfahren?

Wo stecken sie nur, die Karibus?

Ich treffe die falsche Entscheidung. Ich marschiere drei Stunden lang, ohne Erfolg.

Es ist bereits dunkel, als ich in die Hütte zurückkehre, müde von dem langen Tag in der Kälte und den vielen Kilometern, die ich auf der Suche nach den Karibus mit den Schneeschuhen zurückgelegt habe.

Während meiner Abwesenheit haben Diane und Montaine das Netz eingeholt, das wir gestern abend unter dem Eis ausgebracht haben, und ein paar schöne Forellen aus dem Wasser gezogen. Fisch statt Fleisch.

Zwei Tage später kehre ich auf die Gebirgsmatten zurück, fahre diesmal aber mit den Hunden ein ganzes Stück weiter. Schließlich entdecke ich eine hübsche Herde von etwa 30 Tieren, die mit den Hufen im Schnee nach Flechten scharren. Das wellige Gelände erleichtert das Anpirschen. Ich lege die Schneeschuhe an und schlage einen großen Bogen durch den Wald, um mich den Karibus gegen den Wind zu nähern.

Als ich noch rund 800 Meter von der Herde entfernt bin, ziehe ich die Schneeschuhe aus und binde sie mir auf den Rücken. Auf den gefrorenen Karibupfaden pirsche ich mich leise an. Ich gehe sehr langsam und behalte die Umgebung im Auge, damit ich nicht von einem Kundschaftertier bemerkt werde, das die Herde sichert. Karibus sind ständig den Nachstellungen der Wölfe ausgesetzt und daher nicht so leicht zu überraschen. Ich versuche, mich wie ein Wolf zu verhalten und mit der Umgebung zu verschmelzen, ohne das kleinste Geräusch zu verursachen. Ich erreiche die Stelle, wo die Herde vor anderthalb Stunden geweidet hat. Nichts!

Die Karibus haben das Weite gesucht, während ich mich angepirscht habe. Ich steige auf einen kleinen Erdhügel und blicke in die Runde. Etwa 150 Meter vor mir flüchtet die Herde in vollem Galopp talwärts.

Jetzt darf ich keine Sekunde verlieren. Ich entsichere den Karabiner, lege auf ein Tier mitten in der Herde an und drücke ab. Ohne nachzusehen, ob ich getroffen habe, spanne ich wieder und gebe einen zweiten Schuß ab, dann einen dritten und vierten. Beim siebten Schuß sind die Karibus über 250 Meter entfernt. Ich stelle das Feuer ein, nehme das Fernglas zur Hand und suche mit pochendem Herzen die Spur der geflüchteten Herde ab.

Habe ich etwa alle verfehlt?

Ein erster Karibu liegt ausgestreckt im Schnee, etwas weiter ein zweiter, dann ein dritter, halb verdeckt durch ein Erlengestrüpp.

Drei Karibus. Exakt so viele, wie ich für die Hunde brauche.

Zwei Stunden später trete ich mit vollbeladenem Schlitten stolz die Heimfahrt an. Der Fleischgeruch steigt den Hunden in die Nase und erregt sie so, daß sie trotz der schweren Fracht im Galopp dahinrasen.

»Los, ihr Leckermäuler, links rum, links rum!«

Sie drehen den Kopf nach mir um, und ihre Jägeraugen funkeln begehrlich.

Ich freue mich schon darauf, wieder bei Diane und Montaine in der behaglich warmen Hütte zu sitzen und etwas später zu den Hunden hinauszugehen und hübsche Weihnachtsgeschenke zu verteilen. Vier bis fünf Kilo Fleisch pro Nase. Mit Knochen, versteht sich. Damit der Spaß länger dauert.

Wir nehmen immer die Hunde mit, wenn wir auf die Jagd gehen, Fallen aufstellen und Schlingen legen, Brennholz holen oder unbekannte Gegenden erkunden, und so lernen sie mit der Zeit, aufs Wort zu gehorchen. Außerdem sind sie mittlerweile so gut aufeinander eingespielt, daß wir auch knifflige Manöver wie die Kehrtwende auf der Stelle ausführen können, ohne daß sich auch nur eine Leine verheddert. Otchum brilliert an der Spitze. Er denkt mit und ergreift die Initiative, wenn die Situation es erfordert, noch ehe ich eingreife. Ein steiler Abhang? Er bremst das Gespann von sich aus. Eine gefährliche Passage, Wasser oder ein Baum, der den Weg versperrt? Er schlägt eine andere Richtung ein und zieht die Meute hinter sich her, ohne daß ich in Aktion treten muß.

Heute drehen wir dicht am Ufer unsere Runde auf dem See, um Spuren von Hasen und Schneehühnern zu suchen. Otchum weiß, was von ihm erwartet wird. Ohne daß wir ein einziges Kommando geben müssen, trabt er zwei Stunden am Ufer entlang, weicht Hindernissen aus und inspiziert die zahlreichen Buchten. Manchmal beweist er ein so hohes Maß an Intelligenz, daß selbst wir überrascht sind. Es ist nicht meine Art, Tiere zu vermenschlichen, doch ich bin fest davon überzeugt, daß Tiere durchaus zu bestimmten, mehr oder weniger rudimentären Formen vernünftigen Handelns fähig sind. Das ist ein alter Streit. Manche Leute behaupten, daß Tiere nur zwei Arten von Verhaltensweisen kennen, mechanische und reflektorische, die nichts mit Urteilsvermögen zu tun haben. Ihres Erachtens lassen sich alle Verhaltensweisen mit der Instinkttheorie erklären.

Ich teile diese Ansicht nicht. Bestimmte Tiere passen sich sehr erfolgreich Bedingungen an, die ihnen fremd sind und auf die sie keine automatische Antwort haben. Otchum stellt durch sein Verhalten unter Beweis, daß er über einen freien Willen und eigenes Urteilsvermögen verfügt. Das zu akzeptieren ist für den Menschen keineswegs erniedrigend, wie viele meinen; ganz im Gegenteil.

KAPITEL 28

1. JANUAR.

Der Tag der Abfahrt rückt näher. Im Hochland ist endgültig die strenge Kälte eingezogen und hat bestimmte Abschnitte des Flusses, auf dem wir gar nicht mehr reisen wollten, zufrieren lassen.

Wir geben die Piste auf, die wir zu den Gebirgsmatten gespurt haben, und unternehmen auf der Eisstraße des Flusses Erkundungsfahrten, die uns immer weiter nach Norden führen. Montaine hat sich dem Winter vollkommen angepaßt, und lange Ausflüge auf dem Hundeschlitten gehören für sie mittlerweile zum Alltag. Sie hat gelernt, der Kälte standzuhalten wie ein richtiges Eskimomädchen. Diane wundert sich über sich selbst. Sie hält sich hervorragend und gewinnt dieser harten und so gefürchteten Jahreszeit ungeahnte Reize ab.

Doch die Tage sind kurz, und die langen Abende werden etwas eintönig. Wir brennen darauf, zu neuen Horizonten aufzubrechen, auch wenn wir der großen Winterexpedition in unbekanntes Land mit bangem Herzen entgegensehen.

Manchmal stellen wir uns vor, wie es wohl sein wird, wenn wir nach acht Monaten abseits der Zivilisation wieder in ein Dorf kommen. Wir träumen von einem heißen Bad, sauberer Bettwäsche, Bier, Schokolade …

So viele Kilometer und Wochen trennen uns noch davon … Das Ziel erscheint uns so fern!

»Was glaubst du, wie viele Wochen brauchen wir?« fragt Diane, über die Karten gebeugt.

»Wenn es uns gelingt, 60 Kilometer Piste zu spuren, also von hier bis zum Ausgang des Canyons, können wir es meines Erachtens in vier Wochen schaffen.«

»350 Kilometer in vier Wochen?«

»Am Anfang können wir nicht mit dem ganzen Gepäck reisen. Wir müssen die Strecke zweimal fahren.«

»Das ist doch Wahnsinn.«

»Nein, das habe ich schon oft so gemacht.«

Man läßt die Hälfte des Gepäcks im Lager zurück, zum Beispiel die Säcke mit dem Hundefutter, fährt bis 16 Uhr, baut das Zelt auf, flitzt auf der mittlerweile gut präparierten Piste zurück, holt die Säcke und so weiter.

»Aber warum nehmen wir nicht gleich alles mit?«

»Am Anfang haben wir 300 Kilo auf dem Schlitten, inklusive 200 Kilo Hundefutter. Der Weg führt durch tiefen Schnee. Wir müssen mit den Schneeschuhen vor den Hunden eine Piste anlegen, und eine so schwere Last können sie nicht ziehen. Außerdem baut sie das wieder auf, wenn sie am Abend mit leerem Schlitten über eine schön harte Piste traben können.«

»Das kann ja heiter werden!«

»Und ob!«

An den folgenden vier Tagen mache ich mich in aller Frühe, wenn es noch dunkel ist, mit neun Hunden auf den Weg. Wenn ich so zeitig aufbreche, kann ich eine möglichst große Strecke zurücklegen und habe, falls es Probleme gibt, trotzdem noch ein beruhigendes Zeitpolster für den Rückweg. Die Piste ist nicht leicht zu spuren. An manchen Stellen wird der Fluß zu gefährlich, dann muß ich eine Bresche durch den Wald schlagen. Oder ich muß auf Sümpfe ausweichen, um *slush*-Zonen zu umgehen. In solchen Fällen gehe ich mit Schneeschuhen vor den Hunden her und suche die beste Passage. Otchum hat sich daran gewöhnt, erst zu mir aufzuschließen, wenn ich pfeife.

Manchmal gehe ich eine Viertelstunde oder gar eine halbe Stunde lang allein voraus, weit vor den Hunden. Sie warten in aller Ruhe auf mich. Sie wissen, daß sie erst lostraben dürfen, wenn Otchum ihnen ein Zeichen gibt. Ich habe das phantastische Gefühl, mit meiner Meute zu verschmelzen, und eine unbeschreibliche Freude daran, mit ihr in dieses unbekannte Gebiet vorzustoßen.

Seit einigen Tagen begleiten mich Diane und Montaine nur noch selten. Diane will die Annehmlichkeiten der Hütte auskosten.

»Ich werde noch lange genug im Zelt hausen und mit den Hunden unterwegs sein. Ich tanke einen Vorrat an Wärme und Bequemlichkeit.«

Diane und Montaine langweilen sich nicht. Die Tage vergehen wie im Flug. Wasserholen dauert bei 40 Grad Kälte eine halbe Stunde, denn das Loch muß jeden Tag wieder aufgehackt werden. Brennholz für einen Tag hacken eine Stunde. Kochen, einen Hasen zerlegen oder ein Stück Elchfleisch braten ebenfalls eine Stunde. Zu den täglichen Aufgaben kommen die Vorbereitungen, die mit unserer bevorstehenden Abreise zusammenhängen: unsere Tagesrationen Trockennahrung abpakken, Geschirre flicken, Ausrüstung sortieren, Werkzeuge schleifen …

Wir haben beschlossen, sofort aufzubrechen, wenn ich den Canyon erkundet habe. Er stellt zweifellos den heikelsten Abschnitt der gesamten Reise dar. Auf einer Strecke von über acht Kilometern ist der Fluß zwischen den Bergen eingezwängt. Die Ufer sind unbefahrbar. Die Frage, die wir uns stellen, ist einfach.

Wird der Fluß zugefroren sein?

Wenn nicht, müssen wir auf die Hochebenen ausweichen und direkt nach Norden zum Stikine-Fluß vorstoßen. Das wäre ein Umweg von 100 Kilometern!

Von der Hütte bis zum Canyon sind es rund 50 Kilometer. Das macht hin und zurück 100 Kilometer. Kein Spaziergang für die Hunde.

Seit drei Wochen ist der Canyon unser Hauptgesprächsthema, und heute bekomme ich ihn zum ersten Mal zu Gesicht. Die Hunde haben hervorragend gearbeitet und ohne Pause 50 Kilometer zurückgelegt. Mit einem Stundenmittel von 12 km/h sind sie in einem Rutsch durchgelaufen. Mir bleiben also zwei Stunden, um mich ein Stück in den Canyon vorzuwagen.

Ich deponiere acht Futtersäcke am Eingang in der Hoffnung, daß sie nicht von Wölfen und Vielfraßen geplündert werden, ehe wir zurückkommen.

Wir dringen in den Engpaß vor. Nach der dünnen Schneeauflage zu urteilen, ist die Eisdecke ziemlich frisch. Wahrscheinlich hat sie sich beim letzten großen Kälteeinbruch gebildet, der bis heute andauert und nur bei Neumond von kurzen Schneefällen unterbrochen wurde. Wir gleiten problemlos über das Eis, auf dem nur wenige Zentimeter Schnee liegen.

»Toll! Er ist zugefroren!«

Die Hunde schreiten kräftig aus und saugen gierig die Wildgerüche ein, die den Canyon durchziehen. Anscheinend genießen sie den Ausflug ebenso wie ich. Es ist himmlisch. Wir gelangen in einen Korridor mit mehreren Dutzend Meter hohen Wänden, die steil in den Fluß fallen und mit riesigen, schimmernden Eiskaskaden geschmückt sind. Hier und dort ragen von einem Felsvorsprung Kiefern in den blauen Himmel. Wir fliegen nur so über den weißen Teppich, den die Kälte auf dem

Fluß für uns ausgerollt hat. Am liebsten würde ich meine Freude hinausschreien, so schön ist es hier! Schade, daß Diane und Montaine diese majestätische Kulisse nicht sehen können. Nach fünf Kilometern macht der bisher schnurgerade Canyon eine leichte Biegung nach Osten und nimmt das Wasser eines größeren Sturzbachs auf.

An dieser Stelle ist das Eis noch nicht fest. Ich halte das Gespann an.

»Hooo! Sitz.«

Ein unbeschreibliches Chaos aus Eisblöcken, doch auf der linken Seite ist eine Passage. Es ist bereits zwei Uhr. Ich gebe mir eine Dreiviertelstunde, um das nächste Stück zu Fuß zu erkunden.

Unsere Aktien in Eis fallen.

Ich habe das Gefühl, daß wir in diesem zweiten Abschnitt einige Probleme bekommen werden. Andererseits sind die Ufer hier weniger steil und bieten, ganz im Gegensatz zur ersten Hälfte des Canyons, gewisse Ausweichmöglichkeiten. Auf jeden Fall ist ein Weiterkommen nicht unmöglich. Dort, wo der Bach sich in den Fluß ergießt, entdecke ich am Ufer eine geeignete Stelle für unser Zelt. Das wird unser erster Lagerplatz. Wenn ich an einem der nächsten Tage in aller Frühe aufbreche – und zwar nur leicht beladen, denn vorher komme ich noch einmal hierher und deponiere einen Großteil der Futtersäcke –, werde ich hoffentlich den ganzen Nachmittag Zeit haben, um die zweite Hälfte des Canyons zu erkunden.

Wir machen uns auf den Rückweg. Die Hunde harmonieren prächtig, traben und galoppieren abwechselnd und legen sofort einen Zahn zu, wenn es die Piste erlaubt. Es ist schön, sie vier Stunden lang mit solcher Geschmeidigkeit laufen zu sehen, ohne erkennbare Anstrengung und mit ungetrübter Freude. Ich lasse mich von den leichten Wellen der Piste wiegen, ohne mit den Hunden zu sprechen. Sie lieben die Stille, die uns umhüllt wie ein weicher, warmer Mantel. Warum laufen sie so gern durch die lautlose Winterlandschaft des Nordens? Was macht mich so sicher, daß sie glücklich sind? Ich vermag es nicht zu sagen, doch ich spüre es mit einer Gewißheit, aus jenem tiefen Einverständnis zwischen dem Musher und seinen Hunden heraus, das sich immer dann einstellt, wenn sie ein gemeinsames Ziel verfolgen. Auch auf die Gefahr hin, einige Leser zu schockieren, möchte ich behaupten, daß ein Arbeitshund immer ein harmonischeres Verhältnis zum Menschen und zu sich selbst haben wird als ein »arbeitsloser«, ein untätiger Familienhund. Ein Tier braucht, wie ein Mensch, eine Beschäftigung, davon hängt seine Würde ab. Wer einen Familienhund besitzt, dessen Rolle nur darin besteht, dazusein, sollte ihm eine Aufgabe geben, damit er sich nützlich machen kann. Ich finde es unerträglich, wenn Schlittenhunde in der Wohnung gehalten und in der Großstadt eingesperrt werden; gelegentlich sieht man ja welche, wenn sie Gassi geführt werden und wie verrückt an der Leine zerren. Man muß kein Hund sein, um die Traurigkeit in den Augen solcher Huskies zu sehen. Ich habe so manchen zu mir genommen, weil der Besitzer mit dem niedlichen, blauäugigen Wollknäuel nicht mehr fertig wurde. Und mit mehreren solchen Hunden habe ich Sibirien durchquert. Bei der Arbeit leuchteten ihre Augen wie die eines Blinden, der das Augenlicht wiedererlangt hat. Sie haben ihr Fell und ihre Muskeln wiederentdeckt, mit anderen Worten, ihre Würde und Identität wiedergefunden.

Am übernächsten Tag fahre ich zum Canyon und deponiere 200 Kilo Hundefutter und Teile unserer Ausrüstung. Zahlreiche Wölfe und einige Luchse haben die Piste gekreuzt, doch die Säcke, die ich am Eingang des Canyons zurückgelassen hatte, haben sie nicht angerührt. Einer ist von einem Marder angenagt worden, doch der Schaden ist gering.

Der erste Teil unserer Expedition hat gewisse Ähnlichkeiten mit einer Himalaya-Besteigung, bei der Kundschafter vorausgehen und die Route festlegen und Träger zwischen Basislager und Lager 1, dann zwischen Lager 1 und Lager 2 pendeln. Doch hier gibt es weder ein Team noch Sherpas, nur einen Mann, eine Frau und ein Kleinkind mit zehn Hunden. Ich sage bewußt zehn: zehn Hunde und Otchum.

Nun, da alle Vorbereitungen getroffen sind, können wir nach Alaska aufbrechen. Alaska, das ist der Name, den wir dem Gipfel unseres Berges gegeben haben.

KAPITEL 29

ES IST ZUM HEULEN!

Wir hatten uns eine Pause von zwei Tagen gegönnt, damit die Hunde ausruhen konnten, denn sie hatten eine Woche lang hart gearbeitet und in sechs Tagen über 400 Kilometer zurückgelegt. Zwei Tage, um alles vorzubereiten: die Hütte aufzuräumen, in die wir eines Tages zurückzukehren hoffen, sie zu vernageln, damit die Bären sie nicht verwüsten, unsere Sachen zu packen und vor dem großen Abenteuer noch ein wenig Kraft zu tanken.

Doch dann, in der Nacht vom 10. auf den 11. Januar, steigt das Thermometer plötzlich auf –5° C. Das hat es um diese Jahreszeit noch nie gegeben! Weiße Wolken ziehen am Himmel auf und hängen so tief, als wollten sie uns ersticken. Ein paar Stunden später schneit es in großen Flocken. Innerhalb von einer Stunde fallen fünf Zentimeter Schnee, und noch kein Ende in Sicht. Am Abend klettert das Quecksilber gar auf –2° C!

Der Schnee deckt unsere Pisten zu. Eine Woche Arbeit für die Katz! Am liebsten würde ich heulen, doch ich bin zu wütend und habe Angst, mich lächerlich zu machen. Ja, es ist zum Heulen, denn bei dieser Wärme droht auch noch das ohnehin nicht sehr feste Eis der Flüsse zu brechen. Der Schneefall hält zwei Tage an. 48 Stunden lang laufen wir in der Hütte im Kreis wie Bären im Käfig. Wir haben zu nichts mehr Lust.

Wir würden gern aufbrechen. Doch jetzt können wir nicht mehr. Wir fühlen uns wie Gefangene der Berge. Der Norden stellt uns auf eine harte Probe. Das haben wir nicht verdient.

Wir trauen uns nicht an den Fluß, um nach dem Eis zu sehen. Wir befürchten, daß es gebrochen ist und unsere Straße nicht mehr existiert.

Ein Gebirgsfluß friert nämlich niemals so endgültig zu wie etwa ein ruhiger Strom oder ein See. Er verändert im Lauf des Winters ständig sein Gesicht. Die Eisdecke bricht auf, Schollen lösen sich, türmen sich auf, der Fluß friert wieder zu oder taut auf. Je größer die Temperaturschwankungen sind und je schneller das Quecksilber steigt oder fällt, desto größer die Veränderungen.

Und tatsächlich, der Fluß hat sich völlig verändert. Die Schneedecke, deren Höhe zwischen 30 und 50 Zentimetern schwankt, hat das Eis eingedrückt und stellenweise aufgebrochen. An manchen Stellen waten wir durch 20 Zentimeter tiefen *slush*. Dann wieder sind ganze Schollen herausgebrochen. Ein Stück weiter türmen sich ganze Eisblöcke. Eine echte Katastrophe!

Wir müssen wieder von vorn anfangen.

Um zum Canyon zu gelangen, müssen wir mindestens 48 Stunden lang mit Schneeschuhen durch den Schnee stapfen, Brücken bauen und im Wald Bäume fällen. Vor nur zwei Tagen haben uns gerade mal drei Stunden von ihm getrennt.

Das ist ungerecht. Wirklich ungerecht.

Wir hadern mit Gott und der Welt. Wir hassen den hohen Norden, die Kälte, das Eis …

Wir haben von diesem verfluchten Land die Nase voll. Gestrichen voll!

Genervt von der endlosen Warterei, fasse ich eines Abends einen Entschluß.

»Ich spure eine Piste durch den Wald bis zum Sumpf. Dort müßte es gefroren sein. Dann können wir auf jeden Fall nächste Woche aufbrechen, ganz gleich was geschieht. Der verfluchte Fluß kann uns mal!«

»Aber du wirst im Wald irrsinnig viel Zeit brauchen, um all die Bäume zu fällen! Bis zum Sumpf sind es mindestens zehn Kilometer.«

»Ich gehe mit Schneeschuhen vor den Hunden her und fälle gerade so viele Bäume, wie nötig.«

»Wenn du willst, helfe ich dir. Montaine setzen wir einfach auf den Schlitten.«

»Das bringt nichts, die Hunde kennen diese Arbeit inzwischen. Es macht keinen Unterschied, ob hinten jemand draufsteht oder nicht. Andererseits wirst du dich in der Hütte vielleicht langweilen, so ganz allein.«

»Ach, weißt du, mit Montaine wird es mir nie langweilig, und was bleibt uns denn anderes übrig? Die Piste muß auf jeden Fall gespurt werden. Das wird für dich auch nicht lustiger als für mich.«

Nicht unbedingt. Man braucht schon eine Engelsgeduld, um es den lieben langen Tag mit einem zweijährigen Wildfang in einer beengten Hütte auszuhalten. So schwierig das Anlegen der Piste auch sein mag, ich möchte um nichts in der Welt mit Diane tauschen und empfinde wirklich eine tiefe Bewunderung.

Diane ist ein wandelndes Beispiel für Quintons Ausspruch: »Die Tapferen verschweigen ihre Taten wie die Redlichen ihre Almosen. Sie verheimlichen sie oder entschuldigen sich dafür.«

Mit sieben Hunden kämpfen wir uns vier Tage lang durch den Wald. Wir müssen einen großen Umweg machen, um die unzuverlässige Flußzone zu umgehen.

Die Temperaturen schwanken zwischen –10° C und –20° C. Für Januar bleibt es also ungewöhnlich warm.

Hin und wieder fällt etwas Schnee. Die Sonne zeigt sich gar nicht. Sie schmollt hinter den Wolken. Seit wir beschlossen haben, auf jeden Fall aufzubrechen, unter welchen Bedingungen auch immer, ist die Stimmung wieder besser. Der Bammel vor der Abreise hat unsere Enttäuschung in den Hintergrund gedrängt.

DRITTER TEIL

KAPITEL 30

WIR HABEN DIE GANZE NACHT KEIN AUGE ZUGETAN. Wir spüren einen dicken Knoten im Magen. Es gibt kein Zurück mehr. Wir müssen los, allein hinaus in die einsamen weißen Weiten, mit unserem Baby auf dem Schlitten. Ich habe einen Riesenbammel. Die Verantwortung lastet schwer auf mir und droht mich zu erdrücken. Bange Fragen steigen in mir auf.

Ist es vernünftig?

Muß diese Reise wirklich sein?

Werden wir es durchstehen?

Auf all diese Fragen haben wir nur eine Antwort, die gleichzeitig ein Versprechen ist. Wir werden keinerlei Risiko eingehen, nicht das geringste, um Montaines willen. Wir wissen, daß uns das einen hohen Preis abverlangen wird, denn das Reisen ist leicht, wenn man fünf oder zehn Prozent dem Zufall überläßt und auf sein Glück vertraut. Hundertprozentige Sicherheit anzustreben und zu erreichen ist eine ganz andere Herausforderung. Nach dem Motto »Es wird schon gutgehen« kann man sich jederzeit auf eine unsichere Eisdecke wagen, ohne anzuhalten. Etwas ganz anderes ist es, wenn man anhält, allein vorausgeht, um das Eis mit einem Stock zu prüfen, dann den Schlitten nachholt, ihn festmacht und abermals umkehrt, um das Kind und seine Mutter zu holen …

Ich habe ein feierliches Versprechen abgegeben. Ich

werde nie nachlässig werden, kein einziges Mal. Ich werde mir nie in die Tasche lügen. Wir werden so langsam reisen, wie es die Umstände erfordern, ich werde so oft hin und her laufen wie nötig, aber Montaine wird ohne jedes Risiko reisen.

Ohne jedes Risiko.

Ich wiederhole diese drei Worte unablässig. Sie dröhnen mir im Kopf, beherrschen mein Denken, erdrücken mich.

»Gut, gehen wir.«

Der Knoten im Magen schwillt auf die Größe eines Fußballs an. Mit zitternden Händen spanne ich ein letztes Mal die Seile nach, mit denen wir das Gepäck festgezurrt haben, hinter dem Montaine, in eine Daunenjacke gepackt, bequem auf den Karibufellen sitzt.

»Alles in Ordnung, mein Schatz?«

»Taitaine fahren«, antwortet sie lächelnd.

Sie wiegt sich ungeduldig vor und zurück. Wir haben nicht den Eindruck, daß ihr die Tragweite dieser Abreise klar ist, obwohl wir ihr erklärt haben, daß wir nicht zur Hütte zurückkehren und von nun an im Zelt schlafen werden. Was mag in ihrem kleinen Kopf vorgehen? Bestimmt versteht sie viel mehr, als wir glauben. Wir bemühen uns, ihr alles zu erklären wie einem normalen Reisegefährten.

Unser Traum, bei Sonnenschein loszufahren, geht nicht in Erfüllung. Es schneit. Auch diesmal ist uns das Glück nicht hold.

»Los, Hunde!«

Es geht im Galopp über den See.

»Yap!«

Ohne Zögern biegt Otchum nach links in Richtung Fluß ab und läßt die Piste, auf der wir so oft unsere Runde auf dem See gedreht haben, rechts liegen.

»Weiter, weiter.«

Otchum läuft geradeaus. Wir gelangen auf den Fluß. Die Hütte entschwindet unseren Blicken, und mit ihr der große See.

Wir schweigen. Mit zusammengekniffenen Lippen hängen wir unseren Gedanken nach. Die Hunde fallen in den Trab, den sie stundenlang beibehalten können, ohne zu ermüden. Das Gespann ist gut in Schuß. Nach vier Monaten guter Ernährung und optimalem Training sind unsere Schneesprinter in Topform, wahre Athleten ohne ein überflüssiges Gramm Fett und ganz wild aufs Laufen. Wir pfeifen im Rhythmus, um sie anzuspornen und die Stimmung ein wenig aufzuhellen.

Montaine, die unmittelbar vor uns auf dem Schlitten sitzt, läßt sich keine Kleinigkeit des Spektakels entgehen, das im Tempo der Hunde an uns vorüberzieht. Ein Schneehuhn flattert auf. Sie klatscht in die Hände und ruft ihm etwas zu, wie um es aufzuhalten, verdreht den Hals und blickt ihm nach. Eine Elchfährte kreuzt unseren Weg. Sie fragt:

»Was ist das, Papa?«

Die kleine Heizung funktioniert tadellos. Montaine nennt sie »Warm-da-din«.

Dann geht es in den Wald.

Die von mir präparierte Piste führt acht Kilometer am Fluß entlang bis zu dem großen Sumpf. Auf diese Weise umgehen wir die gefährlichen Stromschnellen. Wir halten das Gespann an. Diane nimmt Montaine auf den Arm und folgt den Hunden im Abstand von 100 Metern. Dieser Abschnitt ist heikel. Wir müssen über mehrere Bäche springen, einen Hügel erklimmen und auf der anderen Seite an einem großen Felsen vorbei schräg den Abhang hinunterfahren. Der Schlitten könnte umkippen, deshalb wird Montaine getragen. Eine Vorsichtsmaßnahme, die wir noch oft werden ergreifen müssen, wenn die Umstände es erfordern.

»Wie schwer sie ist«, sagt Diane, als sie Montaine mit einem Seufzer der Erleichterung wieder auf die Karibufelle setzt.

»Alles in Ordnung, Montaine? Ist dir nicht kalt?«

»Nein, Taitaine warm.«

Prima.

Einen Schlitten allein durch den Wald zu lenken ist schon keine Leichtigkeit. Ständig muß man von einer Kufe auf die andere springen, um wieder geradeaus zu fahren, das Gewicht verlagern, um Hindernissen wie Bäumen und Steinen auszuweichen, in den Kurven bremsen und an den Steigungen schieben. Ist man aber zu zweit und steht auf jeder Kufe eine Person, wird es richtig gefährlich, denn man muß höllisch aufpassen, daß man nicht gegen einen Ast oder Baum prallt. Hinten auf dem Schlitten ist zwar genug Platz zum Stehen, doch der Körper ragt seitlich etwas über den Schlitten hinaus. Wenn die Kufe eine Tanne streift, muß man rasch ausweichen, um einen Zusammenprall zu vermeiden, und dabei stößt man den anderen. Sobald der Schlitten zwischen zwei Tannen hindurchflitzt, wird die Sache kitzlig!

»Stoß mich doch nicht!«

»Ich wäre sonst gegen einen Baum geknallt.«

»Na prima, und jetzt bin ich gegen einen geknallt, weil du mich gestoßen hast.«

»Vorsicht, Montaine, ein Ast!«

Denn nicht genug damit, daß wir bei der Slalomfahrt auf unsere eigene Sicherheit achten müssen, wir müssen auch verhindern, daß Montaine mit einem Ast kollidiert, und notfalls schützend einen Arm vor ihr Gesicht halten.

Wir halten häufig an, um einen Baum zu fällen, an dem sich der Schlitten verkeilt hat. An Zurückstoßen ist nicht zu denken, wenn man fünf Zentner an Bord hat.

Zum Glück ist die Piste relativ gut befahrbar. Beim Spuren habe ich die meisten Bäume bereits gefällt, so daß der Schlitten recht gut durchkommt. Nach einer Stunde erreichen wir den Sumpf. Gut 100 Schneehühner fliegen vor uns auf und bereiten uns einen eindrucksvollen Empfang. Jede Menge Karibuspuren beweisen, daß hier vor kurzem eine stattliche Herde durchgezogen ist. Auf der Piste liegen zehn Zentimeter Schnee und bremsen die Fahrt. Die Hunde gehen im Schritt. Montaine schläft ein.

»Besonders schnell sind wir aber nicht.«

»Das war zu befürchten, bei dem verdammten Schnee.«

Wenn man bedenkt, daß ich heute 60 bis 70 Kilometer zurückzulegen hoffte, hat sich die zweiwöchige Vorbereitung gelohnt!

»Zum Glück hast du die Piste präpariert, sonst wären wir schon nach zwei Kilometern steckengeblieben.«

»Ja. Trotzdem ist es ärgerlich.«

Wir durchqueren den Sumpf, dann geht es bergauf. Wir schieben den Schlitten, um die Hunde zu entlasten. Wir gelangen auf eine Art Plateau mit einem lichten Kiefernwald.

Wir wollen möglichst bald die großen Flußwindungen und den Canyon erreichen. Falls die Eisdecke bricht, brauchen wir im Canyon Stunden und Tage, um entlang den Steilwänden eine Passage zu suchen. Wenn es ganz dick kommt, müssen wir die Hunde einzeln durch den Engpaß führen, den Schlitten abladen und das Gepäck schultern. Ich zittere vor Nervosität. Ich weiß nicht, warum, aber ich habe ein ungutes Gefühl.

Der Schneefall hat aufgehört, als Montaine erwacht. Sie schlägt die Augen auf, schiebt den Daumen in den Mund und sieht sich neugierig um.

»Na, mein Schatz, hast du ein schönes Schläfchen gemacht?«

»Hmmm.«

Wir gelangen an den Rand des Plateaus. Unter uns erstreckt sich ein mehrere tausend Hektar großer Sumpf, den der Fluß mit einer ganzen Reihe von Schlingen durchzieht. Wir halten die Hunde an. Der Ausblick lohnt die Mühe. Der zugefrorene Fluß strebt mal hierhin, mal dorthin, gerät in die Irre, schlängelt und biegt sich und zeichnet, Altwasser und tote Seitenarme an seinem Weg zurücklassend, ein herrliches Muster in die Taiga.

Ich nehme das Fernglas aus der Ledertasche und inspiziere meine Piste. Sie ist nahezu verschwunden. Nur hier und da ist sie unter der Schneedecke noch zu erahnen.

Wir entdecken vier Elche, die wenige Meter neben dem Fluß im Erlengestrüpp liegen, und etwas weiter eine achtköpfige Karibuherde, die gemächlich in Richtung Canyon zieht.

Montaine will unbedingt durchs Fernglas schauen. Wir versuchen, ihr die Karibus zu zeigen, doch trotz aller Bemühungen bezweifeln wir, daß sie die Tiere ausmachen kann.

Ich fahre allein den Abhang hinunter, Diane und Montaine warten oben. Für eine gemeinsame Abfahrt ist es hier zu steil.

»Langsam, Otchum, langsam.«

Otchum befolgt meinen Befehl und bremst die Meute, die am liebsten im Galopp den Hang hinunterpreschen würde. Torok und Amarok, die unmittelbar vor mir laufen, sind kaum zu halten, denn sie haben Angst, vom Schlitten umgemäht zu werden. Meine Aufgabe ist es, sie zu beruhigen. Ich steige voll auf die Bremse, denn das schwere Gepäck zieht das Gefährt in die Tiefe. Zwei Monate lang haben wir an unserer Technik gefeilt, und die Hunde bestehen die Feuertaufe mit Bravour.

»Gut gemacht, Hunde, gut gemacht, Otchum!«

Nach einem schönen Manöver lobe ich die Hunde immer und liebe es, wenn sie dann ihre Freude zeigen,

Fertig zum Aufbruch

Mit dem Hundeschlitten ziehen wir durch die Schneeweiten und unwegsames Gelände, bis wir einen Platz für unser Zelt finden

Mit den Hundeschlitten in bitterer Kälte – nur Montaine kommt im Schlitten ohne Mundschutz aus

Auf dem Weg zurück. Unser Traum war wahr geworden

insbesondere Otchum, Nanook und Amarok, die mitteilsamsten von allen.

Diane und Montaine rutschen auf dem Hosenboden den Hang hinunter und lachen ausgelassen.

»Noch mal! Noch mal!«

»Ach nein, Montaine, ich klettere nicht wieder hinauf.«

»Doch, doch!«

»Nein, wir müssen doch mit den Hunden weiterfahren.«

Wir kehren auf den Fluß zurück. Ein gutes Dutzend Wölfe ist gestern meiner Piste gefolgt. Otchum hält das Tempo hoch und verliert keine Zeit damit, die Spuren im Schnee zu beschnuppern. Die Landschaft ist atemberaubend, wir blicken Dutzende Kilometer weit. Hohe zerklüftete Berge umschließen das riesige Tal, und der Wind hat die Gletscher so blankgeputzt, daß sie wie Diamanten funkeln.

Wir gleiten durch eine nahezu vollkommene Stille. Zu hören ist nur das leise Zischen der Kufen im Neuschnee und das sanfte Trommeln der 44 Pfoten unserer Hunde, die fröhlich über die Eisdecke traben.

Montaine ist still. Ihr Blick gleitet neugierig über die Landschaft, bleibt an einer Kiefer, einem Bach, einem Schneehuhn, einem großen Felsen hängen. Aus Gewohnheit feuern wir die Hunde an, doch eigentlich brauchen sie keine Aufmunterung. Sie laufen gern ohne lästige Unterbrechungen, und wenn sie ihren Rhythmus gefunden haben, traben sie mit der Gleichmäßigkeit eines Uhrwerks dahin. Leider ist das beiderseitige Vergnügen nur von kurzer Dauer. Der Canyon kommt in Sicht. Die Berge rücken wieder enger zusammen und nehmen den Fluß in die Zange.

Ob das Eis gehalten hat?

Von der Antwort hängt viel ab. Wenn wir Pech haben, verlieren wir hier eine Woche oder bleiben sogar ganz stecken. Dann müssen wir umkehren und auf den nächsten Kälteeinbruch warten.

Diane kennt den Canyon nicht, denn wir sind nie zusammen hiergewesen. Sie unterschätzt die Gefahr.

»Du machst dir immer unnötige Sorgen. Wenn das Eis getaut ist, können wir immer noch am Ufer entlangfahren.«

»Eben nicht! An manchen Stellen fallen die Felswände senkrecht in den Fluß. Neulich bin ich nur mit knapper Not durch vereiste Passagen gekommen, und da hatten wir zehn Tage lang –40° C.«

»Wir werden ja sehen. Es ist müßig, jetzt darüber zu diskutieren.«

Wie auch immer, jedenfalls sind wir jetzt da. Die Berge links wie rechts haben an dieser Stelle anscheinend alles daran gesetzt, mit Hilfe zweier felsiger Hügel eine Art Bauwerk zu errichten. Durch dieses natürliche Tor fahren wir in den Canyon ein. Die Eisdecke auf dem Fluß ist noch intakt. Otchum folgt der Spur. Die Wölfe sind irgendwann abgebogen, und ein Luchs hat ihren Platz eingenommen. Die Tiere sind nicht dumm. Statt durch Tiefschnee zu stapfen, benutzten sie die Piste, die ich durch mehrmaliges Hin- und Herfahren plattgewalzt habe. Eine Spur, die nach den ersten Schneefällen gezogen wird, bleibt häufig den ganzen Winter hindurch sichtbar, weil wilde Tiere, allen voran Wolf und Luchs, sie regelmäßig benutzen.

Wir halten mehrmals an und prüfen die Festigkeit des Eises. An manchen Stellen ist Wasser zwischen Eis- und Schneedecke gesickert und bildet einen grauen matschigen Belag, den berüchtigten *slush.*

Ich zögere, tiefer in den Canyon vorzudringen. Auf den ersten acht Kilometern gibt es an den Steilufern keinen schönen Lagerplatz, und wir wollen die erste Nacht nicht an einem unwirtlichen Ort verbringen. Wir blicken auf die Uhr: 14 Uhr.

»Laß es uns versuchen.«

Der Schraubstock zieht sich zusammen. Die Wände rücken näher, als wollten sie uns zermalmen. Das Eis ist an vielen Stellen geborsten, trägt uns aber noch. Direkt unter dem Schlitten brodelt bedenklich das Wasser, als sei es wütend darüber, daß der Winter es eingesperrt hat. Im Slalom umkurven wir die Löcher und fahren, wenn irgend möglich, am Ufer entlang. Wir erkunden heikle Passagen und prüfen unablässig das Eis.

»Bist du sicher, daß es hält?«

»Absolut!«

Diane ist angespannt. Sie bangt weniger um sich selbst als um ihre Tochter, die, in Felle gewickelt, ahnungslos vor sich hin plappert. Wir stellen uns das Schlimmste vor: wie die Eisdecke plötzlich unter uns nachgibt und der Schlitten mit allem, was darauf ist, von der Strömung fortgerissen wird. Wir zwingen uns, daran zu denken, dann sind wir doppelt auf der Hut.

Wir gelangen ins Herz des Canyons, wo der Fluß eine leichte Biegung macht. Unter größten Mühen habe ich hier zwischen Erlen und jungen Tannen eine Piste gespurt. Der Fluß ist in seiner ganzen Breite offen und unbefahrbar. Diane nimmt Montaine auf den Arm, und ich lenke den Schlitten. Hätte ich nicht das Depot auf der anderen Seite des Canyons angelegt, müßten wir den Schlitten jetzt halb abladen, denn das Gelände ist schwierig. Es bietet alles, was selbst den unverwüstlichsten Musher zur Verzweiflung bringen kann: Steigungen, Gefälle, enge Kurven, Schrägen, Bäume und Felsen. Wir rackern eine halbe Stunde, und obwohl der Himmel aufgeklart hat und die Kälte sich über die Taiga senkt, triefen wir vor Schweiß.

Wir kehren auf die Eisdecke des Flusses zurück, beziehungsweise auf das, was noch von ihr übrig ist. Bestürzt stellen wir fest, das der Eisaufbruch sein zerstörerisches Werk bereits begonnen hat.

»Diese verdammte Wärme!«

Ich bin völlig demoralisiert.

Knapp vier Kilometer trennen uns von der ruhigen Zone. Vier Kilometer, für die ich bei meiner letzten Erkundungsfahrt, als ich das Depot angelegt habe, eine knappe Viertelstunde gebraucht habe.

Heute ist nicht einmal gewiß, ob wir überhaupt durchkommen. Für den Fall, daß wir scheitern sollten, habe ich am Fuß einer Steilwand zwischen zwei Felsblöcken einen kleinen Platz ausfindig gemacht, in dessen Nähe ein paar verkrüppelte Tannen stehen. Wir beschließen, dort zu rasten, um noch vor Einbruch der Nacht eine Passage auf dem Fluß zu suchen.

Ich habe eine Stinkwut. Wenn ich daran denke, wieviel Zeit ich damit verschwendet habe, auf dem Fluß eine Piste zu spuren, könnte ich mich schwarz ärgern.

Montaine hält sich bewundernswert. Seit der Abfahrt hat sie keinerlei Anzeichen von Müdigkeit oder Ungeduld erkennen lassen. Anscheinend genießt sie die Fahrt und die neue Umgebung. Sie beguckt sich alles mit der Neugier eines jungen Vogels, der eine neue Welt entdeckt.

Und Diane legt dieselbe Willensstärke an den Tag, die sie schon bei unserem Ritt zum See ausgezeichnet hat. Es ist mir ein Rätsel, woher sie diese Kraft nimmt, aber ich registriere diese Seite an ihr mit Respekt und Verwunderung. Wir haben die Entscheidung zum Aufbruch gemeinsam getroffen, und nichts wird sie aufhalten, weder Schneestürme noch eisige Kälte, noch kilometerweite Märsche mit Schneeschuhen.

Wenn sie sich für eine Sache entschieden hat, bringt sie sie auch zu Ende. Man kann das Mut oder Dickköpfigkeit nennen. Bei ihr ist es eine seltsame und ausgewogene Mischung von beidem.

Zusammen mit den elf Hunden bilden wir drei ein

erstklassiges Team. Zum Glück, denn der Norden geht nicht gerade sanft mit uns um.

Während ich ein paar Tannen für das Zelt fälle, lädt Diane mit Montaine, die unbedingt helfen will, den Schlitten ab. Seit den gemeinsamen Jagdausflügen auf die Hochplateaus sind wir gut aufeinander eingespielt. Eine Stunde später steht das Lager. Jetzt kann sich Montaine abwechselnd im Zelt oder im Freien aufhalten und jederzeit am Ofen aufwärmen, wenn sie friert. Sie spielt viel mit den Hunden, am liebsten mit Uktu und Kurvik, den jüngsten, die sie anscheinend besonders anziehen.

Ich fälle zwei abgestorbene Bäume, und während Diane sie zu Kleinholz verarbeitet, schnalle ich mir Schneeschuhe um und gehe mit Otchum auf den Fluß zurück.

Ich beschließe, eine Piste anzulegen und dabei möglichst einer Spur zu folgen, die ein Wolfspaar hinterlassen hat. Im Vertrauen auf den Instinkt und die Erfahrung der Tiere hoffe ich, daß sie die besten Passagen gefunden haben. Aber keine 200 Meter vom Lager entfernt geht es nicht mehr weiter. Der Fluß ist in seiner ganzen Breite offen und auf beiden Seiten von Felswänden eingeschlossen. Wo vor Tagen noch meine Piste war, schäumt jetzt, wie um mich zu verhöhnen, das Wasser.

»Dieser Scheißfluß!«

Etwas ratlos irre ich von Ufer zu Ufer und spähe dabei immer wieder zum Himmel, der sich weiter aufhellt und Kälte verspricht. Ich werde eine Brücke aus Eis bauen. Tatsächlich fehlt an der schmalsten Stelle nur eine Brücke, um in eine bessere Zone zu gelangen. Ich fälle also ein paar Kiefern, lege sie über den Fluß und breite Äste darüber. Dann bedecke ich das Ganze mit Schnee. Mit dem Stock, mit dem ich sonst die Eisdicke prüfe, schlage ich von der Seite ins Wasser und spritze die Brücke naß. Bei 30 Grad Kälte gefriert das Gemisch aus Schnee und Wasser im Nu. Die schwere Auflage drückt die Brücke ins

Wasser, genau wie von mir beabsichtigt. Mit etwas Glück genügt eine Nacht, und das Ganze ist morgen hart wie Beton.

Wie ein Seiltänzer mit dem Stock das Gleichgewicht haltend, balanciere ich auf der dicksten Kiefer hinüber und setze den Erkundungsmarsch fort.

Ich gehe mal am linken, mal am rechten Ufer entlang, überquere mehrere schmale, aber stabile Brücken, ehe ich nach einem Kilometer erneut zu einer heiklen Passage gelange. Zum Glück können wir diesmal am Ufer entlanggehen, wir brauchen nur ein paar Bäume zu fällen. Ich scheuche etliche Schneehühner auf, als ich in das Erlengestrüpp vordringe und den Weg erkunde. Überall stoße ich auf Spuren von Mardern, Luchsen, Elchen und Wölfen. Otchum amüsiert sich königlich, schnüffelt hier und dort mit aufgerichtetem Schwanz und draufgängerischer Miene. Die Dämmerung bricht an, Zeit zum Umkehren.

»Tschum, bei Fuß, wir kehren um.«

Otchum schießt wie eine Rakete auf mich zu und springt, die Kiefer zusammenklappend, nur Millimeter an meinem Gesicht vorbei. Er tut das für das Leben gern, doch wir sind auf der Hut, denn es kommt vor, daß er den Satz vor lauter Übermut falsch berechnet und uns umwirft, so daß wir einige Meter über den Boden kullern. Diane kann ein Lied davon singen. Es passierte auf unserem Hof in der Sologne. Sie hatte sich plötzlich umgedreht und folglich ihre Position verändert, als Otchum in vollem Tempo heranstürmte. Er befand sich bereits in der Luft, als er merkte, daß er sein Frauchen rammen würde. Es war zu spät, er konnte nicht mehr bremsen. Der Zusammenprall war fürchterlich. Diane hob buchstäblich vom Boden ab und fand sich total benommen im Kies wieder, neben Otchum, der ebenfalls halb bewußtlos war! Nicht immer schätzen Hunde ihre Kraft richtig ein.

Auf dem Rückweg entschärfe ich ein paar Kurven, damit der Schlitten nicht im tiefen Schnee steckenbleibt. Mit elf Hunden und fünf Zentnern Gepäck sind enge Kurvenfahrten riskant.

Diane und Montaine füttern gerade die Hunde, als ich im Lager ankomme.

»Und? Geht es?«

»Schwer zu sagen. Das hängt von der Kälte ab.«

»Wieso?«

»Ich habe eine Brücke gebaut. Bei starkem Frost wird sie halten.«

»Aber wir haben doch schon -32° C.«

»Na bestens!«

Wir bereiten das Essen zu. Eine heiße Suppe und Reis mit etwas Karibufleisch.

Als wir in die Schlafsäcke kriechen, beginnen in der Ferne Wölfe zu heulen. Ihr schwermütiges Lied dringt mal klar, mal weniger klar an unser Ohr, je nachdem, wie der wechselhafte Wind in den Rocky Mountains das Echo verändert.

KAPITEL 31

GEGEN VIER UHR MORGENS NEHMEN DIE WÖLFE IHREN Gesang wieder auf. Diesmal sind sie ziemlich nah, höchstens 700 oder 800 Meter vom Zelt entfernt. Ihre Stimmen klingen unglaublich klar und durchschneiden die eisige Luft wie Pfeile, die auf uns abgeschossen werden. Die melancholische Klage erfüllt die Nacht mit einer tiefen Traurigkeit und weckt in uns eine merkwürdige Mischung aus Furcht und Bewunderung.

Ich stehe früh auf. Als erstes entzünde ich ein Feuer im Ofen, das ist fast schon ein Reflex. Ich habe am Vorabend alles bereitgelegt: Papier von einem Hundefuttersack, Reisig, dünne Zweige und ein paar kleine Scheite. Im Zelt ist es heute morgen schneidend kalt, mindestens −35° C, und die Wärme tut gut.

Ich gehe zum Schlitten, um den Karabiner ins Zelt zu holen. Die Wölfe sind nicht weit, und ich habe Angst um die Hunde. Ich muß an Vorfälle denken, bei denen schon Hunde von Wölfen angefallen und aufgefressen wurden. Der Wolf ist ihr Todfeind, vor allem wenn sie in sein Revier eindringen. Die Konkurrenzsituation verschärft den uralten Haß zwischen den Vettern. Isegrim mag es nicht, wenn man unangemeldet bei ihm hereinschneit. Im übrigen machen die Hunde keinen Mucks. Die Wölfe heulen, und die Hunde schweigen. Ein Zeichen der Unterwerfung, und ein Verhalten, das der Instinkt diktiert.

Im Jahr 1964 machte sich ein Geistlicher aus Prince George mit seinen Hunden auf den Weg nach Cassira, einem Dorf 200 Kilometer nördlich von hier. Er nahm kein Gewehr mit, und er sollte es bereuen. Mitten in der Nacht fiel ein Wolfsrudel über seine neun Hunde her und riß sie in Stücke. Er mußte hilflos zusehen, wie die Angreifer drei Hunde auf die Seite schleppten und fraßen. Mit Schneeschuhen versuchte er, den Mackenzie River zu erreichen. Er marschierte täglich 14 bis 15 Stunden, bis er am vierten Tag von einem indianischen Trapper gerettet wurde. In Kanada greifen Wölfe häufig Hunde an, selbst innerhalb von Ortschaften. Wildhüter erschießen jedes Jahr mehrere Dutzend.

Auf der anderen Seite greifen Wölfe praktisch nie Menschen an. Wir wissen das, und doch läßt uns die Nähe des Rudels das Blut in den Adern gefrieren. Das düstere Geheul erzeugt eine beklemmende Atmosphäre, die uns im Innersten aufwühlt. Wie könnte man unbeeindruckt bleiben von dieser Musik unserer Vorfahren, die alte, verschüttete Gefühle in uns weckt.

Montaine ist mit Diane aufgewacht und lauscht ebenso andächtig wie wir.

»Hörst du die Wölfe, Montaine?«

»Taitaine Angst.«

»Aber nein, du brauchst keine Angst zu haben, Wölfe sind lieb.«

Beruhigt ahmt Montaine das Heulen nach.

»Oouuuu, oouuuu!«

Ich vermute, daß die Wölfe sie hören. Jedenfalls halten sie einen Augenblick lang inne, ehe sie wieder ihren monotonen Gesang anstimmen.

Im Morgengrauen verstummt der Chor, und tiefe Stille kehrt ein.

Gleich nach dem Frühstück – Müsli und Kaffee für uns, ein Fläschchen für Montaine – beginnt Diane, Schlafsäcke, Felle, Eßgeschirr, Kleidung und Proviant zusammenzupacken.

Ich spanne unterdessen die Hunde an. Ich muß zwischendurch mehrmals ins Zelt zurück und mich aufwärmen, weil meine Finger ganz steif vor Kälte sind.

Das Thermometer zeigt -38° C. Ideal, was den Fluß angeht, aber für uns pelzlose Zweibeiner doch ein wenig kalt. Warum gehören wir zu den wenigen Tierarten, die weder Pelz noch Federn besitzen? Wir haben uns an unseren Körper gewöhnt, aber mal ehrlich: Wie häßlich ist eine nackte Haut im Vergleich zu dem bunten Gefieder eines Vogels oder dem seidigen Fell eines Tiers!

Heute morgen träumen wir von einem dichten Fell, das uns wärmt, ohne daß wir uns in mehrere Kleiderschichten einmummen müssen.

»Wie lange das dauert, Montaine anzuziehen!« stöhnt Diane.

Drei Paar Strümpfe, eine lange Unterhose, eine zweite aus Wolle, eine Hose, drei Kapuzenmützen, drei dicke Pullover. Und das ist noch nicht alles!

Montaine ist kugelrund.

»Weißt du, Montaine, wir müssen uns warm anziehen, denn draußen ist es kalt.«

»Kalt, Taitaine.«

»Aber nein, du wirst es warm haben.«

Ich belade den Schlitten und spanne die Hunde ein, dann entzünde ich mit den restlichen Scheiten ein Feuer. Es ist noch ziemlich dunkel. Bräunliches Licht rieselt von den Bergen und bleibt in den Baumwipfeln hängen.

Das Feuer knistert beruhigend in der glitzernden Morgenluft.

Schließlich holen wir den Ofen heraus und brechen das Zelt ab. Montaine wartet, in Daunenjacke und Rentierfelle gewickelt, brav mit eingezogenem Kopf, bis es losgeht.

Ich gebe ihr einen Kuß auf die kalte rote Nase, und sie strahlt mich an. Mein Herz fließt über vor Liebe.

»Ist dir nicht kalt, mein Herz?«

»Nein«, antwortet sie und schüttelt den Kopf.

Sie ist toll, unsere kleine Schneeprinzessin!

Die Hunde werden ungeduldig. Wir zurren sorgfältig das Gepäck fest und geben das Startkommando.

»Los geht's, Tschum!«

Wir durchqueren eine Zone mit chaotischen Schneeverwehungen. Der Schlitten knirscht zwischen den Eisblöcken und neigt sich von einer Seite auf die andere. Die Brücke ist fest geworden, aber nicht so fest, wie ich in Anbetracht der Kälte gehofft hatte.

»Wie lange das dauert, bis ein Fluß zufriert!«

Das offene Wasser dampft, und bläulicher Dunst steigt zwischen den Felswänden nach oben und flimmert in dem leicht metallischen Licht, das bis zu uns herunterdringt.

Wir stoppen den Schlitten. Diane nimmt Montaine auf den Arm, während ich über die Brücke fahre oder es zumindest versuche.

»Tschum, *djee, djee* – vorwärts!«

Otchum drückt sich an die Felswand, um möglichst viel Raum zwischen sich und das brodelnde Wasser zu bringen, das ein Stück flußabwärts unter dem Eis verschwindet.

Die Hunde trauen der Sache nicht. Einer stößt den anderen, weil er nicht auf dem frischen Eis laufen will. Kaum sind Otchum, Oumiak und Oukiok drüben, bricht hinten ein Chaos aus. Die Hunde in der Mitte werden von den vorderen gezogen und den hinteren geschoben, so daß ihnen keine Zeit bleibt, festen Halt zu suchen. Sie geraten ins Rutschen. Baikal fällt ins Wasser, Torok entgeht nur durch einen Sprung auf den Rücken des armen Amarok dem eisigen Bad. Jetzt gleitet der Bug des Schlittens auf die Brücke. Da rechts von mir der Felsen ist, kann ich mich nicht auf die Seite legen, um einen Sturz ins Wasser zu verhindern.

Ich brülle.

»Weiter, weiter!«

Wir müssen zügig hinüber.

Die Hunde ziehen, was das Zeug hält.

Die Brücke gibt nach. Hilflos muß ich zusehen, wie der Schlitten kippt und ins Wasser stürzt.

Die Hunde, die bereits drüben sind, haben im Schnee einen sicheren Stand. Sie ziehen mit aller Kraft und halten den Schlitten.

»Weiter, weiter.«

Der vordere Teil des Schlittens hüpft über einen Eisblock und verkeilt sich. Ich will ihn anheben, doch er bewegt sich nur wenige Zentimeter. Das Wasser macht ihn noch schwerer. Überall setzt sich Eis fest.

Bis zur Hüfte im Wasser stehend, leere ich einige Säcke und werfe den Inhalt ans Ufer, dann versuche ich erneut, den Schlitten, den die Strömung gegen das Eis drückt, hochzuwuchten.

Montaine weint.

Ich muß höllisch aufpassen, daß ich den Halt nicht verliere. Wenn ich hinfalle, reißt mich die Strömung mit und drückt mich unter die Eisdecke, noch ehe ich einen Gedanken fassen kann. Ein solches Ende wäre nicht unbedingt nach meinem Geschmack.

Meine Beine sind schon ganz starr vor Kälte. Hunderte von Nadeln stechen mich und bereiten mir unerträgliche Schmerzen. Eingeklemmt zwischen dem Schlitten und dem Eisblock, an dem er sich verkeilt hat, drücke ich mit aller Kraft gegen den Bug und ziehe gleichzeitig etwas an der Zugleine, um ein paar Zentimeter Spiel zu bekommen.

»Los, Hunde!«

Die Leine spannt sich. Der Schlitten hüpft aus dem Loch und kreischt über den holprigen Boden.

»Schnell, die Kleider zum Wechseln!«

Der Sack ist nicht weit. Ich reiße mir Stiefel und Hose herunter, bevor sie steinhart werden. Die Hose knirscht schon wie Blech.

»Alles in Ordnung?«

Diane ist mit Montaine auf dem Arm herübergekommen. Sie hat sich an der Felswand entlanggehangelt und mit der freien Hand an Vorsprüngen festgehalten.

Die Hunde zerbeißen die Eisklumpen, die sich in ihrem nassen Fell gebildet haben. Wir laden unterdessen den Schlitten ab und drehen ihn um. Mit der flachen Schneide der Axt schlagen wir das Eis ab, das sich zwischen den Kufen und auf den Belägen festgesetzt hat.

Dann laden wir wieder auf und fahren weiter. Der Canyon wird etwas breiter, und das gibt uns die Möglichkeit, die sich häufenden offenen Flußabschnitte zu umfahren. Wir tasten uns förmlich voran, schlängeln uns zwischen Wasserlöchern und Felswänden hindurch. Otchum leistet hervorragende Arbeit. Er weiß um die Gefahr und führt die Kommandos mit vorbildlicher Präzision aus.

Wir haben das Gefühl, in diesem Engpaß erdrückt zu werden, und wollen ihn deshalb so schnell wie möglich hinter uns bringen. Ich gehe voraus und klopfe mit dem dicken Stock aufs Eis, um seine Festigkeit zu prüfen. Wann immer möglich, bleiben wir in Ufernähe. Häufig müssen wir anhalten, um eine Passage durch instabile Zonen zu suchen. Mehrmals glauben wir, endgültig festzusitzen, finden dann aber doch noch ein Schlupfloch.

Der Canyon wird immer breiter, entsprechend flacher wird das Flußbett. Stellenweise ist die Eisdecke unter unseren Füßen nur vier oder fünf Zentimeter dick, doch wir riskieren nichts, solange wir am Ufer bleiben, wo der Fluß nicht tief ist.

Am Nachmittag ziehen plötzlich Wolken auf, und das Thermometer klettert auf –8° C. Wir rackern und schwitzen. Wir müssen schleunigst aus dem Canyon heraus. Bei der Wärme droht das Eis zu brechen und von der Strömung fortgespült zu werden. Wir haben uns Plastikbeutel, die wir normalerweise als Verpackungsmaterial für unsere Tagesration Trockennahrung benutzen, über die Strümpfe gezogen, damit unsere Füße nicht naß werden, wenn wir in eine Pfütze treten, was immer häufiger passiert.

Bis auf die wenigen Tränen, die Montaine an der Brücke vergossen hat, trotzt sie tapfer allen Widrigkeiten. Diane trägt sie in jeder gefährlichen Passage, und ich gehe allein voraus.

»Nur noch ein oder zwei Kilometer, dann sind wir draußen.«

»Der Canyon geht mir auf den Geist. Mir ist schon ganz schlecht vor lauter Anspannung.«

Montaine ist eingeschlafen, und wir bemühen uns, jede abrupte Bewegung zu vermeiden, was in einem solchen Gewirr aus Eis nicht immer einfach ist.

Wir wähnen uns schon im Freien, da bemerken wir vor uns eine große offene Zone, die von einer Seite des Canyons zur anderen reicht. Blaues Wasser, wo ich vor Tagen noch übers Eis geglitten bin!

»Scheiße, das ist das Aus!«

»Das darf doch nicht wahr sein.«

Wir müssen den Tatsachen ins Auge sehen. Die Stelle sieht ziemlich übel aus. Hier kommen wir nicht durch.

»Wir schlagen das Lager auf, dann seh ich mir die Sache genauer an.«

»Wo willst du da durchkommen? Es ist überall offen!«

»Keine Ahnung, deshalb will ich ja nachsehen.«

Diane seufzt genervt.

In dunkler Nacht kehre ich zurück, erschöpft, aber mit frischem Mut. Um die Erlen zu meiden, habe ich dicht am Berg eine Piste auf der Böschung gespurt und bin nach einem Kilometer in eine bessere Zone gelangt. Auch dort ist der Fluß offen, doch das gegenüberliegende Ufer, das über eine stabile Eisbrücke zu erreichen ist, scheint mir auf den nächsten 500 Metern gut befahrbar zu sein. Ich bin nicht die ganze Strecke abgelaufen, doch ich glaube, daß wir aus dem Gröbsten heraus sind.

Wir schlafen ein zweites Mal im Canyon. Und dabei wollten wir ihn schon am ersten Abend durchquert haben.

Unser Zeitplan ist nur noch Makulatur. Innerhalb von drei Tagen haben wir zwei Tage verloren. Wenn wir so weitermachen, werden uns Proviant und Hundefutter ausgehen, bevor wir die Hälfte der Strecke bis zum Dorf zurückgelegt haben!

KAPITEL 32

DER CANYON, DIESER VERFLIXTE CANYON, DER ZWEI Wochen lang unser ganzes Denken beherrscht hat, liegt endlich hinter uns. Die Backen des Schraubstocks weichen zurück und geben den Blick auf ein weites Tal frei, durch das sich träge der Fluß schlängelt, als müsse er eine kleine Pause einlegen, ehe er die lange Reise zum Yukon antritt.

Das ruhige Wasser ist schon seit Beginn des Winters zugefroren, und das Eis bildet eine feste, geschlossene Decke, auf der wir völlig gefahrlos reisen können. Allerdings trotzdem nicht schneller. Wir müssen uns durch den tiefen, weichen Schnee quälen, der sich den Winter über hier angehäuft hat. Der Schlitten sinkt ein wie ein Traktor in weicher Erde. Die Hunde ermüden schnell. Aus diesem Grund haben wir die 150 Kilo Futter, die ich bei meiner Erkundungsfahrt deponiert hatte, am Rand der Piste zurückgelassen. Doch das allein genügt nicht. Wir müssen vorausgehen und den Schnee festtrampeln. Wir versinken bis zu den Oberschenkeln und wechseln uns an der Spitze häufig ab. Unser Tempo ist lächerlich: ein Kilometer pro Stunde. Ich könnte mir die Haare raufen. Vor zwei Wochen, also vor den heftigen Schneefällen, hätten wir hier eine Traumpiste vorgefunden und vollbeladen zehn oder zwölf Kilometer in der Stunde zurückgelegt. Das bißchen Schnee, das im November und Anfang Dezember gefallen ist, hätte der Wind längst fortgeweht.

»Das ist ungerecht«, hadert Diane. »Das haben wir nicht verdient!«

Es ist wirklich zum Verzweifeln. Wir kommen nicht voran. Ich habe eine Stinkwut.

»Wenn ich mir vorstelle, daß wir jetzt bequem vom Schlitten aus die Landschaft bewundern und Tiere beobachten könnten ...«

»Vergiß es.«

Gegen 13 Uhr machen wir Rast. In vier Stunden haben wir kaum fünf Kilometer geschafft.

»Und du mußt auch noch zurückfahren und das Futter holen.«

»Das geht schnell, jetzt ist die Piste ja gespurt.«

So wie ein Pflug eine Ackerfurche zieht, so hat der Schlitten hinter uns auf dem Fluß einen regelrechten Graben ausgehoben.

Zu allem Überfluß bleiben wir immer wieder in regelrechten *slush*-Sümpfen stecken und brauchen irrsinnig viel Zeit, um den Schlitten wieder flottzukriegen. Wir müssen schieben, ziehen, den Hunden gut zureden. Manchmal stehen wir bis zu den Oberschenkeln in diesem Matsch aus Wasser und Eis.

»Verfluchte Schweinerei!«

Der Schlitten sitzt total fest, ist völlig vereist. Die Hunde können nicht mehr. Auch sie haben genug von dem Scheißschnee, dem verfluchten Matsch!

Wir sind total deprimiert. Und doch, wir müssen uns aus dem Loch befreien, weitermachen, weiterfahren.

Wir können nicht aufgeben, selbst wenn wir wollten. Wir sind in unserer eigenen Geschichte gefangen. Wir stecken bis zum Hals drin!

Am Abend sind wir wie zerschlagen, verzweifelt und völlig mutlos. Wir kommen uns wie Sträflinge vor. Der

Schnee ist unsere Strafe, das Zelt unsere Zelle, die Kälte unser Wärter, der uns am Ausbrechen hindert.

Am nächsten Morgen ziehen wir weiter, bevor es hell wird. Wir können nicht acht Stunden durchmarschieren, deshalb gönnen wir uns eine Mittagspause und brechen dafür schon im Morgengrauen auf. Das Futter, das wir am Ausgang des Canyons deponiert haben, habe ich immer noch nicht geholt. Ich warte damit noch einige Tage, bis wir 30 oder 40 Kilometer zurückgelegt haben. Dann werde ich zurückfahren, und Diane und Montaine können solange eine Verschnaufpause einlegen. Die Hunde werden über eine gefrorene Piste laufen können. Das wird ihnen guttun nach der Quälerei im Tiefschnee.

Ein Tag ohne Überraschungen, etwas eintönig.

Acht Stunden Marsch, acht Kilometer.

Montaine hat zweieinhalb Stunden auf dem Schlitten geschlafen, während wir schwer geschuftet haben. Sie hat es gut, unsere kleine Prinzessin! Tagsüber ist es mit −25° C nicht allzu kalt, und so schlüpft Montaine von Zeit zu Zeit aus der Daunenjacke, spielt auf dem Schlitten wie in einem Boot und balanciert von einem Ende zum anderen.

Die Hunde lassen sich von ihren Zurufen und ihrem Lachen nicht mehr ablenken und arbeiten trotz der schwierigen Schneeverhältnisse gut.

Uktu und Kurvik, mittlerweile zehn Monate alt, halten sich prächtig – kräftige, ausdauernde Hunde, zuverlässig und konstant in ihrer Leistung. Wir sind mit dem Gespann sehr zufrieden. Wir versuchen, den Tieren mehr Zeit zu widmen, doch die Tage lassen uns wenig Atempausen. Abends, wenn das Zelt endlich steht, wird Montaine aktiv. Diane und ich sehnen uns nach zehn Stunden in der Kälte eigentlich nur noch nach Ruhe, doch davon will Montaine nichts wissen. Sie strotzt noch vor Energie. Sie hüpft auf uns herum, singt aus vollem Hals, löchert uns mit Fragen und zupft an unseren Lidern, wenn wir uns schlafend stellen. Ein richtiger Wirbelwind. Wir sind uns darüber im klaren, wie wichtig diese Spielstunde für sie ist, und lassen alles mehr oder weniger geduldig über uns ergehen.

»Sie tötet mir noch den letzten Nerv«, klagt Diane immer wieder.

Mit neuer Zuversicht brechen wir wieder auf. Der Fluß, auf dem wir uns so plagen, mündet 25 Kilometer von hier in einen größeren Fluß, den Stikine. Wir hoffen, dort bessere Verhältnisse vorzufinden. Je breiter der Fluß, desto mehr Schnee wird weggeweht und desto härter ist das Geläuf.

Zur Aufmunterung erzähle ich Diane von einer früheren Winterdurchquerung der Halbinsel Labrador. Nach einem anstrengenden dreiwöchigen Marsch mit Schneeschuhen auf dem Fluß Pas erreichten wir damals den viel breiteren und in eine andere Richtung fließenden George und stellten zu unserer Überraschung fest, daß der Wind den Schnee zusammengepreßt hatte. Auf einmal konnten wir laufen, ohne einzusinken! Es war herrlich. Wir konnten uns wieder auf die Kufen stellen und legten in einer Stunde mühelos eine Strecke zurück, für die wir mit den Schneeschuhen einen langen, strapaziösen Tag gebraucht hatten.

Im Moment tragen wir keine Schneeschuhe, denn wir müßten die Strecke dreimal durchlaufen, ehe der Schnee ausreichend festgetrampelt wäre. Mit Stiefeln sinkt man zwar tiefer ein, doch die Hunde können in unsere Fußstapfen treten, ohne einzusinken. Eine Schinderei, denn bei jedem Schritt muß man sich buchstäblich vom Schnee losreißen. Doch wir haben keine andere Wahl.

Die Hunde an der Spitze des Gespanns müssen ebenso

rackern wie wir, deshalb tausche ich sie so oft wie möglich aus. Otchum hat vorn den anstrengendsten Part. Er läuft zwar in unserer Spur, muß sich aber ständig einen Weg durch den Schnee zwischen den Fußstapfen bahnen. Die beiden Hunde hinter ihm haben die Aufgabe, den Korridor zu verbreitern. Ich muß mir genau überlegen, welches Paar ich hinter Otchum anspanne. Nehme ich ein ungleiches Duo, wird der Stärkere den Graben in Beschlag nehmen und den anderen zwingen, durch den Tiefschnee zu stapfen. Ein ebenbürtiges Paar teilt sich die Arbeit.

Ich schone die Kräfte der Hunde, so gut es geht, und achte darauf, daß ich keinen überfordere. Von Oumiak zum Beispiel kann ich nicht verlangen, daß sie ebensoviel leistet wie Torok. Gleiches gilt für die jungen Hunde Uktu, Kurvik und Oukiok im Vergleich zu den ausgewachsenen Baikal, Nanook, Amarok oder Voulk.

Vorn ist die Auswahl begrenzt: Voulk oder Otchum. Das Problem ist nur, daß Otchum es als Strafe empfindet, wenn er die Führungsposition räumen muß. Wo er doch so vorbildlich arbeitet. Wie soll ich ihm klarmachen, daß meine Maßnahme nur zu seinem Besten ist?

»Du ruhst dich jetzt hinten ein bißchen aus, Tschum.«

Während der Laika eine zerknirschte Miene macht, fühlt sich Voulk wie der Held des Tages, markiert den starken Mann, richtet sich zu seiner vollen Größe auf, wölbt stolz die Brust und sträubt das Fell vor Vergnügen. Voulk arbeitet gut, bemüht sich mit rührendem Eifer und achtet auf jedes Zeichen von uns. Und wenn wir ihn loben, weil er ein Manöver gut ausgeführt hat, ist er wie im siebten Himmel und saugt gierig jedes Wort von uns auf. Es ist wichtig und sogar lebenswichtig, im Gespann zwei Leithunde zu haben, die man im Notfall auswechseln kann. Ideal wären drei oder vier.

Voulk wird Otchum nie ersetzen, doch wir können uns

auf ihn verlassen. Nach einer Stunde Arbeit plaziere ich wieder Otchum an der Spitze. Eine zirkusreife Nummer. Otchum stolziert mit abgewandtem Kopf an Voulk vorbei. Er würdigt ihn keines Blickes, straft ihn mit Verachtung. Bei der nächsten Gelegenheit wird er über ihn herfallen und ihm klarmachen, was es heißt, dem König die Krone zu stehlen. Ich muß die beiden im Auge behalten, denn eine solche Rauferei kann schnell ausarten, wenn sich zwei oder drei Hunde mit Voulk gegen Otchum verbünden. Baikal wäre es zuzutrauen, und ich mag solche etwas hinterlistigen Koalitionen nicht haben. Wenn es nötig ist, müssen wir eingreifen, um die Probleme zu lösen, die wir selbst schaffen. Doch wir müssen dem einen oder anderen auch genügend Spielraum lassen, um Rangstreitigkeiten auszufechten. Für das gute Funktionieren der Meute ist das unerläßlich.

Es ist schwierig, immer die richtige Dosierung zu finden zwischen dem, was getan werden muß, und dem, was nicht getan werden darf. Die Entscheidungskriterien sind zwangsläufig sehr subjektiv, solange die Psychologie der Tiere uns Rätsel aufgibt.

Und das ist schließlich auch gut so!

KAPITEL 33

WIR DURCHQUEREN EIN GROSSES MOOR, IN DEM SICH die großen Säugetiere von den Weiden- und Erlentrieben ernähren, die aus dem Schnee hervorschauen. Zahllose Spuren von Elchen, Karibus und Wölfen folgen dem Fluß auf den letzten Kilometern, bevor er in den Stikine mündet.

Daß es hier viele Elche und Karibus gibt, kommt uns sehr gelegen, denn sie haben im tiefen Schnee lange Pfade ausgetreten. Ein herrliches Gefühl, wenn wir auf den Schlitten steigen und uns 400 oder 500 Meter weit ziehen lassen können. Auch die Hunde sind begeistert und werfen sich ins Geschirr, sobald wir auf einen Pfad stoßen. Schon nach kurzer Zeit fällt uns auf, daß die meisten Pfade in zwei Hauptrichtungen verlaufen. Die einen, die uns nicht interessieren, queren das Tal, die anderen, die uns sehr nützlich sind, folgen grob dem Flußlauf. Obwohl der Fluß stark gewunden ist, versuchen wir nicht, die Schlingen über Land abzukürzen. Wir würden zwar Kilometer sparen, aber viel Zeit verlieren, denn wir müßten die steile Böschung erklimmen, und obendrein benutzt das Wild an Land selten einen Weg, der mit dem Schlitten befahrbar ist. Wir folgen den Elchen und Karibus also nur, solange sie das Flußbett benutzen. Immer wieder sind wir verblüfft, mit welcher Sicherheit sie ihren Weg auf dem zugefrorenen Fluß finden, unter dessen weißer Schneedecke sich tückische Fallen wie Matsch, schlechtes Eis und Wasserlachen verbergen. Mit erstaunlicher Leichtigkeit und untrüglichem Orientierungssinn laufen sie im Zickzack. Manchmal biegen alle Spuren ab und verschwinden in Wald oder Sumpf. Und wir fragen uns, wer darüber unglücklicher ist, daß wir nun wieder durch hohen Schnee stapfen müssen, wir oder die Hunde. Auch Montaine mag es nicht, wenn es nur im Stop-and-go-Rhythmus vorangeht und einer von uns die Spitze übernehmen muß. Sie findet es schöner, wenn wir beide hinten bei ihr sind. Am Nachmittag werden unsere Schritte schwerer. Die Füße sind bleiern, die Muskeln verkrampfen. Doch wir müssen weiter.

»Ich kann nicht mehr.«

»Komm nach hinten, ich lös dich ab.«

Und so geht es zwei Tage, bis endlich der andere Fluß in Sicht kommt. Das zurückgelassene Futter habe ich noch immer nicht geholt, und ich weiß nicht, ob ich es überhaupt noch holen werde.

»Wir müssen es holen. Wir haben nicht genug für die restliche Strecke.«

»Kommt drauf an, wie man rechnet. Wir brauchen einen starken Tag, um zurückzufahren, 70 Kilometer hin und zurück. Danach müssen die Hunde einen Tag ausruhen. Das macht zwei Tage. In der Zeit fressen die Hunde zwei der zurückgelassenen zehn Beutel.«

»Dann gewinnen wir immer noch acht Tage«, rechnet mir Diane vor.

»Das schon, aber wenn wir von hier aufbrechen, müssen wir wieder einen Teil zurücklassen. Was ist, wenn wir auf dem Fluß gut vorankommen und 30 oder 40 Kilometer am Tag schaffen? Dann können wir nicht mehr zurück, und das Futter ist verloren.«

»Die Bedingungen auf dem Fluß sind wirklich gut. Könnten wir nicht alles auf den Schlitten laden?«

»Das ist so gut wie unmöglich. Überleg doch mal, 300 Kilo! Zusammen mit uns macht das 450 Kilo. Wir bräuchten eine Traumpiste, sofern überhaupt alles auf den Schlitten paßt.«

Wie auch immer, jedenfalls kommt der Fluß in Sicht. Er wird die Antwort geben.

Es ist spät, und wir entdecken mitten in einem kleinen Tannenwald, der zwischen dem Fluß und einem gut 100 Hektar großen Sumpf liegt, einen schönen Lagerplatz. Bis zum Stikine sind es zehn Minuten zu Fuß. Gleich morgen früh werden wir hingehen und uns ein Bild machen.

Sowie wir in Richtung Ufer abbiegen, legen die Hunde einen Gang zu, um die Böschung zu erklimmen, denn sie wissen, daß für heute Feierabend ist. Auch Montaine hat diesen Augenblick herbeigesehnt. Auf den Tagesmarathon folgt die Sprintprüfung: Wir müssen in Rekordzeit das Zelt aufbauen, damit wir den Ofen aufstellen können. Wenn er endlich bullert, können wir aufatmen. Montaine ist außer Gefahr. In den kalten Weiten des Nordens ist unser Zelt eine Oase der Wärme, ein kleines Boot auf einem Meer von Eis, das uns vor dem Ertrinken bewahrt. Schwierig wird es eigentlich nur, wenn Montaine es in der beheizten Daunenjacke nicht mehr aushält und wir sie zur Geduld mahnen müssen. Sie ist sich über die Kälte nicht im klaren und versteht nicht, warum wir ihr verbieten, vom Schlitten zu steigen. Sie will im Schnee tollen, mit den Hunden spielen, mir beim Zeltaufbauen helfen.

»Taitaine Papa helfen.«

»Warte noch ein bißchen, Montaine. Komm, wir zählen die Hunde. Du sprichst mir nach. Das da, direkt vor dem Schlitten, ist Torok.«

»Rok.«

»Prima! Und neben ihm, das ist Amarok.«

»Arok!«

»Und das sind Nanook und Uktu.«

»Nook, Utu!«

Diane beschäftigt sie so eine Dreiviertelstunde lang. In der Zwischenzeit fälle ich fünf Tannen, hacke im Schnee, den ich zuvor mit den Schneeschuhen festgestampft habe, die Zweige ab, rolle das Zelt aus, das häufig hart ist wie Blech, baue es auf, stelle den Ofen hinein und entzünde endlich ein Feuer.

Dann erst darf Montaine vom Schlitten klettern. Von da an pendelt sie ständig zwischen drinnen und draußen, während wir das Lager vollends errichten: die Hunde ausschirren, die Kette spannen und sie daran festhaken, wobei wir jeden einzelnen kraulen und seine Pfoten untersuchen, dann ein paar morsche Kiefern in 40 Zentimeter lange Klötze zersägen, sie spalten, den Schlitten abladen, umdrehen und das Eis abschlagen, das in jede Ritze gekrochen ist, das Zelt einrichten, Wasser machen, die Hunde füttern … Alles in allem noch einmal eine gute Stunde Arbeit.

Wir wechseln uns draußen ab, und einer beschäftigt sich im Zelt mit Montaine. Wenn ich die Hunde angekettet habe, mache ich immer eine Viertelstunde Pause, in der wir uns zusammen ein Tierbilderbuch anschauen. Montaine blättert die Seiten um und deutet auf Elefanten, Giraffen, Bären oder Vögel, und ich muß dann alle Unterscheidungsmerkmale aufzählen.

»Sieh dir den Elefanten an, er hat einen großen Rüssel, und die Giraffe hat einen ganz langen Hals.«

»Lilaffe, langen Hals.«

Ich frage mich, wer diese Lektionen mehr liebt, Montaine oder ich. Sowie ich ins Zelt zurückkehre, stürzt sie zu dem Beutel mit unserem Schlafsack, in dem wir das Buch aufbewahren, zieht es heraus und kuschelt sich an mich.

»Papa lesen.«

Derweil kauert Diane draußen im Schnee und zersägt

die Bäume, die ich herbeigeschleppt habe. Später löst sie mich im Zelt ab, und ich füttere die Hunde.

Wenn es stockdunkel ist, muß einer von uns beiden noch einmal hinaus und den Hunden Wasser geben, jedem einen guten Liter. Sie könnten sich auch mit Schnee begnügen, doch bei 30 Grad Kälte wäre damit ein beträchtlicher Energieverbauch verbunden.

Lieber verbrenne ich Holz und schmelze Schnee. Das Ergebnis ist dasselbe, und die Hunde müssen keine Kalorien verbrennen. Holz ist in der Taiga leichter zu finden als Nahrung, selbst wenn Elche und Karibus in der Gegend leben.

Gegen 21 Uhr, nach dem Abendessen, breiten wir die Schlafsäcke über die Rentierfelle, die wiederum auf einer dicken Schicht Tannenreisig liegen. Wir ziehen uns für die Nacht warm an und lassen den Ofen ausgehen. Wir kriechen tief in unsere Schlafsäcke, so daß die Kälte keine Chance hat, zu uns vorzudringen.

Montaine hat sich angewöhnt, sich fest an mich zu kuscheln. Ich schlafe mit angezogenen Beinen, und sie schlüpft in die Höhle, die mein Körper bildet. Ich halte ihre kleinen Hände, und so schlafen wir zusammen ein. Alle halbe Stunde wache ich instinktiv auf und sehe nach, ob alles in Ordnung ist. Diane erwacht etwa alle zwei Stunden, häufig auch in größeren Abständen, es sei denn, die Kälte wird zu schneidend und das Thermometer fällt unter die ominöse Marke von −30° C. Dann beginnt der Kampf gegen Rauhreif und Kälte, das geduldige Warten auf den Morgen. Manchmal schlafen wir sehr schlecht.

Gegen 4 Uhr zünde ich den Ofen an. Diane hat es gut. Sie schläft bis 7 Uhr tief und fest, während ich im Halbschlaf das Feuer hüte.

Ich erlebe diese Augenblicke so intensiv, daß ich trotz der unruhigen Nächte keine Müdigkeit verspüre, allenfalls eine Müdigkeit, die mit dieser ganz besonderen, mir bislang unbekannten Anspannung zusammenhängt und von der Verantwortung herrührt, die ich als Vater und Ehemann empfinde, der seine kleine Familie hierhergeschleppt hat …

KAPITEL 34

UKTU UND KURVIK SIND IM LAGER GEBLIEBEN. WENN der Schlitten leer ist, genügen neun Hunde. Wir laufen schnell. Der Morgen graut, als ich die Stelle erreiche, wo sich die beiden Flüsse vereinigen. Ich bin nicht zurückgefahren, um die Säcke mit dem Hundefutter zu holen. Ich will mir lieber den Fluß ansehen. Zu diesem Entschluß hat mich nicht nur der verständliche Wunsch bewogen, mir ein Bild davon zu machen, was uns am Stikine erwartet, sondern auch die Überzeugung, daß es kalt bleiben wird und deshalb nicht zu befürchten steht, daß Neuschnee die Piste zudecken könnte. Außerdem spiele ich mit dem Gedanken, den Hunden einen Ruhetag zu gönnen und auf die Jagd zu gehen. Die Chancen, einen Elch oder Karibu zu erlegen, stehen nicht schlecht.

Ich halte das Gespann an, denn an der Mündung ist der Fluß offen. Zu meiner Freude entdecke ich einen Vogel, eine hübsche kleine Wasseramsel mit schieferfarbenem Gefieder. Sie hockt aufgeregt knicksend auf einem Stein, der aus dem Wasser ragt.

»Was machst du denn hier, so ganz allein bei der Kälte?«

Die Wasseramsel ist mutig. Sie trotzt dem strengen Winter. Wie gern würde ich jetzt ein kleines Märchen erleben, nur ein oder zwei Minuten lang, damit sie mir erzählen kann, was sie hier tut, damit wir ein wenig über dies und jenes plaudern könnten. Doch der kleine Vogel flattert davon und läßt uns in der starren, stillen Weite allein.

Wir folgen der Spur eines Wolfsrudels und finden eine Passage, die an einer Insel entlangführt. So gelangen wir auf den Stikine. Der Schnee ist hier fast so tief wie auf dem namenlosen Fluß, auf dem wir hierhergelangt sind, doch zahlreiche Tiere haben ihn so niedergetreten, daß die Hunde in Trab fallen können und recht gut vorankommen. Hinter der offenen Zone an der Mündung erwartet uns eine schöne, gleichmäßige Eisdecke.

»Vorwärts, meine Hundchen. Vorwärts, Tschum!«

Die Hunde beschleunigen. Sie sind ebenso aufgeregt wie ich. Endlich eine Piste, auf der sie ungehindert rennen können. Und die Wildgerüche, die ihnen in die Nasen steigen, tun ein übriges.

»Yahouuu!«

Die Hunde kläffen vor Freude darüber, daß sie wieder galoppieren können.

Spuren von Wölfen, Karibus und Elchen bilden mitten auf dem Fluß eine regelrechte Autobahn.

Eine Stunde später haben wir bereits zehn Kilometer zurückgelegt. Wir halten das Tempo. Gegen Mittag haben wir 30 Kilometer geschafft. Ich jubele.

Arme Diane. Es tut mir in der Seele weh, wenn ich daran denke, daß sie den ganzen Tag mit Montaine in dem engen Zelt hocken muß.

Diane hegt für den hohen Norden, das Reisen mit dem Hundeschlitten, die Jagd in der Taiga, das Fischen unter dem Eis, das Fallenstellen und ausgedehnte Bergwanderungen längst keine so leidenschaftliche Begeisterung wie ich. Außerdem muß sie oft mit Montaine allein bleiben. Schon in der Hütte war das nicht leicht. Im Zelt ist es geradezu eine Heldentat. Man muß sich das vorstellen: bei –40° C Außentemperatur den ganzen Tag allein mit einem zweijährigen Mädchen in einem sechs Quadratmeter kleinen Zelt!

Gewiß, die unermeßlichen Weiten und die Aussicht auf gemeinsame Abenteuer haben sie verlockt, doch war ihre bedingungslose Zusage in erster Linie ein großer Liebesbeweis.

Während die Hunde in Hochform über den Fluß preschen, bewundere ich hinten auf dem Schlitten die hohen Berge, die in den tiefblauen Himmel ragen und zwischen denen sich das weiße Band des Stikine dahinschlängelt. Ein herrlicher Augenblick.

Alles läuft bestens, und die Hunde traben fröhlich über eine schöne Piste, die das Wild ausgetreten hat. Selbst wenn die Spuren von Zeit zu Zeit in einer Windung oder an einer Felswand enden und wir eine kurze Strecke im Tiefschnee zurücklegen müssen, bleibt das Durchschnittstempo hoch.

Trotzdem beschließe ich, ins Lager zurückzukehren und mich um Montaine zu kümmern, damit Diane ein wenig an die frische Luft gehen kann. Immerhin haben wir über 30 Kilometer Piste gespurt.

Wir brauchen für den Rückweg keine drei Stunden, doch ich bin enttäuscht, weil wir kein einziges Tier gesehen haben. Wir haben −40° C. Bei der Kälte knirscht der Schnee unter den Kufen, und das kleinste Geräusch durchdringt die klare Luft mit unglaublicher Klarheit. Das Wild hört uns schon von weitem kommen.

Morgen werde ich mich auf die Suche nach einer frischen Fährte machen und ihr solange folgen, bis ich den letzten Abdruck erreicht habe, den Abdruck, den noch der Huf ausfüllt.

Das Thermometer zeigt heute morgen −15° C.

In der Nacht haben wir gespürt, wie das Wetter umschlug. Die Wolkendecke hat einen dunklen, trüben

Schleier über den Morgen gebreitet. Ich habe das Zelt lange vor Tagesanbruch verlassen und im Schein einer Stirnlampe die Hunde angeschirrt. Montaine ist im Schlaf in die Arme ihrer Mutter geglitten. Ich wecke Diane erst, als ich aufbreche.

»Ich will Fleisch besorgen. Es wird schneien, die Zeit drängt.«

»Aber es ist doch noch dunkel.«

»Ich muß mich beeilen, sonst deckt der Schnee alle Spuren zu.«

Wie Diebe schleichen wir uns davon.

Die Hunde legen ein flottes Tempo vor, als wüßten sie um die drohende Gefahr. Der Karabiner liegt griffbereit, man weiß ja nie. Wenn wir einen Elch oder Karibu überraschen, sparen wir 80 Kilometer.

Ich habe am Morgen lange hin und her überlegt: Sollen wir dem Stikine folgen und eine möglichst große Entfernung zurücklegen, ehe Neuschnee unsere Fahrt bremst, oder sollen wir auf Nummer sicher gehen und die zurückgelassenen Futterbeutel holen, was uns für die restliche Strecke bis zum Dorf ein größeres Zeitpolster verschaffen würde?

Ich fürchte, daß ich kein Wild finden werde, wenn wir auf dem Fluß weiterfahren, es sei denn, ich weiche von unserer Route ab und suche in den angrenzenden Sümpfen nach Elchen und Karibus. Das könnte mich zwei bis drei Tage kosten. Und ein Karibu liefert Fleisch für zwei Tage, ein Elch für vier Tage. Der Zeitgewinn wäre also praktisch gleich Null. Gar nicht davon zu reden, daß ich Diane mit Montaine allein lassen müßte, was ich nicht will.

Das größte Problem bei Hundeschlittentouren sind die Nahrungsvorräte. Alle großen Polarforscher wie Cook, Peary, Nansen oder Amundsen haben sich lange darüber den Kopf zerbrochen.

Wie man es auch anstellt, man kann auf einem Schlitten nur Hundefutter für maximal einen Monat mitnehmen. Eine Methode besteht darin, daß man mehr Hunde mitnimmt, als man benötigt. So tritt man die Expedition beispielsweise nicht nur mit acht, sondern mit 20 Hunden an. Entsprechend mehr Futter muß man mitschleppen, um die zusätzlichen Hunde ernähren zu können. Nun könnte man meinen, das laufe auf dasselbe hinaus, doch übertriebener Pragmatismus hat gewisse Forscher auf eine abscheuliche Methode gebracht, die leider allzu häufig praktiziert wurde.

Man verläßt das Basislager mit 20 Hunden, obwohl acht genügen, um Proviant und Ausrüstung plus 300 Kilo Fleisch für die Tiere zu ziehen. Nach einigen Tagen schrumpft das Gewicht des Gepäcks auf 260 Kilo. Die können von 19 Hunden gezogen werden. Also tötet man einen Hund und verfüttert ihn an die anderen und so weiter!

Der Vorteil dabei: Zwölf Hunde von jeweils 30 Kilo liefern 360 Kilo zusätzliche Fleischnahrung, und damit kommt man doppelt so weit wie mit einer normalen »Tankfüllung«.

Im Zeitalter der großen Expeditionen ins ewige Eis und der Eroberung der Pole gehörte diese Methode leider zu den üblichen Strategien, um möglichst weit zu kommen. Eine zweite Methode wurde von Robert Peary angewandt. Er teilte sein Team in zahlreiche Gruppen auf, die den Transport übernahmen und im voraus eine ausreichende Menge Lebensmittel an verschiedene Streckenpunkte brachten. Wenn man keine Hunde töten will, ist eine solche Arbeitsteilung unerläßlich, denn ein einzelner Schlitten kann eben nur Proviant für einen Monat transportieren.

Um eine Vorstellung von den logistischen Problemen zu bekommen, muß man das Buch von Peary lesen, der seine Expeditionen zum Pol mit einer mathematischen Präzision organisiert hat, die an Perfektion grenzt.

Was mich betrifft, so weiß ich auch ohne komplizierte Rechenoperationen, daß es unvernünftig ist, auf dem Stikine weiterzufahren. Vor uns liegen noch 250 Kilometer, und unser Proviant reicht nur für acht Tage. Und wir haben keine Ahnung, was uns erwartet.

Wir müssen damit rechnen, daß wir auf mehreren Streckenabschnitten durch Schluchten, Stromschnellen und Zuflüsse aufgehalten werden. Wenn die Hunde nicht genug Futter bekommen, laufen sie langsamer. Ein schrecklicher Teufelskreis, der gefährlich für uns werden könnte.

Zum Glück haben wir einen Notsender dabei. Damit können wir im Notfall ein SOS-Signal absetzen, das Satelliten und Flugzeuge empfangen können. Normalerweise schleppe ich mich nicht mit solchen Geräten ab, doch wenn man ein Kind dabei hat, versteht es sich von selbst.

An manchen Stellen blockiert *slush* die Strecke und bremst unsere Fahrt. Außerdem schneit es seit einer Stunde in dichten Flocken. Bis zum Tagesanbruch haben wir erst 15 Kilometer zurückgelegt. Unmittelbar vor einer neuerlichen *slush*-Zone halte ich an.

Es ist Wahnsinn. Nie und nimmer schaffe ich die Hin- und Rückfahrt an einem Tag.

Ein Schneesturm kommt auf, und wenn ich Pech habe, bleibe ich unterwegs stecken und kann nicht zu Diane und Montaine zurückkehren.

Ich kehre um.

Die Geschicklichkeit, mit der die Hunde die Kehrtwende ausführen, erfüllt mich mit Genugtuung.

Die Kehrtwende ist der Stolz meines Gespanns.

Als wir in der Nähe des Zeltes anhalten, ist das Schneegestöber bereits so dicht, daß ich die vordersten Hunde nicht mehr erkennen kann. Eine weiße Nacht, ein regelrechtes *white out*.

Montaine ist offenbar bester Dinge. Ihr Lachen dringt aus dem Zelt, und es klingt völlig unwirklich in diesem Blizzard, der das Gefühl der Einsamkeit noch verstärkt. Ich spanne die Hunde aus, klopfe mir den Schnee aus den Kleidern und schlüpfe in das Zelt, an dem die Windböen rütteln.

»Schon zurück?« fragt Diane verdutzt.

»Alles ist voller Matsch, und dann noch der Schneesturm. Ich hätte bestimmt nicht zurückgekonnt.«

»Aber was machen wir jetzt? Das Hundefutter reicht nur noch für acht Tage und …«

»Ich werde versuchen, einen Elch oder einen Karibu aufzuspüren.«

»Bei dem Schneesturm?«

»Gerade hilfreich ist er bestimmt nicht.«

Die folgende Stunde bringen wir damit zu, eine Schneemauer um das Zelt zu ziehen, um es vor dem Wind zu schützen. Der Ofen läuft auf vollen Touren, und trotzdem schlottern wir drinnen vor Kälte. Der eisige Wind trägt die Wärme fort, die Leinwand hält nicht viel zurück.

Ein ereignisloser Tag, ausgefüllt mit Schlafen und Teetrinken. Auch die Hunde schlafen. Wir könnten uns besser entspannen, wenn uns nicht so bang vor der Zukunft wäre.

Am Abend klart es auf, und das Wetter wird wieder schön: klare Luft und blauer Himmel, dazu die vielen unterschiedlichen Grüntöne in den Wäldern und Sümpfen. Der Schnee hat die Berge mit weißen Fransen versehen, und auf dem gefrorenen Fluß glitzern Schiffchen aus Eis. Der Horizont öffnet sich, der Himmel reißt auf, und mit der Nacht kommt die Kälte.

Der Sturm ist weitergezogen, zurück bleibt tiefe Stille.

KAPITEL 35

KEIN WIND, −35° C, SONNE.

Ein schöner Tag zum Jagen. Trotzdem fahren wir weiter.

Diane wollte nicht noch einen Tag im Zelt ausharren, und ich glaube, ich hätte es nicht übers Herz gebracht, ihr zu sagen, daß uns eigentlich keine andere Wahl blieb.

Also rechnen wir alles noch einmal durch. Vor uns liegen noch 250 Kilometer. Wir haben noch Proviant für zwei Wochen und Hundefutter für acht Tage, wenn wir die Rationen kürzen. Ohne zu fressen, können die Hunde höchstens zwei bis drei Tage ziehen. Wir müßten also spätestens in elf Tagen im Dorf sein!

Ich gehe jedoch davon aus, daß wir mindestens zwei Wochen brauchen. Der Schneesturm hat die Piste bestimmt zugeweht, und zurück können wir auch nicht mehr.

Wir haben also einen Heißhunger auf Kilometer.

250 Kilometer bis zum Dorf.

Das Dorf!

Menschen, Häuser, eine Straße, ein Laden, ein Motel mit einem Zimmer und sauberer Bettwäsche, ein heißes Bad!

Das heiße Bad steht in unseren Träumen von der Zivilisation an allererster Stelle.

Man kann sich vorstellen, daß wir uns keinen Gefallen

tun, wenn wir von unserem ersten Bad nach acht Monaten träumen, vor allem, wenn das Thermometer −35° C zeigt und Rauhreif unsere Lider und Wimpern verklebt! Die Kälte durchdringt uns und vermittelt uns das seltsame Gefühl, daß der Raum um uns enger wird. Ein Kälteschraubstock. Bei jedem Pulsschlag pocht das Blut in den empfindlichen Körperteilen, insbesondere in den Händen und Füßen. Die Kälte ist nicht um uns, die Kälte ist in uns. Wir laufen hinter dem Schlitten her, um den Kreislauf anzukurbeln und Blut in unsere Gliedmaßen zu pumpen. Kälte und Blut kommen und gehen wie Wellen am Strand, und man weiß nie, wer von den beiden die Oberhand behalten wird.

Dick eingemummt ist Montaine in der beheizten Daunenjacke eingeschlafen. Die Krakenheizung funktioniert immer noch tadellos.

Aber was, wenn sie kaputtgeht?

Im Prinzip kann nichts passieren. Ich habe alle notwendigen Ersatzteile dabei, um sie zu reparieren.

Jede Stunde kontrollieren wir die Temperatur. Und jedesmal wiederholt Montaine:

»Warm da din!«

Und Diane, die vor Kälte schlottert, beneidet ihre Tochter.

Dank Otchum, der die unsichtbare Piste wittert, kommen wir gar nicht so schlecht voran, obwohl meine Spur fast völlig zugeschneit ist.

Gegen Mittag haben wir nach dreistündiger Fahrt 15 Kilometer zurückgelegt.

»Trotzdem könnte ich mich schwarz ärgern. Ohne den Schneesturm wären wir schon doppelt so weit.«

»Es läuft doch gar nicht so schlecht.«

Trotzdem, es ist frustrierend, wenn man ständig aufgehalten wird. Wir träumen von einer schönen harten Piste, auf der die Hunde problemlos traben können, ohne daß wir ständig gezwungen sind zu schieben, Kommandos zu brüllen und uns zu schinden wie Ackergäule. Zumal wir uns Bummeleien nicht leisten können.

Ich hetze nicht gern. Das widerspricht meinem Naturell. Doch der Natur ist das egal.

Der Stikine ist mindestens dreimal so breit wie der Fluß, auf dem wir bisher gereist sind. 100 Meter von Ufer zu Ufer, manchmal auch mehr. Den Karten entnehmen wir, daß er bis zu der Brücke, die sich ein paar Kilometer vor dem Dorf über das Flußbett spannt, sogar noch viel breiter wird.

Ich bin bereits 1986 auf diesem Fluß gereist, doch das wenige, woran ich mich noch erinnere, hilft uns kaum weiter. Flüsse frieren nicht jedes Jahr auf die gleiche Weise zu, und die Bedingungen ändern sich von Mal zu Mal. Für Reisen auf zugefrorenen Flüssen müßte man jedes Jahr neue Karten zeichnen und darin die offenen Zonen, die Stellen, wo sich Eisblöcke türmen, die *slush*-Zonen und die mit Wasser überfluteten Abschnitte vermerken. Das Beste wäre, sie jeden Monat, jeden Tag zu korrigieren …

Flüsse wie die Lena in Sibirien oder der George in Labrador, die bei Winterbeginn zufrieren und dann auch zugefroren bleiben, sind selten. Die Regel sind Flüsse wie der Yukon und der Stikine. Sie sind unberechenbar und daher sehr gefährlich.

Wir haben keine Alternative, aber wir sind überaus vorsichtig. Die Landschaft ist von einer überwältigenden Schönheit und bietet außergewöhnliche Panoramen. Alles ist größer geworden, der Fluß, die Täler, die Berge, selbst die Bäume. Majestätische Kiefern überragen die steilen Ufer. Ein Land der Riesen. Die Entfernungen von einem Ende des Tals zum anderen, von einem Berg zum anderen sind enorm – mehrere Dutzend Kilometer. Wie winzige Ameisen, langsam wie eine Wolke ziehen wir durch diese unermeßliche Weite und hinterlassen eine schmale graue Spur, die wenig später wieder verschwindet.

Wir empfinden paradox anmutende Gefühle. Furcht vor dem gefährlichen Fluß vermischt sich mit Bewunderung bei dem atemberaubenden Anblick der Rocky Mountains, der berechtigte Stolz darauf, etwas zu tun, was selbst die Indianer für undurchführbar hielten, mit einer Spur von Angst vor der ungewissen Zukunft.

Gegen 13 Uhr halten wie bei Sonnenschein in einer großen Biegung des Flusses, der sich hier über einen Kilometer weit an die Rundung eines Berges schmiegt.

»Taitaine aussteigen.«

Wir trampeln mehrere Quadratmeter Schnee fest und ziehen Montaine aus ihrem kleinen Daunennest, damit sie sich die Beine vertreten kann. Sie läuft sofort zu den Hunden, am gesamten Gespann vorbei bis zu Otchum, der mit Liebkosungen und Küssen belohnt wird. Dann kommt sie zurück und streichelt Oumiak, Nanook und Torok. Es ist rührend mitanzusehen, wie sehr die Hunde Teil ihres Lebens geworden sind.

Die Hunde verkürzen ihr die langen Stunden auf dem Schlitten, die einem Kind in ihrem Alter endlos vorkommen müssen. Sie spricht mit ihnen, wiederholt unsere Kommandos, beobachtet sie lange bei der Arbeit, wird unruhig, wenn sich eine Leine verheddert oder ein Hund ausschert und den Kopf in den Schnee steckt, um sich zu erfrischen, was sie selbst bei –40° C gerne tun.

Seit einigen Tagen besteht sie darauf, das Startkommando »Los geht's, Hunde« oder den Befehl »Hoo« für »Halt!« zu geben. Sie ahmt perfekt unseren Tonfall nach und täuscht damit sogar die Hunde, so daß wir ihr einschärfen müssen, daß Kommandos kein Spiel sind.

»Komm, Montaine, steig wieder auf den Schlitten, wir fahren weiter.«

»Taitaine machen!«

»Ja, du darfst den Hunden sagen, daß sie losrennen sollen.«

Montaine strahlt. Ihr Glück ist grenzenlos. Das ist das schönste Geschenk!

»Jetzt, Montaine«, raune ich ihr so leise zu, daß die Hunde mich nicht hören können.

»Los geht's, Hunde«, ruft sie mit ihrem kristallklaren, entzückenden Stimmchen.

Mit einem Ruck stürmen die elf Hunde los und reißen den Schlitten mit. Montaine klatscht begeistert.

»Taitaine macht!«

»Ja, Montaine. Hast du gesehen, wie sie losgerannt sind, als du es ihnen gesagt hast? Bravo, Montaine.«

»Noch mal! Noch mal!«

»Nein, Montaine, wir müssen sie jetzt arbeiten lassen. Es ist nämlich schwer, den Schlitten zu ziehen, weißt du. Sieh doch, wie sie ziehen.«

Montaine beobachtet die Hunde mit ernster Miene. Sie versteht genau.

»Schwer!«

»Ja, es ist schwer. Wir müssen sie jetzt in Ruhe lassen. Du darfst ihnen heute abend sagen, daß sie anhalten sollen, einverstanden?«

»Taitaine machen.«

»Ja, aber nicht jetzt.«

Wie schön sie ist, unsere Schneeprinzessin, mit ihren großen, von Rauhreif umringten Augen, ihren weiß gepuderten dunklen Haarsträhnen und ihren tiefbraunen Wangen. Sie strotzt vor Gesundheit. Zum Anbeißen. Ihr Lachen macht uns glücklich.

Dieselbe Freude empfinde ich, wenn ich die Kapriolen eines Rehkitzes auf einer sonnigen Lichtung beobachte. Dasselbe Gefühl von Natürlichkeit, unverfälschter Lebensfreude, Harmonie.

Das Glück, das Montaine empfindet, wenn sie mit ihren Hunden spricht, ist Antwort genug auf die Frage, die uns vor der Abreise so oft gestellt worden ist.

»Aber warum das Kind mitnehmen?«

»Warum?«

Ich gestehe, daß ich ziemlich ratlos war, als ich die Frage zum ersten Mal hörte, denn ich fand es ganz natürlich, meine kleine Tochter mitzunehmen. Nicht normal wäre gewesen, sie zu Hause zu lassen, denn dann hätte sie ihre Eltern ein Jahr lang nicht sehen können. Das hätten wir nicht übers Herz gebracht.

Wenn man ein Kind hat, will man auch mit ihm zusammensein, es aufwachsen sehen, es an dem, was einem wichtig ist, teilhaben lassen. Und was dem einen die Wohnung und das Fernsehen, sind dem anderen eben der Hundeschlitten und das Zelt.

Gewiß, Montaine hat sich nicht dafür entschieden, hierherzukommen und ein Leben zu führen, das gewisse Leute für »ein gefährliches Abenteuer in einer lebensfeindlichen Umgebung« halten. Aber welches Kind entscheidet schon selbst über den Weg, den es einschlagen wird? Die Eltern nehmen ihm die Entscheidung ab. Und wir haben gründlich und in aller Ruhe nachgedacht, ehe wir die unsere getroffen haben. Wir bereuen nichts, außer daß wir uns dazu haben hinreißen lassen, Leuten Rede und Antwort zu stehen, die sich selbst solche Fragen nie stellen.

KAPITEL 36

DAS VERGNÜGEN, DAHINZUGLEITEN, OHNE VOR DEN Hunden durch Tiefschnee stapfen zu müssen, ist nur von kurzer Dauer.

Am zweiten Tag wird der Schnee immer tiefer und die Tierfährten immer rarer. Otchums Kräfte schwinden, und die Hunde hinter ihm verlieren allmählich den Mut.

Zum Glück wird der Schlitten mit jedem Tag leichter. Die Kälte lockert ihren Griff nicht. Wir ziehen durch eine eisige Welt, gefolgt von der weißen Fahne unseres Atems, der, vermischt mit dem der Hunde, sofort kondensiert und gefriert.

Montaine verlangt keine Pausen mehr. Sie bleibt tapfer und geduldig in der Daunenjacke sitzen und zieht sich die Kapuze ins Gesicht, um sich vor der beißenden Kälte zu schützen. Mein kleines Mädchen rührt mich zu Tränen, wenn sie mich, nach stundenlanger Fahrt bei –40° C von oben bis unten mit Rauhreif überzogen, anlächelt, wie um mir zu sagen: »Mach dir meinetwegen keine Sorgen, Papa, mir geht es gut.«

Diane leidet, sagt aber keinen Ton. Ich versuche, ihr möglichst viel Arbeit abzunehmen, doch ich stoße an meine Grenzen. Nach einer Stunde Marsch durch 40 Zentimeter tiefen Schnee habe ich Blei an den Füßen und bitte Diane, mich abzulösen, und dann rackert sie tapfer, bis sie selbst nicht mehr kann. Am Abend, nach fünf

Stunden Marsch, gehört viel Überwindung dazu, um noch einmal letzte Kräfte zu mobilisieren und das Lager aufzuschlagen.

Die Nacht ist kurz und sehr kalt. Jeden Morgen brechen wir in der Hoffnung auf, bessere Verhältnisse vorzufinden, werden aber immer wieder enttäuscht. Auf was für ein Wunder warten wir denn?

Daß irgendein Trapper mit dem Schneemobil eine Piste gespurt hat, die zum Dorf führt? Ausgeschlossen. So weit wagt sich keiner hinaus, und wenn doch, dann benutzt er nicht den Fluß.

Daß Tiere einen Pfad ausgetreten haben? Elche und Karibus meiden die großen Flüsse.

Daß der Schnee weniger wird? Warum hätte es hier weniger schneien sollen als anderswo? Im Winter bleiben die Niederschläge gewöhnlich nicht lokal begrenzt, es sei denn, man überquert die Wasserscheide zwischen zwei Einzugsbecken, was bei uns nicht der Fall ist.

Also erwarten wir nichts mehr. Mit leerem Kopf marschieren wir weiter. Und die Hunde folgen uns tapfer.

Das Hundefutter reicht nur noch für fünf Tage. Ich könnte mich ohrfeigen. Gestern abend habe ich drei Karibus entkommen lassen, weil der Schlagbolzen durch Kondenswasser eingefroren war. Die Karibus waren unsere Chance, und ich habe sie mir durch die Lappen gehen lassen. Ich hätte das Gewehr am Morgen überprüfen sollen.

Und jeden Morgen und Abend das Lager aufschlagen und wieder abbrechen. Tag für Tag. Das zehrt am meisten an den Kräften.

Seit einer Woche pendeln die Temperaturen zwischen −35° C und −40° C, und das Zelt ist bei dieser Kälte hart wie eine Blechplatte. Ich muß mich mit meinem ganzen Gewicht gegen die Zeltbahn stemmen, wenn ich sie ausrolle. Sie quietscht wie eine Tür in verrosteten Angeln.

Wir haben nur noch einen einzigen Gedanken: die Brücke!

Wir werden nicht bis nach Dawson reisen. Alaska kann uns gestohlen bleiben. Wir haben schon genug durchgemacht!

Ein Schritt, zwei Schritte, drei.

Und noch einer. Der Kopf leer, die Beine schwer. Vorgestern 18 Kilometer, gestern 12, heute vielleicht 15. Lächerlich.

Gestern 12 Kilometer. Dieselbe Strecke legen meine Hunde auf festem Geläuf mühelos in einer Stunde zurück.

Ein Schritt, zwei, drei.

»Das bringt doch nichts, wenn wir in dem Tempo weitermachen«, sagt Diane immer wieder völlig demoralisiert.

»Wir können nicht hierbleiben und abwarten.«

»Das würde fast auf dasselbe hinauslaufen.«

»Nein, sieh dir die Karte an. 40 Kilometer von hier ist ein Jagdcamp. Dort finden wir bestimmt Lebensmittel.«

»Bist du sicher, daß es überhaupt noch existiert?«

»Ziemlich.«

Die Aussicht, in einer warmen Hütte zu übernachten, hebt die Stimmung ein wenig. Vielleicht finden wir dort Futter für die Hunde, wenigstens für ein oder zwei Tage.

Die Hütte liegt am Zusammenfluß von Stikine und Spatsizi, einem großen Fluß, an dem die Indianer früher Karibus jagten. Heute sind es reiche Jäger und Angler, die sich mit dem Wasserflugzeug einfliegen lassen.

Heute morgen kommen wir erheblich schneller voran. Den Wölfen sei Dank. Ein stattliches Rudel von acht oder neun Tieren hat auf dem Flußbett eine frische Spur gezogen, auf der die Hunde drei bis vier Kilometer weit mit Begeisterung laufen. Um 13 Uhr haben wir fast 20 Kilometer zurückgelegt. Ein Rekord!

»Wenn es so weitergeht, schaffen wir es bis heute abend vielleicht bis zur Hütte.«

»Toll! Kein Zelt aufbauen, im Warmen schlafen!«

Wir fahren unverzüglich weiter. An manchen Stellen ist der Fluß offen, doch die Wölfe haben diese Abschnitte vorsichtig gemieden. Je näher wir der Mündung kommen, desto häufiger stoßen wir auf Wildfährten. Wölfe folgen den Elchen und Karibus, Luchse den Hasen. Am Zusammenfluß der beiden Wasserläufe erstreckt sich ein vier- bis fünftausend Hektar großes Sumpfgebiet, in dem die Tiere Nahrung im Überfluß finden. Viele überwintern dort.

»Vielleicht kannst du jagen gehen, und ich bleibe mit Montaine in der Hütte.«

»Warten wir ab, in welchem Zustand die Hütte ist.«

Am Nachmittag, wenige Kilometer vor der Mündung, dann der Schock: eine Barriere von übereinanderliegenden Eisblöcken ragt vor uns auf.

»Das darf doch nicht wahr sein!«

Auf den ersten Blick gibt es kein Durchkommen. Das Chaos sieht aus wie ein verwüstetes Dorf, als wären bei einem Erdbeben ein paar hundert Häuser aus Eis in sich zusammengestürzt.

Die Hunde bleiben von sich aus stehen. Otchum sieht mich verärgert an. Er weiß nicht, was er tun soll.

»Sitz. So ist es brav.«

Ich gehe am Gespann entlang, belohne jeden Hund mit Streicheleinheiten und erklimme einen fünf Meter hohen Block, der die Form einer Pyramide hat. Ein schöner, aber betrüblicher Anblick. Ein Trümmerfeld, soweit das Auge reicht, ein wirres Durcheinander von Eisplatten, die kreuz und quer übereinanderliegen. Ein Ende kann ich nicht ausmachen.

Ich kehre zu Otchum zurück. Er sieht mich mit seinen intelligenten Augen an, zwei schönen braunen Augen mit Schneewimpern. Ich beuge mich zu ihm hinunter, fasse ihm unters Kinn und küsse ihn auf die Schnauze.

»Was sollen wir jetzt tun?«

Otchum leckt mir zärtlich das Gesicht.

»Kommen wir nicht durch?«

Diane wirkt total demoralisiert. Drei Kilometer vor der Hütte das Aus!

In Gedanken haben wir schon im Warmen gesessen und an einem Tisch gegessen. Ein Luxus, im Sitzen zu essen. Wir träumen von einfachen Dingen. Der mangelnde Komfort im Zelt ist zermürbend. Eine Hütte, wie primitiv auch immer, ist unser Hilton des Nordens. Wir stellen keine hohen Ansprüche.

»Wir müssen ans Ufer und dort das Lager aufschlagen.«

»Nein! Drei Kilometer von der Hütte entfernt ein Lager aufschlagen? Das halte ich nicht aus!«

»Was sollen wir denn tun?«

»Wir könnten versuchen, durchzukommen.«

»Ja, wenn wir allein wären. Aber mit Montaine können wir uns am späten Nachmittag nicht in dieses Labyrinth wagen, das wäre unvernünftig.«

Ich versuche, mich zuversichtlicher zu geben, als ich bin.

»Der Platz da hinten ist doch schön. Wir bauen ein schönes Lager auf, und dann suche ich eine Passage. Morgen sind wir da.«

Ein tiefer Seufzer als Antwort.

Der Weg ans Ufer führt durch ein Trümmerfeld. Um meiner Wut Luft zu machen, dresche ich wie ein Verrückter auf die Eisbrocken ein und schlage die scharfen Kanten ab.

Die Hunde quälen sich die Böschung hinauf und bleiben schließlich ganz stehen, weil ihnen das Geschirr die Luft abschnürt. Der Schlitten hat sich an einem Eisblock verklemmt. Wir stemmen uns dagegen. Nichts zu machen. Mit der Axt zertrümmere ich den Block.

Wir fahren weiter. Der Schlitten gerät auf eine Eisplatte, wird ausgehebelt und kippt um. Montaine purzelt in den Schnee und heult los.

»Du brauchst sie nur auf den Arm zu nehmen. Ich fahre ans Ufer und hole euch später nach.«

Der Schlitten holpert über die Blöcke, neigt sich nach allen Richtungen, verklemmt sich und kippt mehrmals um. Trotz der Kälte bin ich schweißgebadet, als ich das Ufer erreiche.

»Wenn das 20 Kilometer so weitergeht, brauchen wir allein schon für das Packeis einen Monat.«

Was soll ich darauf antworten?

Vielsagendes Schweigen.

KAPITEL 37

DER SCHLITTEN GLEITET JETZT BESSER, DENN WIR haben das halbe Gepäck am Lagerplatz zurückgelassen. Ich werde es holen, sobald wir die Hütte erreicht haben.

Bei der Erkundung des Packeises gestern abend habe ich ein paar Eiszungen entdeckt, die sich mehrere hundert Meter lang durch das Labyrinth schlängeln. Sie sind aus Wasser entstanden, das an die Oberfläche gestiegen ist, sich wie ein Bach einen Weg durch das Chaos gesucht hat und bei den ersten Kälteeinbrüchen wieder gefroren ist. Auf diesen Zungen arbeiten wir uns vorwärts. Oft müssen wir von einer zu anderen wechseln und dabei Eisblöcke überwinden, die bis zu drei, vier Meter hoch sind. Die Hunde ziehen wie Ackergäule und setzen Wahnsinnskräfte frei.

Montaine hat Angst, wieder umzukippen. Sie ist sich der Gefahr voll und ganz bewußt und ruft immer wieder:

»Taitaine Angst, hindefallt.«

Wir beruhigen sie so gut es geht, doch der Schlitten neigt sich unablässig von einer Seite auf die andere. Um die beste Strecke zu finden, gehe ich im Packeis voraus und prüfe des öfteren die Festigkeit der Zungen. Mehrere Male geraten wir in *slush.* Zum Glück ist der Schlitten leicht, und es kostet uns nicht viel Zeit, ihn umzudrehen und vom Eis zu befreien. Bisweilen hören wir das Wasser fließen, und an vielen Stellen ist der Fluß sogar offen. Das trägt nicht gerade zu unserer Beruhigung bei. Wir sind doppelt vorsichtig und wagen uns in keine Passage, die wir nicht vorher getestet haben. Doch wir kommen besser voran als befürchtet. Nach zwei Stunden haben wir im Packeis immerhin schon zwei Kilometer zurückgelegt.

Die Hütte rückt näher. Dort, wo sich die beiden Flüsse vereinigen, ragt eine regelrechte Eismauer aus riesigen Blöcken vor uns auf. Wir suchen die günstigste Passage und treiben die Hunde an. Otchum springt von Block zu Block und zieht die anderen Hunde hinter sich her. Sie rutschen aus, fallen hin, schlittern über Eisplatten und winseln vor Angst, weil sie trotz ihrer Krallen keinen Halt finden. Der Schlitten steigt knirschend in die Höhe, prallt gegen Blöcke, fällt hinunter. Diane folgt uns mit Montaine auf dem Arm und erklimmt, so gut es geht, die kleinen Eisberge. Montaine ist nicht mehr ängstlich, sondern feuert, meinem Beispiel folgend, die Hunde an.

Hinter der Mauer bietet der Fluß einen etwas weniger erschreckenden Anblick. Wir bleiben in Ufernähe, doch auch hier bilden die Eisblöcke ein unbeschreibliches Chaos. Ich gehe voraus und umkurve die Hindernisse.

»Die Hütte!«

Die Hunde haben sie im selben Augenblick bemerkt wie wir und bellen aufgeregt durcheinander. Ich beruhige die Bande, denn eine offene Zone versperrt den direkten Weg ans Ufer.

Montaine schnappt fast über.

»Hütte! Hütte, da!«

Ich weiß beim besten Willen nicht, was jetzt in ihrem kleinen Kopf vorgeht. Eine Hütte, hier! Sie muß sich komische Fragen stellen.

Wir bringen die Hunde, für die das Ufer hier zu steil ist, zum Stehen und klettern die Böschung hinauf, um uns sofort die Hütte anzusehen.

»Das Ding hat vier Sterne!«

Mitten in dem ziemlich großen Raum thront ein riesiger Ofen, und wir finden einen stattlichen Vorrat an Brennholz. Ich entzünde sofort ein Feuer. Montaine läuft im Zimmer herum und stürzt von einer Überraschung in die andere. Diane und mir ergeht es nicht anders. Wir freuen uns wie Kinder.

»Pfannkuchenteig, Schokolade!«

Diane räumt die Schränke aus. Langsam wird es im Zimmer warm. Was für ein angenehmes Gefühl, was für ein Komfort!

Wir fühlen uns wie Ölmagnaten!

Während Diane die Inventur fortsetzt, kehre ich zum Schlitten zurück. Ich lade ihn komplett ab, ehe ich zurückfahre. Wenn ich die Sachen, die wir heute morgen im Packeis zurückgelassen haben, nicht sofort hole, hole ich sie nie.

Die Hunde laufen schnell. Zwei Stunden später sind wir zurück.

In der Hütte ist es schön warm. Ich lege mich auf eine weiche Matratze und schlafe, mit Montaine in den Armen, ein, während Diane aus den gefundenen Schätzen ein Festessen kocht.

Ich fühle mich himmlisch. Zum ersten Mal, seit wir unsere Sommerhütte verlassen haben, kann ich mich gehen lassen, nach Herzenslust schlafen, ohne mich um irgend etwas sorgen zu müssen. Montaine wird nicht erfrieren. Das tut gut, so gut!

Zwei Stunden später wachen wir wieder auf. Aus den Töpfen auf dem Ofen steigen uns die köstlichsten Düfte in die Nase.

Diane hat eine Riesenmenge Reis und Nudeln mit Elchfleisch aus der Dose gekocht, die wir an die Hunde verteilen. Einen Teil behalten wir für uns und essen dazu eine Dose Bohnen und Mais.

»Wie oft können wir die Hunde mit dem, was du gefunden hast, füttern?«

»Noch einmal.«

Dann bleiben wir bis morgen hier. Das wird allen gut tun, Mensch und Tier.

»Heute nacht werden wir wunderbar schlafen.«

»Worauf du dich verlassen kannst.«

Tags darauf breche ich am frühen Nachmittag mit sieben Hunden zu einer Erkundungsfahrt auf. Ich möchte eine Antwort auf die Frage, die wir uns seit 24 Stunden unablässig stellen: Wo hört das Packeis auf?

Ich gehe voraus, und die Hunde kommen nach, sobald ich ihnen den Befehl dazu gebe. Diese Vorgehensweise ist ihnen mittlerweile vertraut. Sie können eine Stunde an einer bestimmten Stelle warten, während ich einen offenen Flußabschnitt, eine Insel oder eine Packeiszone umgehe. Sobald ich sie rufe, auch aus großer Entfernung, nehmen sie meine Spur auf und folgen ihr, bis sie mich eingeholt haben. Wenn ich auf dem Rückweg eine andere Route nehme als auf dem Hinweg, beispielsweise auf der anderen Seite einer Insel wieder auftauche, warte ich, bis ich in Sichtweite bin, dann pfeife ich.

»Otchum, komm!«

Ohne Zögern verläßt Otchum die Piste und eilt zu mir. Wir bilden ein gutes Team. In gewissen Augenblicken bin ich ganz närrisch mit meinen Hunden, aber das ist mir egal! Wir sind allein, ganz allein, und sie erwidern die Liebe, die ich ihnen schenke.

Hinter der Flußmündung verändert sich das Packeis. Es türmt sich nun zu regelrechten Wällen von zwei bis drei Metern Höhe auf, die eine langgestreckte Barriere bilden.

An diesen Eiswällen entlang schlängelt sich, zwischen den Blöcken hindurch und stellenweise zwischen zwei

Wänden eingezwängt, ein Bach, der im Verlauf des Winters wieder gefroren ist. Solche Eiskorridore sind äußerst gefährlich, denn sie enden gelegentlich in offenen Zonen, Wasserfällen oder regelrechten *slush*-Sümpfen. Manchmal bemerken wir das Hindernis erst im letzten Moment. Und auf Eis beträgt der Bremsweg eines Schlittens Dutzende von Metern. Außerdem verändern sich solche Zonen ständig. Wasser drückt durch die Eisdecke nach oben und vermischt sich mit dem Schnee oder gefriert sofort. Daher läßt sich schwer sagen, welche Stellen man gefahrlos betreten kann und welche man besser meidet. Wenn die Eisdecke bricht, kann eine zweite den Schlitten auffangen und sogar eine dritte oder vierte, aber wie soll man das wissen?

Da ich allein bin, kann ich es mir erlauben, gewisse kalkulierbare Risiken einzugehen. Ich sehe mir die verschiedenen Packeiszonen ganz genau an und entscheide dann intuitiv, welche Passage ich nehme und welche nicht. Ich meide die Flußmitte, wenn irgend möglich, doch der Bach, der auf dem Eis entstanden ist, hat sich naturgemäß die tiefste Stelle gesucht, und die liegt oft in der Mitte des Stikine.

Mehrmals stapfen wir am Ufer entlang durch 50 Zentimeter hohen Schnee, um unpassierbare oder zu gefährliche Stellen zu umgehen. Wir folgen einigen Wolfsfährten, dann der Spur eines Luchses.

Hinter einer langgestreckten Insel, die die Form einer Bohne hat, erwartet mich ein ungewöhnlicher Anblick. Große, mehrere Meter hohe Blöcke bilden einen regelrechten Canyon, in dessen Mitte sich ein Korridor schlängelt, der einen stabilen Eindruck macht.

Das Eis fängt die Sonnenstrahlen ein, und der Canyon glänzt silbern, als sende der Fluß selbst ein blendendes Licht aus.

Es ist absolut märchenhaft, wie verzaubert. Eine Filmkulisse mit monumentaler Beleuchtung. Wir dringen in den Eispalast vor. Das Knirschen der Kufen hallt metallisch von den Wänden wider. Das Eis hält. Es hat ein klares und schönes Blau ohne Streifen. An manchen Stellen zieht sich der Schraubstock aus Eis so zusammen, daß nur noch ein schmaler Durchgang von einem knappen Meter bleibt, dann treten die Wände wieder zurück. Die Hunde sind in ihrem Element, obwohl sie auf dem spiegelglatten Untergrund leichte Standschwierigkeiten haben.

Ich höre das Wasser, bevor ich es sehe.

»Hooooo!«

Das war knapp. Wenige Meter vor einem imposanten Wasserfall kommen wir zum Stehen. Einen Sturz da hinunter hätten wir nicht überlebt. Niemand hätte je eine Spur von uns gefunden!

Wir suchen uns einen Weg durch das Packeis. Mit der Axt zertrümmere ich einige Eisschollen, um die Passage zu verbreitern.

Und hinter dem Wasserfall ein Traumfluß!

Kein Trümmerfeld mehr, sondern schönes glattes Eis mit einer zehn Zentimeter hohen Schneedecke.

»Yahouuu!«

Glücklich darüber, endlich ungestört traben zu können, legen die Hunde einen Zahn zu. Wir ziehen eine schöne Piste, schnurgerade wie eine Bleistiftlinie auf weißem Papier. Die Hunde befolgen das kleinste Kommando mit vorbildlicher Präzision. Eine Stunde später kehre ich um, wenn auch nur widerwillig, denn ich genieße die einsame Fahrt durch die weiße Weite, mit der ich wieder vollkommen versöhnt bin.

KAPITEL 38

NOCH 150 KILOMETER BIS ZUM DORF.

Wenn wir das Futter etwas rationieren, können die Hunde noch fünf oder sechs Tage problemlos durchhalten.

»25 Kilometer pro Tag, das müßte doch zu schaffen sein.«

Am ersten Tag geht alles glatt. Mit −30° C ist die Temperatur ideal. Die Hunde sind ausgeruht und traben fröhlich über die Piste, die wir am Vorabend gespurt haben: 30 Kilometer.

Am zweiten Tag läuft es schon weniger gut. Mehrmals versperren uns große *slush*-Felder den Weg, dann offene Zonen und am Ende des Tages sogar Packeis.

Die Bilanz: 18 Kilometer.

Am Morgen des dritten Tags verschlechtern sich die Bedingungen: Das Thermometer zeigt −40° C, und das Packeis zieht sich in die Länge. Wieder gleicht der Fluß einem Trümmerfeld. In die Daunenjacke gehüllt, schläft Montaine glücklicherweise viel, so daß wir sie nicht beruhigen oder beschäftigen müssen und uns ganz auf die Fahrt konzentrieren können. In der Nacht ist es so kalt, daß wir kaum ein Auge zutun, und Montaine wacht sehr früh mit uns auf. Sie holt den versäumten Schlaf auf dem Schlitten nach. Würden wir jetzt einem Trapper begegnen, so wäre er nicht wenig überrascht, bei −40° C ein kleines Mädchen auf dem Schlitten schlafen zu sehen!

Wir marschieren wieder vor den Hunden, müssen uns aber häufig abwechseln, denn auf dem tückischen Geläuf im Packeis ermüden wir rasch.

»So eine Schinderei!«

Alle halbe Stunde kontrollieren wir die Temperatur in der Daunenjacke. Die Heizung funktioniert tadellos. Jeden Tag wechseln wir die Fünf-Volt-Batterie des kleinen Ventilators aus, der die warme Luft durch die Schläuche bläst.

Eine Maske aus Eis bedeckt Dianes Gesicht. Ich sehe nur noch ihre Augen, die teilweise hinter ihren gefrorenen, mit Rauhreifflocken verklebten Lidern verschwunden sind. Wir müssen durchhalten.

Nur noch 90 Kilometer!

Heute abend haben wir -45° C! Es wird immer schlimmer. In der Nacht tun wir kein Auge zu. Montaine leidet nicht allzusehr unter der Kälte. Sie schmiegt sich in die Kuhle zwischen meinem Bauch und meinen Oberschenkeln und wird so von mir gewärmt. Nachdem ich nur zeitweise etwas gedöst habe, zünde ich gegen drei Uhr morgens den Ofen an. Während ich das Feuer unterhalte, schläft Diane endlich ein. Gegen sieben Uhr sinke auch ich in Schlaf. Das Erwachen eine Stunde später ist ernüchternd. Ich muß hinaus und Holz holen. Wir haben alles verheizt. Mit einer Stirnlampe bewaffnet, mache ich mich auf die Suche nach einer abgestorbenen Kiefer, was in finsterer Nacht keine leichte Übung ist.

Zum Glück fällt mir ein, daß ich gestern unweit des Zeltes ein oder zwei gesehen habe. Ich folge meinen Spuren vom Vorabend und finde sie ziemlich schnell.

Wir sind uns unschlüssig, ob wir bei der Kälte weiterfahren sollen.

»Es wäre unvernünftig, mit Montaine weiterzufahren. Der kleinste Zwischenfall wäre verhängnisvoll.«

»Willst du etwa hier bleiben und im Zelt versauern?«

Diane ist sich nicht darüber im klaren, wie gefährlich eine so extreme Kälte ist. Der geringste Fahrfehler kann tödliche Folgen haben. Ich vergleiche das Reisen bei extremer Kälte gern mit dem Autofahren. So wie man mit 250 Sachen über die Autobahn brettern kann, ohne daß etwas passiert, so kann man auch bei $-45°$ C auf einem Fluß reisen, doch der kleinste Fahrfehler, eine Wasserlache oder ein Schlenker, und es kommt zur Katastrophe! 90 Kilometer vor dem Ziel dürfen wir nicht leichtsinnig werden.

Und doch. Die Kälte kann noch Tage anhalten oder sogar noch schlimmer werden. Was dann?

»Uns bleibt aber auch wirklich nichts erspart: Schnee, *slush*, Packeis, Kälte, es ist nicht zu fassen!«

»Hör zu, wir werden trotzdem weiterfahren. Mit der Heizung dürfte Montaine nicht allzusehr frieren. Wir müssen nur gut auf ihr Gesicht aufpassen. Ich kümmere mich um alles andere. Wir werden ganz langsam fahren. Es macht nichts, wenn wir heute nur zehn Kilometer schaffen.«

»Das ist mir immer noch lieber, als den ganzen Tag im Zelt zu hocken.«

Wir brechen auf.

Die Kälte ist beißend. Eine weiße Fahne hüllt uns ein und weht hinter uns her. Wir sind wie Phantome, die langsam durch eine Mondlandschaft ziehen.

Montaine ist tief in den Daunenanorak gekrochen. Zusätzlich haben wir sie mit allem zugedeckt, was wir haben.

Ohne Diane etwas davon zu sagen – ich will sie nicht beunruhigen – habe ich den Notsender vom Schlitten genommen und in die Tasche unter dem Haltebügel gesteckt, wo ich ihn leicht erreichen kann. Am meisten Angst habe ich davor, in ein Wasserloch zu fahren. Wenn es uns in einem solchen Fall nicht gelingt, sofort ins Trokkene zu kommen und ein Feuer zu entzünden, halten wir ohne Hilfe nicht lange durch. Wir tragen ein Feuerzeug, Streichhölzer und eine Kerze am Leib, alles wasserdicht verpackt, damit wir leicht Feuer machen können. Wenn man bei −45° C ins Wasser fällt, entscheidet eine Minute über Leben und Tod. Ich weiß im Schlaf, was dann zu tun ist. Das Wasser in den Kleidern gefriert augenblicklich. Da ist allerhöchste Eile geboten. An zahlreichen Stellen ist der Fluß offen, an anderen ist das Eis brüchig. Das macht das Fortkommen schwierig und gefährlich.

Otchum hat sich bei der Führungsarbeit im verharschten Schnee die Pfoten wundgescheuert. Deshalb plaziere ich Voulk an der Spitze. Er ist vor Freude völlig aus dem Häuschen!

Zwei Wölfe sind in der Nacht über den Fluß getrabt. Wir beschließen, ihrer Spur zu folgen. Voulk legt ein Wahnsinnstempo vor. Das gefällt mir nicht. Doch ich weiß auch, daß er dieses Tempo nicht lange durchhalten kann, und im Moment besteht keine Gefahr, denn der Fluß ist hier gleichmäßig zugefroren.

Plötzlich wird der Fluß schmaler. Eine blaugraue *slush*-Schicht taucht vor uns auf. Sie reicht von einem Ufer zum anderen. Das Eis scheint intakt zu sein, trotzdem würde ich lieber anhalten, ehe ich durch diesen Matsch rase. Zu spät, Voulk dreht völlig durch. Die Nase an der Wolfsspur, die Leine gespannt wie eine Violinsaite, reißt er die anderen Hunde mit. Wir steigen mit unserem ganzen Gewicht auf die Bremse, doch auf dem betonharten Eis greift sie nicht. Ich brülle, doch Voulk schert sich nicht darum. Ich habe die Kontrolle über unser Gefährt verloren. Es rast ohne Bremsen in vollem Tempo weiter.

Und dann der Horror.

Ein Alptraum.

200 Meter vor uns klafft ein 100 Meter breites Loch in

der Eisdecke. Das Wasser brodelt, als hätte es der gefrorene Fluß ausgespuckt, und wälzt sich unter wildem Tosen, ehe es zusammen mit den Eisblöcken, die es mit sich führt, ein Stück weiter grollend wieder verschwindet.

Und wir rasen direkt darauf zu, bei –45°C!

Ich weiß nicht, ob Voulk noch der Wolfsspur folgt oder ob er nur vor der Strafe davonläuft, die er verdient hat. Ich brülle aus Leibeskräften, aber ohne Erfolg. Im Gegenteil. Die Hunde, die mich noch nie so wütend und ängstlich haben schreien hören, geraten in Panik und suchen ihr Heil in der Flucht.

Ein Teufelskreis. Alles geht sehr, sehr schnell.

Das Loch kommt näher. Das Knirschen der übers Eis kratzenden Bremse geht im Getöse des Wassers unter.

»Nimm Montaine und spring ab! Schnell!«

Diane zögert keine Zehntelsekunde. Sie reißt Montaine buchstäblich vom Schlitten und wirft sich zur Seite. Sie kugelt sich mit ihr im Schnee.

Das Loch kommt näher – 50 Meter.

Diane und Montaine sind außer Gefahr. Ich könnte jetzt ebenfalls abspringen und die Hunde mit dem Schlitten in das Loch rasen lassen, doch damit würde ich unser Todesurteil unterzeichnen. Ohne Ausrüstung würden wir bei der Kälte nicht lange überleben.

40 Meter. Otchum zieht nach links. Er hat die Gefahr gewittert, doch es ist zu spät. Der fünf Zentner schwere Schlitten wird vom eigenen Schwung fortgerissen.

Weit hinter mir höre ich sie rufen:

»Papa! Papa!«

Doch ich habe jetzt nur einen Gedanken:

»Der Notsender!«

Es muß mir gelingen, den Sender aus der Tasche zu holen. Sonst sind Diane und Montaine verloren. Doch mir bleibt nicht mehr genug Zeit, ihn herauszuholen und abzuspringen, ehe wir in das Loch stürzen. Jede Sekunde bringt uns dem Wasser in einem Wahnsinnstempo näher. Ich werde auf dem Schlitten bleiben und versuchen, den Sender aus der Tasche zu ziehen und hinter mich zu werfen, ehe wir verschlungen werden. Das ist die einzige Lösung, die einzige Überlebenschance für Diane und Montaine.

Ich werde es schaffen. Ich muß.

Mein Leben ist mir gleichgültig, völlig gleichgültig. Offen gestanden denke ich kaum daran, denn der Gedanke an den Sender drängt alles andere in den Hintergrund.

Diane wird auf den Knopf drücken, und zwei, drei Stunden später wird ein Hubschrauber sie holen. Alles, was sie zum Feuermachen braucht, hat sie in der Tasche. Es ist noch früh am Morgen. Sie kann den ganzen Tag auf Rettung warten. Sie werden gerettet werden, nur das zählt.

20 Meter.

Wenn es mir gelungen ist, den Sender hinter mich zu werfen, werde ich natürlich versuchen, das Eis gegenüber zu erreichen, doch das Wasser drückt mit ungeheurer Wucht in den Tunnel und die Ränder des Lochs sind glatt und brüchig. Eine regelrechte Todesfalle. Das aufs Eis spritzende Wasser macht die Oberfläche glitschig, ganz zu schweigen von den Eisblöcken, die wie Korken am Rand entlangtanzen und mich zerquetschen könnten. Gesetzt den Fall, ich werde nicht von den Strudeln verschluckt, bevor ich die andere Seite des Lochs erreiche, wie soll ich dann Halt finden? Lange davor wird mich die Kälte packen. Ich muß auf dem Schlitten bleiben. Vielleicht geht er nicht unter, vielleicht kann er mir als Stütze dienen. Unsinn! Er wird mit den Hunden sofort versinken.

Hoffentlich kriege ich den Sender zu fassen und kann ihn aus dem Loch werfen!

Lieber Gott, mach, daß ich es schaffe. Ich gebe mein Leben dafür.

Zehn Meter.

Das Loch ist fürchterlich. Das Wasser brodelt grauenerregend und tobt in der Falle wie ein wildes Tier an der Kette.

Otchum zieht entschlossen nach links, und obwohl er nicht an der Spitze läuft, folgen die Hunde seinem Beispiel und rasen dicht am Loch entlang.

Fünf Meter. Gleich stürzen wir hinein.

Schlitten und Gespann bilden einen rechten Winkel. Angesichts der drohenden Gefahr ist im Gespann wieder Ordnung eingekehrt, obwohl sich ein paar Leinen verheddert haben. Ich werfe mich mit meinem ganzen Gewicht auf die Außenkufe, so wie sich ein Skifahrer in der Kurve auf den Außenski stellt. Der Schlitten reagiert und rutscht nun, vom eigenen Gewicht fortgerissen, seitwärts auf das Wasser zu. In panischer Angst vor dem Wasser verdoppeln die Hunde ihre Kräfte, schlagen ihre Krallen ins Eis und geben dem Schlitten Halt. Haarscharf schrammen wir am Rand des Loches vorbei. Leider sind wir zu spät abgebogen. Eine Kufe rutscht über den Rand und taucht ins Wasser. Ich werfe mich mit aller Kraft auf die linke Kufe, um den Schlitten im Gleichgewicht zu halten, doch er neigt sich zur Seite. Ein prekäres Gleichgewicht.

Ich habe Angst, daß der Schlitten sich überschlägt. Mit einem Mal begreife ich, daß ich jetzt nicht mehr an den Notsender herankomme. Es wäre besser gewesen, geradeaus ins Wasser zu rasen, als schräg vor das Loch zu kommen!

Zu spät.

Der Schlitten neigt sich weiter nach unten.

Wie in einem schlechten Film.

Ich kann mich nicht vorbeugen, um den Sender herauszuholen. Der Schlitten würde augenblicklich ins Wasser stürzen. Mir bliebe nicht mehr genug Zeit.

Es ist schrecklich.

Ich würde jetzt gern vier Zentner wiegen.

Ein Stoß!

Die rechte Kufe knallt gegen die Kante und schrappt knirschend über sie hinweg.

Von Torok und Nanook unterstützt, zieht Otchum den Schlitten vom Loch fort. Voulk, dieser Idiot, stürmt weiter am Wasser entlang, doch die drei Kraftprotze reißen ihn buchstäblich mit, so daß er sich plötzlich hinter ihnen wieder findet und Otchum vorneweg läuft!

Wir gleiten einige Meter am Loch entlang, einen halben Meter vom Wasser entfernt.

»Yap, Tschum!«

Der Schlitten gleitet nach links.

Gerettet!

»Hooooo!«

Otchum bleibt sofort stehen und stoppt das Gespann. Die Bremse greift. Der Schlitten kommt zum Stehen.

Stille.

Tiefe Stille.

Ich verschnaufe ein wenig, dann eile ich zu Diane und Montaine. Im Vorbeilaufen küsse ich Otchum auf die Schnauze.

Ich habe jetzt nicht die Kraft, Voulk zusammenzustauchen, der sich, ganz reuiger Sünder, platt aufs Eis drückt.

Unser Wiedersehen mitten auf dem Fluß ist schön. Keine Freudenbekundungen, nur ein Blick, den ich niemals vergessen werde.

Ich nehme Montaine in die Arme und drücke meine Wange an ihre süßes Puppengesicht.

»Mein Schatz, mein lieber Schatz!«

»Papa, Taitaine Angst!«

»Aber nein, mein Schatz, es ist vorbei. Alles wird gut.«

Die Kälte läßt nicht nach in ihrem Würgegriff. Das Thermometer schwankt zwischen $-35°$ C und $-45°$C wie ein Schiff auf den Wellen, und wir gleiten unter einem bleiernen Himmel dahin, schweigend und doppelt wachsam.

Es geht nur langsam voran. Wir umkurven die zahlreichen offenen Zonen, und der Schnee ist so tief, daß immer einer von uns vorausgehen muß.

Der Fluß ist mittlerweile 500 bis 600 Meter breit und mit Inseln übersät. Wir haben die Futterration für die Hunde ein weiteres Mal gekürzt. Auf diese Weise können wir noch vier Tage durchhalten. Wenn wir im Durchschnitt 20 Kilometer pro Tag zurücklegen, erreichen wir noch rechtzeitig die Brücke.

Doch der Stikine hat etwas dagegen. 70 Kilometer vor dem Ziel macht er plötzlich eine Biegung nach Westen und vereinigt sich mit einem großen Nebenfluß, dem Spatsizi. An der Mündung türmt sich wieder das Eis. Ein unbeschreibliches Chaos versperrt uns den Weg.

»Jetzt reicht's mir aber. Ich habe von diesem Scheißfluß endgültig die Nase voll!«

Das ist zuviel. Das haben wir nicht verdient. Was haben wir dem Norden angetan, daß er uns so bestraft?

Risse im Eis halten uns auf. Sie bilden regelrechte Rinnen von 20 Metern Breite.

Und wie der Zufall es will, verschwindet in diesem Augenblick die Sonne, und ein trister, bleifarbener Wolkenschleier breitet sich über den Himmel. Dieses seltsame und trübsinnig machende Licht erfüllt uns mit einem unbeschreiblichen Gefühl der Angst.

Es steht geschrieben, daß wir niemals ankommen werden.

Packeis, Risse, dünnes und gefährliches Eis, wir haben mit allen Schwierigkeiten zu kämpfen, auf die ein Hundeschlittenlenker auf einem Fluß nur stoßen kann.

Wir wollen nicht mehr. Wir haben nur noch einen

Gedanken: ankommen, endlich ankommen. Wir finden uns damit ab, daß wir bis zum Ende mit Schwierigkeiten zu kämpfen haben werden.

»Taitaine Angst!«

Wir schleppen uns durch das Eislabyrinth, doch der Schlitten neigt sich so stark nach allen Seiten, daß Montaine sich nicht festhalten kann.

Diane nimmt sie auf den Arm und geht hinter dem Schlitten her. Ein schlimmeres Gelände, um ein Kind zu tragen, kann man sich kaum vorstellen. Schnee bedeckt die kreuz und quer übereinanderliegenden Eisblöcke und verbirgt Löcher und scharfe Kanten. Diane klemmt sich die Füße ein, rutscht aus, kommt ins Straucheln. Montaine wiegt angezogen mittlerweile 15 Kilo, und sie zu tragen ist auf Dauer sehr anstrengend.

»Ruh dich ein wenig aus, ich gehe voraus und sehe nach, welchen Weg wir nehmen können«, sage ich zu Diane und parke den Schlitten neben einem mächtigen, über zwei Meter hohen Eisblock.

Eine halbe Stunde später kehre ich zurück, nachdem ich einen weiten Bogen um den unbefahrbaren Fluß geschlagen habe, der mich zuerst über einen toten Seitenarm, dann durch den Wald geführt hat. Montaine ist eingeschlafen. Auch die Hunde liegen auf dem Eis und schlafen tief, selbst Otchum.

Wir gönnen uns eine kleine Pause, dann ziehen wir weiter. Auf den nächsten zwei Kilometern kämpfen wir uns durch 60 Zentimeter hohen Schnee. Dann stoßen wir wieder auf Packeis. Immer wieder müssen wir anhalten. Die Hunde haben die Freude am Laufen verloren und machen schlapp. Wir müssen sie anschnauzen, schieben, unter Aufbietung aller Kräfte den Schlitten wieder flottmachen, wenn er in Eis und Schnee steckengeblieben ist. Wie Zombies schlagen wir am Abend unser Lager auf.

Am nächsten Tag dasselbe Lied. Neun Stunden lang

kämpfen wir gegen Schnee und Eis und müssen auf dem Fluß ständig Wasserlöcher umkurven, die uns in ihren tödlichen Rachen zu locken scheinen. Das Thermometer sinkt, nachdem es vorübergehend etwas gestiegen ist, erneut auf –40° C.

Das Packeis nimmt kein Ende. Der Fluß ist ein einziges Trümmerfeld. Wie Ameisen krabbeln wir durch das Chaos, von morgens bis abends. Wir beklagen uns nicht einmal mehr. Uns fehlt die Kraft dazu. Die Hunde ziehen schicksalsergeben. Jeder Kilometer ist ein Kampf.

Auch Montaine beschwert sich nicht mehr. Sie erträgt alles mit bewundernswerter Geduld, als sei ihr bewußt, welche Anstrengung uns allen abverlangt wird, um diese schwere Prüfung mit Anstand hinter uns zu bringen.

Wir erweisen ihr jede Aufmerksamkeit. Diane trägt den ganzen Vormittag ihr Fläschchen am Körper, damit es nicht einfriert. Wir kontrollieren regelmäßig die Temperatur in der Daunenjacke, und wenn sie schläft, vermeiden wir allzu heftige Erschütterungen des Schlittens. In der Nacht wache ich über sie. Montaine ist der Mittelpunkt, um den sich alle unsere Entscheidungen drehen, der Mittelpunkt der Welt, unserer Welt: dieses weißen Meeres, auf dem wir uns wie Seiltänzer bewegen.

KAPITEL 39

»WAS DAS?«

Montaine wiederholt die Frage pausenlos, seit die große Stahlbrücke, die sich über den Fluß spannt, in Sicht gekommen ist. Was sollen wir ihr antworten? Wie können wir es ihr erklären?

»Das ist eine Brücke, Montaine.«

Sie reißt die Augen auf. Neugier und Angst sprechen aus ihrem Blick.

In wenigen Minuten werden wir das tückische Eis des Flusses verlassen und wieder festen Boden unter den Füßen haben. Dann ist die Gefahr überstanden.

»Wir haben es geschafft! Wir haben es geschafft!«

Ich schreie es laut hinaus. Ich brülle und küsse Diane ungestüm auf den Mund. Montaine klatscht in die Hände und wiederholt:

»Hurra! Hurra! Bravo Montaine.«

»Jawohl, bravo Montaine, bravo Diane.«

Die Erregung verschlägt uns den Atem und erreicht ihren Höhepunkt, als wir Otchum den Befehl geben, das Ufer zu erklimmen. Direkt unter der Brücke klettern wir die Böschung hinauf. Ich gehe voraus, um die Hunde anzuspornen. Aber diese Teufelskerle brauchen keine Aufmunterung. Sie haben die Brücke gesehen und unsere Erregung gespürt. Sie ziehen den Schlitten vom Fluß und jagen in einem Rutsch bis zur Straße hinauf.

»Hoooo! Gut gemacht, Hunde, ihr seid echte Champions!«

Ich streichele zärtlich einen nach dem anderen.

Die Straße! Wir sind am Ziel!

Montaine hockt mit offenem Mund da und betrachtet mit einer Mischung aus Furcht und Bewunderung diese große, ebene und gerade Fläche. Sie kann es nicht fassen!

Diane zieht sie aus der Daunenjacke und stellt sie auf die Straße. Montaine ist sprachlos und wagt sich nicht zu rühren. Nach einigen Aufmunterungen macht sie einen Schritt, einen zweiten, dann lacht sie und fängt an zu laufen. Es ist seit Monaten das erste Mal, daß sie auf einem harten, ebenen Boden ungehindert laufen kann. Sie nutzt die Gelegenheit.

Ich gehe selbst ein paar Schritte auf der körnigen Makadamdecke, die stellenweise etwas Schnee bedeckt. Ich fühle mich wirklich eigenartig, als sei in meinem Innern eine große Leere entstanden, in die nun ein ebenso großes Glücksgefühl strömt und mir den Atem nimmt.

Diese Leere war bisher ausgefüllt von dem Streß und den Gefahren der Reise, von der riesigen Verantwortung, die auf meinen Schultern lastete und deren ganzes Gewicht ich erste heute spüre, nun, da ich von ihm befreit bin.

Ich fühle mich leicht, so leicht. So gut.

Ich lächele Diane an. Sie lächelt zurück. Wir küssen uns noch einmal. Wir sagen nichts, wir sind von unseren Gefühlen überwältigt.

Ein fernes Brummen holt uns in die Realität zurück. Ein Geländeauto kommt den Berg herunter.

»Horch! Papa, horch!«

Sie ist entzückt. Da kommt ein Tier! Vielleicht wird sie es sehen. Sie blickt in die Richtung, aus der das Brummen kommt, und wartet. Das Brummen wird lauter, durchdringt die Luft, ohne etwas von seiner ersten Klarheit zu verlieren.

Dann taucht das Auto in der Ferne auf, ein kleiner schwarzer Punkt auf dem grauen Band der Straße.

Montaine hat es gesehen. Sie ist total aufgeregt.

»Elle, Papa, da, Elle!« sagt sie mit einem fragenden Ton in der Stimme.

»Nein, Montaine, das ist ein Auto.«

Sie kennt dieses Tier nicht. Es kommt näher. Das Brummen wird aggressiv. Montaine kommt zu uns gerannt.

Sie runzelt die Stirn und wirft sich mir in die Arme.

»Taitaine Angst!«

»Hab keine Angst, Montaine. Das Auto ist nicht gefährlich. Autos sind lieb.«

Der Geländewagen rollt auf uns zu. Das laute Motorgeräusch wirkt beängstigend.

Montaine umklammert mich mit der ganzen Kraft ihrer kleinen Arme und zittert am ganzen Leib. Sie weint vor Angst. Sie sieht weg und birgt das Gesicht an meinem Hals. Das Auto hält direkt neben uns an.

Die Hunde sind aufgestanden und knurren nervös.

»Ganz ruhig, meine Hundchen. Sitz!« befiehlt ihnen Diane, während ich versuche, Montaine zu beruhigen.

Sie heult ohne Unterlaß.

Es ist schrecklich!

»Taitaine Angst!« Sie klammert sich mit aller Kraft an mich.

Ich entferne mich mit ihr von Straße und Auto und gehe in den Wald. Erst im Schutz der Bäume beruhigt sie sich etwas.

»Hab keine Angst, Montaine. Das ist ein Auto. Wir sind am Ziel, verstehst du? Wir werden Häuser sehen, Menschen. Du brauchst keine Angst zu haben.«

»Taitaine Angst.«

Was tun?

Ich deute durch die Tannenzweige, die eine Art Schutzschild bilden, auf das Auto. Schließlich siegt die Neugier über die Angst, und sie sieht hin.

Diane hat die Hunde beruhigt und tritt jetzt an den Wagen, in dem ein bärtiger Mann um die Fünfzig sitzt. Er guckt ebenso erstaunt wie Montaine.

»Guten Tag!« sagt Diane auf englisch. »Das ist das erste Auto, das wir seit acht Monaten sehen. Meine Tochter hat Angst, deswegen ist mein Mann mit ihr in den Wald gegangen. Das Auto macht ihr angst!«

Der Mann stammelt mehrmals verdutzt:

»My God, my God!«

Er kann es nicht fassen, der Arme.

Wir treten ganz langsam näher. Montaine hat sich beruhigt. Sie hält mich umklammert und sagt nur immerzu:

»Taitaine Angst.«

Seit einigen Wochen bemerken wir eine ziemlich einschneidende Veränderung in ihrem Verhalten. Zu Beginn der Reise hat sie sich stets an ihre Mutter gewandt, wenn sie Angst oder Kummer hatte. Nur Diane konnte sie beruhigen oder trösten. Jetzt läßt sie sich von Mama trösten und von Papa beruhigen, als hätte sie begriffen, daß ich in dieser Welt, in der sich bei Gefahr auch Diane auf mein Urteil und meinen Schutz verläßt, erfahrener und kompetenter bin.

Montaine hat sehr gut verstanden, oder zumindest aufgrund ihrer Beobachtungen gespürt, daß ich ihr mehr Schutz bieten kann. Als das Auto, dieses furchterregende Ungetüm, auf uns zufuhr, hat sie keine Sekunde gezögert und ist, obwohl Diane näher bei ihr stand, zu mir gerannt. Papa, beschütz mich!

Ich halte sie fest in den Armen und drücke meine Wange an ihr Gesicht. Der körperliche Kontakt beruhigt sie, und ich erkläre es ihr immer wieder.

»Das ist ein Auto, Montaine, und kein Tier. Das Auto ist lieb.«

»Auto lieb?«

»Ja, das Auto ist lieb.«

Der Fahrer des Geländewagens stellt den Motor ab, dann steigt er schwerfällig aus und sieht uns groß an.

»My God, eight months! My God!«

Er betrachtet Montaine mit einer merkwürdigen Mischung aus Bewunderung und Neugier.

»Steigen Sie ein. Wir haben heute –35° C!«

Wir brechen in Lachen aus.

»Wissen Sie, wir sind seit acht Monaten im Freien!«

»My God, my God!«

Der arme Kerl kann es nicht begreifen. Er kratzt sich am Kopf, betrachtet die Hunde, den Schlitten, Diane und Montaine, schafft es aber nicht, seine Gedanken zu ordnen.

Wir fragen ihn, ob er uns in das 60 Kilometer entfernte Dorf mitnehmen könnte. Klar, sagt er freundlich, ohne eine Sekunde zu zögern.

Ich suche einen sonnigen Platz am Fluß und binde dort die Hunde an, dann steigen wir in den Wagen, was Montaines wegen eine gewisse Zeit erfordert.

Diane steigt als erste ein und tut so, als amüsiere sie sich köstlich, indem sie immer wieder ruft:

»Sieh mal, Montaine, wie bequem es Mama im Auto hat, kommst du?«

»Nein, Taitaine Angst.«

»Du willst doch nicht, daß wir dich allein hier zurücklassen?«

Das überzeugt sie auf Anhieb.

Montaine schmiegt sich an mich und zuckt zusammen, als unser Freund Roy den Motor anläßt, doch ihre Neugier ist stärker. Sie reißt die Augen auf und zeigt mit dem Finger auf die vorüberziehende Landschaft.

»Siehst du, jetzt sitzen wir in einem Auto.«

»Taitaine in Auto.«

Doch weitere Überraschungen warten auf sie.

Wir haben ein mulmiges Gefühl, als wir in das Dorf kommen. Montaine, die mittlerweile auf dem Schoß ihrer Mutter sitzt, sagt kein Wort. Fassungslos betrachtet sie die Häuser, die Lichter und all die fremden Menschen.

Diane erklärt ihr alles mit Adjektiven, die ihr vertraut sind.

»Sieh mal, die Menschen, wie nett sie aussehen, die schönen Häuser, die hübschen Lichter.«

Roy setzt uns vor dem einzigen Motel im Ort ab, der aus etwa 50 Häusern, einer Tankstelle, einer Kneipe und einem Laden besteht.

Montaine hat ihre Angst überwunden. Verwundert läßt sie sich führen. Und offen gesagt, uns geht es nicht viel anders. Roy bleibt an der Rezeption des Motels zurück, während wir uns auf unser Zimmer begeben, und erzählt von seiner Begegnung mit den Außerirdischen am Stikine.

Montaine ist wie betäubt von den vielen neuen Eindrücken. Trotzdem untersucht sie vorsichtig jeden Gegenstand im Zimmer: das Telefon, die Lampen, den Kühlschrank, den Fernseher.

»Mir ist leicht schwummrig, als hätte ich zuviel getrunken.«

»Mir auch, ich fühle mich wirklich komisch.«

Liegt es an der Hitze im Zimmer oder an dem abrupten Ortswechsel?

Ich gehe gleich wieder hinaus, um frische Luft zu schnappen. Und um im Saloon nebenan einen Sechserpack Bier zu holen.

Die Leute vor der Rezeption, die Roy ins Bild gesetzt hat, stieren mich lange an. Ich lächele zurück.

Es ist ein feierlicher und herrlicher Augenblick. Mehrmals habe ich die Wassertemperatur überprüft. Ich schäme mich ein wenig, es zu sagen, aber das ist ohne Zweifel der schönste Augenblick unserer Reise.

Heiß baden und dabei genüßlich ein kühles Bier trinken.

Es ist genau so, wie wir es uns erträumt haben. Einmalig, phantastisch.

Das warme Wasser dringt in alle Poren und erzeugt ein herrliches Prickeln auf der Haut. Automatisch schließe ich die Augen. Die Anspannung löst sich, die Muskeln erschlaffen. Die Entspannung erreicht ihren Höhepunkt.

Auch Montaine ist mit sichtlichem Vergnügen ins heiße Wasser gestiegen.

Ich sehe uns an und lache vor Glück.

Nach dem Bad ein neuerlicher Schock für Montaine. Ohne an sie zu denken, aus reiner Neugier, stelle ich den Fernseher an und gerate in eine amerikanische Serie. Verfolgungsjagd mit zwei Streifenwagen in den erleuchteten Straßen von Los Angeles, Blaulicht und Sirenen, Schüsse, quietschende Reifen, hyperschneller Schnitt.

Montaine ist vor Überraschung wie gelähmt und starrt mit offenem Mund auf den Bildschirm. Sirenen, wieder Schüsse, Autos, die ineinander rasen, brüllende Menschen, Verfolgung … Action pur!

Montaine hat sich keinen Millimeter von der Stelle gerührt. Sie ist wie hypnotisiert von den Bildern, die ihr Kindergesicht mit orangefarbenen, roten und gelben Klecksen sprenkeln. Vergeblich versucht sie zu begreifen, was in dem Kasten vor sich geht.

Ich nehme sie in die Arme und versuche, es ihr zu erklären, aber mir fehlen die Worte.

Montaine wird nun ein neues Vokabular lernen müssen, um eine Welt zu verstehen, die verrückt geworden ist – das Fernsehen beweist es, indem es uns das Abbild unserer merkwürdigen Evolution in Form einer Mutation ins Haus liefert.

KAPITEL 40

NACH FÜNFTÄGIGER PAUSE SIND WIR WIEDER UNTERwegs. Die Hunde haben sich wieder ihr altes Gewicht angefressen und sind in Olympiaform. Wir haben den Schlitten, der im Packeis an mehreren Stellen gebrochen war, repariert, unsere vor Fett und Harz starrenden Kleider gewaschen und die Geschirre geflickt. Wir sind runderneuert und voller Power.

Mit –30° C ist die Temperatur ideal. Trapper, die zwischen Dease Lake und dem Atlinsee ihrem Gewerbe nachgehen, haben mit ihren Schneemobilen eine herrliche Piste gespurt. Die Hunde traben fröhlich dahin und können sich nach fünf Tagen wohlverdienter Ruhe richtig austoben. Sie haben auf dieser harten Piste ihren *will to go* wiedergefunden, und wir können uns nach der anstrengenden Fahrt auf dem gefährlichen Fluß endlich entspannen und die Reise genießen. Wir sind bester Dinge. Wir haben bisher zwar nur ein Viertel der Strecke von unserer Blockhütte nach Alaska zurückgelegt, doch wir wissen, daß der härteste Teil hinter uns liegt. Ohnehin haben wir nicht mehr die Kraft zum Kämpfen. Wie sollte es anders sein? Falls wir auf neuerliche Hindernisse stoßen, brechen wir die Reise ab. Wir würden gern bis nach Dawson kommen, doch Dawson ist nicht der Gipfel unseres Berges.

»Trotzdem würde ich gern durchfahren«, sagt mir Diane.

»Wieso?«

»Ich weiß nicht genau. Vielleicht weil ich fürchte, ich könnte enttäuscht sein, wenn wir vorher aufhören, ich könnte das Gefühl haben, wir seien gescheitert. Außerdem möchte ich mir Dawson ansehen!«

»Wir könnten mit dem Lastwagen hinfahren, falls wir beschließen sollten, die Reise vorher abzubrechen.«

»Nein! Ich möchte mit dem Schlitten hinfahren. Du nicht?«

»Doch! Aber ich möchte mich nicht mehr so abstrampeln wie bisher.«

»Ich auch nicht, trotzdem würde ich gern bis Dawson durchfahren.«

Ich liebe Dianes Entschlossenheit, ihren Willen, Erfolg zu haben und eine Sache, die sie angefangen hat, auch zu Ende zu bringen.

Bis Dawson sind es noch 1500 Kilometer.

Wir schreiben den 1. März. Wir wollen unbedingt vor Ende April dort sein, denn mit Expeditionen, die sich bis zum Eisaufbruch hinzogen, habe ich schon einige unangenehme Erfahrungen gemacht. Nichts Schlimmeres, als während der Schneeschmelze noch mit dem Hundeschlitten unterwegs zu sein.

Als wir die Torngat Mountains im äußersten Nordosten Labradors überquerten, beendeten wir die Expedition am 5. Mai, indem wir den Schlitten über die Flechten schoben. Der Schnee in den Bergen schmolz, und auf dem Eis der Flüsse stand das Wasser so hoch, daß wir es nicht befahren konnten. Also mußten wir uns durch die Berge nach Kangigsukaulujuak durchschlagen. Das war vielleicht ein Anblick, wie unsere Hunde, die bereits ihr Winterfell verloren, den Schlitten durchs Gras zogen! Wir begegneten sogar zwei oder drei Schwarzbären, die gerade aus dem Winterschlaf erwacht waren und, noch etwas wackelig auf den Beinen, in die Sonne blinzelten, die sie seit acht Monaten nicht mehr gesehen hatten.

Ein Jahr später kam ich Ende September im Kanu in demselben Dorf an, mitten in einem Schneesturm! Die Inuit gaben mir einen Namen: »Der immer etwas zu spät kommt!« Ein kompliziertes Wort, das so ähnlich wie »Kurvikayokak« klang. Ich schrieb es mir auf, habe später aber das Notizbuch verloren.

Ich bin fest entschlossen, dem Namen »Kurvikayokak« diesmal keine Ehre zu machen.

Die Sonne steigt jeden Tag etwas höher, und wir können unsere Marschzeit etwas verlängern, weil es abends länger hell bleibt. Bei einem durchschnittlichen Tagespensum von 70 Kilometern könnten wir Dawson noch vor Ende April erreichen. Und dieses Pensum ist zu schaffen, wenn wir bis Whitehorse den Trappertrails folgen und dann die Piste des härtesten Hundeschlittenrennens der Welt, des berühmten Yukon Quest, benutzen.

»Hoffentlich schneit es nicht, bevor wir in Whitehorse sind, das ist unsere einzige Chance, Dawson zu erreichen.«

»Ist das die einzige Piste? Gibt es dort keine Trapper?«

»Es gibt keine andere Route. Nichts. Das ist ein richtiges Niemandsland.«

Also haben wir beschlossen, so schnell wie möglich nach Whitehorse zu flitzen, und die Hunde schlagen alle Rekorde. Mit acht bis zehn Stundenkilometern traben sie stundenlang, ohne im Tempo nachzulassen, und das mit 350 Kilo im Gepäck!

Montaine genießt die schnelle Fahrt. Die Landschaft zieht vorüber, und wir unterhalten uns viel. Auf dem gefährlichen Fluß mußte immer einer von uns vorausgehen und der andere den Schlitten schieben und lenken, doch jetzt können wir Montaine viel Zeit widmen. Sie zählt immer wieder die Namen aller Hunde auf und interessiert sich lebhaft für Tierspuren: die lineare Fährte des Luchses, die Y-förmige des Hasen, die breite des Elchs...

Diane singt viel, sehr zur Freude von Montaine.

Diane kann gut singen und hat eine sehr schöne Stimme, klar und beruhigend. Ich höre ihr gern zu. Und ich bin mir sicher, daß ihr auch die Hunde gern zuhören.

Wir lassen uns den ganzen Tag über die Piste ziehen, bewundern die Landschaft und amüsieren uns mit Montaine. Abends sind wir ausgeruht. Wir suchen uns einen Lagerplatz, der schön eben ist und einen herrlichen Ausblick bietet, mit dichten Tannen und einigen trockenen Kiefern in der Nähe. Es wird immer später dunkel, und sobald das Lager steht, kümmern wir uns ausgiebig um die Hunde. Endlich können wir die Reise genießen. Die Tage verstreichen in schönster Harmonie und stillen unser Verlangen, mit allem, was uns umgibt, in Zwiesprache zu treten, mit den Bergen und den Wäldern, für die wir keinen Blick mehr hatten, da die Schwierigkeiten der Piste unsere ganze Aufmerksamkeit verlangten.

Wir kommen besser voran, als wir gehofft haben, und schaffen an manchen Tagen über 80 Kilometer.

Am 9. März erreichen wie den Atlinsee. Ein Trapper spurt uns die Piste bis Carcross und zeigt uns den Weg bis zum großen Tagishsee.

Zwei Tage später erreichen wir nach einer 110-Kilometer-Etappe, die uns auch am Labergesee entlangführt, Whitehorse.

Zwei Tage Pause, dann stürzen wir uns in Rekordlaune auf die legendäre Piste des Yukon Quest. Wir haben uns per Auto in Carmacks ein Depot mit Hundefutter anlegen lassen und reisen daher mit leichtem Gepäck.

Der einzige Wermutstropfen ist die Kälte, die mit Temperaturen um −40° C in dieser Jahreszeit rekordverdächtig ist. Doch wir sind abgehärtet, und am Tag wärmt die Sonne.

Manchmal finden wir an der Strecke eine Hütte. Es ist jedesmal ein Fest, wenn wir das Zelt nicht aufstellen müssen und im Warmen schlafen können. Aber wir begegnen keiner Menschenseele.

Wir haben Glück. Seit dem Rennen hat es praktisch nicht mehr geschneit. Wir gleiten über eine herrliche Piste, die über 20 Schlitten und 250 Hunde plattgewalzt haben.

Hinter dem Labergesee mit seinen zerklüfteten Ufern tauchen wir wieder in den Wald ein, hüpfen gewissermaßen von einem kleinen See zum anderen, müssen auf der schmalen Piste aber aufpassen, daß wir keinen Baum rammen. Die Organisatoren des Rennens haben Kreuze aufgestellt, um die Musher vor besonders schwierigen Passagen zu warnen. Doch unser Gefährt ist doppelt so groß wie ein Rennschlitten, und namentlich auf abschüssigen Strecken haben wir einige Probleme, die Kurven zu meistern. Mehrmals ecken wir heftig an, doch zum Glück nimmt der Schlitten keinen Schaden.

Die Hunde beeindrucken mich. Ich hätte nie gedacht, daß sie so lange eine solche Last ziehen und dabei ein so hohes Tempo gehen können. In den Hügeln zwischen dem Labergesee und Carmacks geht es ständig bergauf und bergab, doch sie werden mit dem Gelände spielend fertig.

»Bravo, Hunde!«

Eine Aufmunterung, die Montaine aufgreift:

»Bravo, Hunde. Los, Tschum, los!«

Gegen Mittag rasten wir eine Stunde in der prallen Sonne, damit die Hunde etwas verschnaufen können. Montaine tollt im Schnee um den Schlitten herum. Sie sieht goldig aus mit ihrem Mantel aus Biberpelz und ihren Mokassins aus Elchleder. Eine richtige kleine Indianerin, braun wie Schokolade.

Die Kälte stört sie immer weniger. Sie hat sich angewöhnt, abends draußen zu spielen. Bei –30° C spielt sie ohne Handschuhe mit den Hunden, sammelt Holz, beobachtet, was wir tun, um es uns nachzumachen und zu helfen. Wenn die Kälte wirklich unerträglich wird, schlüpft sie ins Zelt und wärmt sich am Ofen auf, kommt aber bald wieder heraus.

Sie macht sich gern nützlich, trägt Brennholz ins Zelt oder sammelt Tannenzweige, die uns als Unterlage dienen.

Ich empfinde einen gewissen Stolz, wenn ich sehe, wie sie bei 40 Grad Kälte zufrieden auf dem Schlitten oder in diesem Zelt sitzt, das nun wirklich wenig Komfort bietet. Sie beginnt allmählich, ganze Sätze zu bilden, und es ist ein wahrer Genuß, unterwegs mit ihr zu sprechen und zu lachen.

Wir absolvieren 60 bis 80 Kilometer lange Etappen und nutzen eine leerstehende Hütte, um uns in der Nähe eines von Karibus bevölkerten Sumpfes einen Tag auszuruhen.

Am 17. März erreichen wir Carmacks. Bis Dawson sind es nur noch 450 Kilometer.

KAPITEL 41

»DAS IST DOCH WAHNSINN, MIT EINEM KLEINEN MÄDchen in dem Alter in die Black Hills zu gehen. Sie wissen nicht, worauf Sie sich da einlassen. Die besten Musher lassen dort Federn.«

»Keine Sorge, wir sind es gewohnt. Wir sind seit einem Jahr unterwegs.«

Der Mountie zuckt skeptisch die Schultern.

»*Crazy French!*«

Letzte Nacht hat er einen Wolf erschossen, der im Dorf zwei Hunde gerissen hat. Er ist mit einigen anderen gekommen, um uns zu warnen.

»Hüten Sie sich in den Bergen vor den Blizzards. Die können ungemütlich werden.«

»Okay. Danke für alles.«

Montaine wird ungeduldig.

Gerührt lächeln die Leute ihr zu und verabschieden sich von ihr, wobei sie ihren Namen falsch aussprechen:

»*Bye-bye, Mountain!*«

»Wiedersehen, wiedersehen«, ruft Montaine.

Überall im hohen Norden Kanadas hat sich mittlerweile die Geschichte von dem kleinen Schneemädchen herumgesprochen. In den Lokalblättern ist sie das Thema des Tages.

Aus ganz Carmacks, jener Ortschaft, die für eine viel

ältere Geschichte berühmt ist, sind die Leute zusammengeströmt, um sie zu sehen.

Ich verstehe nicht, warum der Ort Carmacks heißt, denn dieser Carmacks war ein Gauner. Er wurde zum Helden des größten Goldrauschs, den die Welt je erlebt hat. Dabei war es gar nicht er, der den Klondike entdeckt hat, sondern ein gewisser Robert Henderson.

Henderson hatte soeben die Goldader entdeckt, als er Carmacks begegnete, der zu der Zeit mit seiner Frau, einer Indianerin, dort, wo später die Goldgräberstadt Dawson entstehen sollte, Lachse fing. Henderson erzählte ihm großzügigerweise von seiner Entdeckung, doch Carmacks war keineswegs wild auf ein Leben in Reichtum. Henderson redete solange auf ihn ein, bis er sich schließlich an die Fundstätte begab. Henderson nahm ihm lediglich das Versprechen ab, Bescheid zu geben, wenn er irgend etwas entdeckte.

Carmacks zog daraufhin mit zwei Kumpanen zu den beiden berühmten Flüssen Bonanza und Eldorado. Er ließ seine Schürfrechte eintragen und vergaß Henderson, der weiter östlich eine weit weniger ergiebige Ader ausbeutete.

Wochen später, als alle Claims an den beiden Flüssen abgesteckt waren, erfuhr Henderson von den sagenhaften Reichtümern, die Carmacks »entdeckt« hatte. Es brach ihm das Herz. Er war lange sprachlos über diesen Verrat.

Noch heute kann jedermann, gleich welcher Nationalität, für die bescheidene Summe von zehn Dollar eine Konzession am Klondike kaufen. Nirgendwo sonst auf der Welt können Ausländer ein solches Recht erwerben.

Für zehn Dollar kann man sich auf einem Stück Land von mehreren tausend Quadratmetern eine Hütte bauen und sich ganz legal niederlassen.

Eines Tages werde ich mit Maultier, Hacke und Waschpfanne zum Klondike ziehen und Gold schürfen. Auch das ist eine der leeren Seiten in meinem Buch, die ich noch vollschreiben möchte.

Wenn ich mit Freunden über dieses Vorhaben spreche, sagen sie immer:

»Bei deinem Dusel stößt du sicher auf eine Ader!«

Warum nicht?

Wir verlassen Carmacks auf einer kleinen Straße. Sie ist verschneit, doch Autofahrer, die sie benutzen, um zu den Goldminen zu gelangen, haben den Schnee plattgefahren. Die Hunde traben mit mehr als zehn Stundenkilometern. Wir geraten in einen regelrechten Geschwindigkeitsrausch, und vor lauter Begeisterung übersehen wir den Hund, der uns entgegenkommt. Wir haben keine Zeit mehr zu bremsen, aber wir hätten so oder so nichts mehr machen können. Von Mordlust gepackt, stürzt sich die Meute auf den Artgenossen, und im nächsten Moment ist unser schönes, perfekt ausgerichtetes Gespann nur noch ein heulendes, haariges Knäuel.

»Den Stock, schnell!«

Ich fange ihn aus der Luft, stürze zu den Hunden und dresche mit aller Kraft blindlings drauflos. Einer nach dem anderen weicht zurück, bis ich mich endlich zu dem bedauernswerten Setter vorgearbeitet habe. Er ist vor Angst wie gelähmt, aber in einer besseren Verfassung, als ich befürchtet habe. Meine Hunde haben sich gegenseitig behindert und so in ihren Leinen und Geschirren verheddert, daß wahrscheinlich keiner wirklich wußte, wo sich der Setter eigentlich befand. Ein heilloses Durcheinander! Die Besitzer des Setters, ein Paar aus der Stadt, sind hier spazierengegangen. Sympathische Leute, die sich dafür entschuldigen, daß sie ihren Hund nicht an der Leine geführt haben! Fehlte nur noch, daß sie uns für den Zeitverlust entschädigen. Ihr Hund hat zwei, drei Kratzer an den Beinen und an der Schulter.

Nichts Schlimmes. Wir entschuldigen uns unsererseits und danken ihnen für ihr Verständnis.

»No problem. No problem, good luck! Take care!«

Wir fahren weiter, nachdem wir das Knäuel entwirrt, die Knoten gelöst und das Gespann wieder ausgerichtet haben.

Nach 20 Kilometern biegen wir von der Straße in den Wald ab und folgen der Piste, die noch aus der Zeit des Goldrauschs am Klondike stammt, der Jack London zu seinen berühmten Romanen inspiriert hat, und von den Organisatoren des Yukon Quest instand gehalten wird.

Mitten am Nachmittag halten wir an. Wir haben es nicht eilig, und die Hunde können, ohne zu ermüden, nicht länger als sechs oder sieben Stunden laufen. Es ist angenehm, ein schönes Lager zu errichten, einen großen Vorrat Brennholz zu hacken, die Hunde in aller Ruhe zu füttern, fünf oder sechs Eimer Schnee zu schmelzen und sich die Zeit nehmen zu können, all das ordentlich zu machen.

Die Landschaft verändert sich. Wir lassen die Rocky Mountains im Osten liegen und durchqueren den hügeligen Teil von Yukon, der mit seiner Abfolge von Erhebungen und weiten Tälern weniger anheimelnd, oft ein wenig karg wirkt. Hier fühlen wir uns noch kleiner, noch verletzlicher. Selbst die Tiere sind aus der Gegend geflüchtet. Nur noch selten kreuzen wir Spuren, und wenn, dann stammen sie von einem Wolf, der immer geradeaus läuft, als fliehe er aus dieser Einsamkeit in irgendeine Oase, in der es noch Leben gibt.

Die Kälte behält uns fest im Griff. An Temperaturen bis –30° C haben wir uns gewöhnt, doch wenn es noch kälter wird, leiden wir.

»Ungewöhnlich, eine solche Kälte um diese Jahreszeit.«

»Seitdem wir unterwegs sind, ist doch alles ungewöhnlich: Dauerregen im Indianersommer, Hitzerekord von fast Null Grad Mitte Januar und -40° C wenige Wochen vor Frühlingsanfang!«

»Ja, ein komisches Jahr.«

Als wir in Whitehorse waren, hat es geschneit, und so bedecken jetzt zehn Zentimeter Neuschnee die Piste des Yukon Quest. Kleine, an der Spitze mit fluoreszierenden Plastikstreifen versehene Pflöcke markieren die Strecke.

Das ist beruhigend. Auch wenn es nur einen Weg gibt, und wir uns daher unmöglich verirren können. Doch dieses Niemandsland ist leer wie der Himmel und in seinem Geiz ziemlich beängstigend. Ich weiß nicht, ob der Film, das Buch oder die Fotos, die wir von dieser Reise mitbringen werden, jemals vermitteln können, was wir in dieser eisigen, stillen Weite empfinden, abseits von jeder Zivilisation, mit dem größten und kostbarsten aller Schätze dieser Welt, unserer kleinen Tochter.

Seit zwei Jahren Vater, hätte ich mir niemals träumen lassen, daß ich ein Kind so lieben könnte. Eine Tür hat sich in meinem Herzen aufgetan. Wenn Montaine mich anlächelt, lächelt mich die ganze Welt an. Wäre ich in Frankreich geblieben, hätte ich meine Tochter, wie die meisten Väter, nur wenige Stunden in der Woche gesehen, an den Abenden und gelegentlich am Wochenende. Das Leben hätte mich der schönsten Monate mit meiner Tochter beraubt, jener Monate, in denen sie die Welt entdeckt, ihre Sinne ausbildet, sprechen lernt.

Ich möchte behaupten, daß unser Verhältnis nicht so innig geworden wäre. Ich danke dem Leben dafür, daß ich dieses Geschenk mit Diane und Montaine teilen darf.

Ich betrachte die Hunde, und ich finde, daß sie gut aussehen. Dawson rückt näher. In Gedanken bin ich bereits in der Sologne und bei künftigen Projekten. Ich sehne mich nach meinen Angehörigen und meiner Heimat, doch eine gewisse Sorge schwingt in meinem Verlangen mit, die anderen wiederzusehen, meine Freunde, diejenigen, die sich dafür halten, oder diejenigen, die ich gern zu Freunden hätte. Unsere Lebenswege streben auseinander, und mit jeder meiner Reisen etwas mehr. Im Grunde sprechen wir nicht mehr dieselbe Sprache, und da ich ungern mit falschen Karten spiele, fürchte ich, Freundschaften zu zerstören. Ich versuche, mich an die einfachen Dinge zu halten, doch die Beziehungen zwischen Menschen sind nicht einfach, jedenfalls in den seltensten Fällen. An gewissen Tagen habe ich das Gefühl, daß ich durch mein Anderssein zum Alleinsein verdammt bin.

Je älter ich werde, desto enttäuschter bin ich von den Menschen und desto größer wird meine Bewunderung für das Leben selbst, für all das, was sich jenseits der Gefängnismauern verbirgt, hinter denen sich zu viele Leute vergraben. Einerseits leide ich ein wenig unter diesem Anderssein, andererseits meint es das Leben gut mit mir. Ich bin glücklich, sehr glücklich. Und ich bin mir bewußt, daß so etwas selten ist. Irgendwann habe ich einmal in einer Pariser Bar eine Umfrage gemacht. Die Befragten sollten eine von drei Möglichkeiten ankreuzen: Sind Sie glücklich, unglücklich, oder weder das eine noch das andere? Das Resultat war betrüblich: 5 Prozent waren glücklich, 70 Prozent unglücklich, 25 Prozent ein wenig von beidem!

Bei meinen Freunden, den Rentierzüchtern, die in den unberührten Weiten Sibiriens leben, erübrigt sich eine solche Umfrage: Die Lebensfreude ist ihnen anzusehen.

Diese Geschichte hat eine Moral: Der Fortschritt hat uns in die Irre geführt. Die Menschheit sollte sich nicht mit der Schnelligkeit von Autos, der Leistungsfähigkeit von Maschinen, der Verlängerung der Lebensdauer beschäftigen, sondern mit etwas viel Einfacherem: dem

Glück, damit der Mensch nicht mehr bedauern muß, daß er kein Tier ist – denn Elch und Wolf sind nicht unglücklich.

Zu simpel, diese Argumentation?

Und doch nimmt sich der Mensch nicht einmal mehr die Zeit, so einfache Fragen zu beantworten!

Es geht ständig bergauf und bergab. Ein Hügel folgt dem anderen. Wir fahren über ein Meer mit riesigen Wellen, ohne jemals einen Hafen oder wenigstens andere Schiffe zu sehen. Langsam werden wir seekrank. Es wird Zeit, daß wir die Küste ansteuern und wieder festen Boden unter die Füße bekommen. Gleichzeitig verspüren wir nun, da unser wunderbares Abenteuer zu Ende geht, eine gewisse Wehmut.

»Die Pferde!« sagt Diane. »Wie weit das zurückliegt.«

»Und die Hütte!«

»Taitaine Hütte sehen.«

Montaine spricht oft von der Hütte, von dem Kanu, mit dem wir zum Angeln auf den See hinausgefahren sind, von Forellen und Elchen. Sie erinnert sich noch lebhaft an die Elchkuh und ihr Junges, die wenige Meter von der Hütte entfernt an uns vorbeispaziert sind, und an den Besuch des Bären.

Noch etwas mehr als 250 Kilometer bis Dawson. Wir dringen in die düstere Landschaft der Black Hills vor. Hügel reiht sich an Hügel, alle mit sehr dunklen Tannenwäldern bewachsen. Es gibt nur einen Weg, der sich durch diese Wildnis schlängelt. Hin und wieder überqueren wir einen Fluß, dann endlich öffnet sich die Landschaft, doch ein paar Kilometer weiter tauchen wir wieder in den Schatten bewaldeter Hügel ein. Immer wieder müssen wir mehrere hundert Meter lange Steigungen erklimmen. Dann gehen wir hinter dem Schlitten her und spornen die Hunde an, die in kleinen Etappen die schwere Last bis zum Gipfel schleppen. Montaine liebt die Abfahrten. Manche Hänge sind so steil, daß wir es mit der Angst bekommen. Die Hunde preschen im Galopp bergab. Ein falsches Manöver, und der Schlitten überschlägt sich und rollt wie ein Faß zu Tal. Montaine könnte das Schlimmste zustoßen. Wenn uns der Hang zu gefährlich erscheint, steigen wir voll auf die Bremse und wickeln zusätzlich ein Seil um die Kufen.

Wir absolvieren Etappen von 50 bis 60 Kilometer täglich. Mittags machen wir mindestens eine halbe Stunde Rast und entzünden ein Feuer, um uns aufzuwärmen, vor allem aber, damit Montaine ein wenig spielen kann, ohne Frostbeulen zu riskieren. Die Heizung funktioniert immer noch tadellos.

»Warm da din«, antwortet Montaine jedesmal, wenn wir sie fragen, ob sie friert.

Unsere Gesichter sind mit Rauhreif gepudert, unsere Wimpern gefroren, unsere Mützen mit einer Eiskruste überzogen. Im Gesicht ist Montaine nicht kälteempfindlich, um so mehr aber an den Füßen. Deshalb fragen wir ständig nach der Heizung, denn wir können nicht feststellen, ob sie kalte Füße hat, ohne ihr Mokassins und Strümpfe auszuziehen, und das käme einem Fußbad in Eiswasser gleich.

Diane hat es schwerer. Bei Temperaturen unter –30° C wird die Kälte für sie zur Qual. Irgendwie dringt sie immer durch die Kleidung, wie Wasser, wenn man einmal hineingefallen ist. Man kann der Kälte nicht entrinnen. Man muß sie ertragen und seine Kräfte gut einteilen, um eine akzeptable Temperatur zu halten, ehe man sich am Abend am Feuer wärmen kann und wieder eine eisige Nacht anbricht. Und das Tag um Tag.

Bald haben wir April. Trotzdem hält sich die Kälte, als verlasse sie den Winter, mit dem sie seit sechs Monaten verbündet ist, nur widerwillig.

»Übermorgen sind wir da. Es sind nur noch 120 Kilometer.«

»Das könnten wir ja fast an einem Tag schaffen.«

»Ausgeschlossen. Der Weg führt über zwei hohe Berge, die völlig kahl sind. Über 800 Meter Höhenunterschied.«

»Können wir sie nicht umgehen?«

»Es gibt nur den einen Weg. Wenn wir ihn verlassen, könnte uns das acht Tage kosten.«

»Nein, danke, mir reicht's langsam.«

»Du hast recht. Bei der Kälte wird es eine Qual.«

KAPITEL 42

AM MORGEN –42° C. EIN REKORD FÜR ENDE MÄRZ.

Seit Monaten an die eisige Kälte gewöhnt, kriecht Montaine tief in den Sack und läßt oben nur ein kleines Loch frei, aus dem sie herausschaut. Ihre großen, von Rauhreif gerahmten Augen sind konzentriert auf die Piste und die Hunde gerichtet, die sie von Zeit zu Zeit anfeuert.

»Los, Hunde, los!«

Es ist eine Freude, in der kalten, glitzernden Morgenluft ihre kristallklare Kinderstimme zu hören. Diane hat ihr vier dicke Kapuzenmützen übergestülpt und die Daunenjacke mit Rentierfellen umwickelt. Der Ventilator der Heizung schnurrt beruhigend.

Es geht bergauf. Die Hunde plagen sich. Der Hang ist steil. Trotz der Kälte geraten wir ins Schwitzen. Je höher wir kommen, desto weiter wird die Landschaft.

»Was für eine unermeßliche Weite!«

»Bist du sicher, daß irgendwo da hinten eine Stadt liegt?«

Diane hat recht. Es ist schwer zu glauben, daß es hier eine Ortschaft geben soll. Das Land gleicht einem Meer. Hier oder 200 Kilometer weiter, überall dasselbe Bild, dieselbe wellige Landschaft, dieselben Farben, dieselben Bäume, dieselben Täler. Wir haben das komische Gefühl, nicht von der Stelle zu kommen, genauer gesagt, im

Kreise zu laufen und immer wieder an genau den Hügel zu kommen, den wir gerade hinter uns gelassen haben. Wie soll man glauben, daß in dieser endlosen Landschaft noch etwas anderes existiert? Wie glauben, daß in diesem unbarmherzigen Meer der Black Hills irgendwo ein Schiff schwimmt?

Wind kommt auf, wirbelt den Schnee hoch, bildet Schneewehen, deckt die Piste zu. Mühsam zieht der Schlitten eine Furche mit kantigen Rändern.

Der Wind nimmt zu und verstärkt die Wirkung der Kälte. Der sogenannte *wind chill factor.* Der menschliche Körper kühlt bei einer Windgeschwindigkeit von 1 Meter pro Sekunde um ein 1° C ab, bei 10 m/s Windgeschwindigkeit folglich um 10°C.

»Mir ist kalt!«

Wir sehen zu, daß wir in diesem totalen *white out* möglichst schnell den Gipfel erreichen. Zum Glück folgt Otchum von allein der Piste. Mit der Nase am Boden erschnüffelt er den unsichtbaren Faden unter dem Schnee, der uns nach Dawson führt wie ein Licht in der Nacht.

Die Böen nehmen Sturmstärke an, der Himmel bedeckt sich, die Temperatur steigt. Innerhalb weniger Stunden klettert das Thermometer von −45° C auf −25° C, doch der Wind verstärkt das Kälteempfinden. Diane zieht eine dicke Daunenjacke an. Unsere Hände werden regelmäßig starr vor Kälte, und wir lassen die Arme kreisen, um die Blutzirkulation anzuregen.

Gut 20 Kilometer weit folgen wir dem Kamm eines kahlen Hügels. Die Hunde legen ein gutes Tempo vor, obwohl der Wind ihnen das Fell bürstet und das Fortkommen erschwert. Gegen 16 Uhr geht es endlich hinab in ein Tal. An vielen Stellen ist die Erde von riesigen Maschinen aufgewühlt, wie sie die heutigen Goldgräber benutzen.

»Was ist das?« fragt Montaine, als wir an einer verlassenen Baustelle vorbeigleiten, auf der rostige Bulldozer stehen.

»Das sind große Maschinen.«

»Was ist das, Maschinen?«

Und so weiter.

Wir haben gehofft, auf einer der zahlreichen Baustellen eine passable Hütte zu finden, doch wir werden enttäuscht und müssen ein letztes Mal das Zelt aufbauen.

Morgen sind wir in Dawson.

Die Hunde galoppieren mit aufgerichtetem Schwanz und gespannten Leinen über die festgefahrene Schneedecke der Straße, schön ausgerichtet wie Athleten im Training. Ich bewundere sie. Die jungen, Uktu, Kurvik und Oukiok, sind zu hervorragenden Schneeläufern gereift, gut gebaut und muskelbepackt. Die großen, die Milchbrüder Torok, Nanook, Baikal und Voulk, die bereits über 7000 Kilometer auf dem Buckel haben, sind mittlerweile Routiniers und Meister ihres Fachs.

Die beiden Hündinnen, Oumiak und Ska, können sich noch immer nicht ausstehen, doch Oumiak braucht nicht mehr lange unter ihrer Konkurrentin zu leiden. Die achtjährige Ska kann, geschwächt von den zahlreichen Würfen, das Tempo ihrer Söhne nicht mehr mitgehen. Sie wird in den wohlverdienten Ruhestand treten und bei meinem Freund Clarence, der sich ein kleines Gespann zusammenstellen will, einen angenehmen Lebensabend verbringen. Sie wird es gut bei ihm haben. Und Amarok, dieses nervöse Energiebündel, wird mit der Zeit ruhiger werden. Es amüsiert mich, wie dieser Grünschnabel den starken Mann markiert.

Mit über 15 Stundenkilometern nähern wir uns schnell unserem Ziel. Die Hunde galoppieren geschmeidig, als wollten sie auf der letzten Etappe noch einmal ihren Stil pflegen. Wir sind stolz auf unser Aussehen. Wir laufen nicht wie Schiffbrüchige ein. Heute morgen war ich beim Beladen sehr sorgfältig. Alles ist ordentlich und gut verschnürt.

Das Tempo der Hunde und die Straße haben Montaine in Aufregung versetzt. Sie sitzt auf dem Schlitten und lacht in einem fort. Pausenlos wiederholt sie, was wir ihr heute morgen beigebracht haben.

»Bald da!«

»Ja, mein Schatz, wir sind bald da.«

Diane hat Tränen in den Augen. Der Rauhreif in der Luft ist wie Konfetti, das die Gestirne auf uns herabrieseln lassen, das Pfeifen der Kufen wie die Anfeuerungsrufe einer fernen Menschenmenge, untermalt vom Trommeln der 44 Hundepfoten auf der vereisten Straße.

»Aouuuu! Aouuuu! Vorwärts, meine Hundchen!«

Unsere Champions galoppieren stolz mit aufgerichteten Schwänzen, und die Kilometer fliegen nur so an uns vorüber.

Dawson City, acht Kilometer. Wir können es kaum glauben.

Ein Schild.

Wir sind da.

»Wir sind da, Montaine, wir haben es geschafft!«

Sie klatscht in die Hände und lacht. Und wiederholt immer wieder:

»Wir sind da, Taitaine da.«

Sie beglückwünscht sich.

»Bravo, Taitaine, bravo!«

Tränen fließen und erstarren auf unseren Wangen.

Wir schlingern über den Klondike. Das ist keine Piste mehr, sondern eine Straße. Die Hunde wittern die Gerüche der Stadt und kläffen aufgeregt.

»Da ist Dawson!«

Die ersten Dächer tauchen auf. Wir schlingern über den Yukon. Die Hunde erklimmen das steile Ufer, als handele es sich um einen gewöhnlichen Schneehaufen.

»Yap, Otchum.«

Tadellose Kurve.

»Hooo!«

Es wäre uns lieber gewesen, die Geschichte würde hier enden. Sehr viel lieber.

Die Hunde wären stehengeblieben, und wir hätten uns mit Tränen der Rührung in den Augen geküßt. Ich hätte meine kleine Montaine auf den Arm genommen, und zusammen hätten wir jeden Hund umarmt, einen nach dem anderen. Lange hätten wir sie gestreichelt und geherzt.

Das wäre eine schöne Ankunft gewesen.

Wir hätten eine so schöne Ankunft verdient.

Wirklich.

Doch leider bleibt Otchum auf der Front Street in Dawson nicht stehen, als ich ihm den Befehl dazu gebe. Die elf Hunde rasen wie eine Rakete die Straße entlang und biegen rechts in Richtung Stadtmitte ab, wo Hundegebell zu hören ist. Die totale Panik.

Mit einem Affenzahn jagen wir weiter, können nur mit knapper Not zwei oder drei Autos ausweichen. Wir haben kaum Zeit, auf die erschrockenen Gesichter der Passanten zu achten, die ihren Augen nicht trauen.

Ich brülle, aber die Hunde hören nicht.

Hilfe!

Montaine heult auf dem Schlitten vor Angst.

Plötzlich verlassen die Hunde die Straße und biegen in eine kleine Querstraße ein. Wir schrappen haarscharf an einem Telegrafenmasten vorbei.

Weit hinten trottet ein Hund über die Fahrbahn.

Eine Katastrophe!

Das Gespann dreht durch. In halsbrecherischem Tempo geht es über eine Kreuzung. Ich sehe die Schneewehe viel zu spät, um noch etwas zu tun.

Das ist unfair, mehr kann ich nicht denken, alles geht viel zu schnell.

Wir werden vom Schlitten geschleudert. Ein wahrer Alptraum. In Zeitlupe sehe ich, wie der Schlitten mit Montaine in die Luft steigt und gegen einen großen Betonpfosten prallt, vor dem er laut krachend liegenbleibt.

»MONTAINE!«

Ihren Namen brüllend, die Augen schon tränenverschleiert, stürze ich zum Schlitten.

Das ist nicht möglich! Ich muß aufwachen! Es ist nur ein schlechter Traum!

Neben dem Betonpfosten liegt die kleine Gestalt meiner Tochter, reglos, in den Daunenanorak gewickelt. Zitternd hebe ich sie hoch und nehme sie in die Arme. Sie lebt.

Sie sieht mich mit großen, entsetzten Augen an. Ich bringe kein Wort heraus.

Ich weine wie ein Kind.

Ich weine und danke der Vorsehung, daß sie unseren größten Schatz gerettet hat.

EPILOG

NACH UNSERER RÜCKKEHR IN DIE SOLOGNE HATTE Montaine viel Freude daran, mit Kindern ihres Alters zu spielen.

Also brachten wir sie in die Kinderkrippe des Dorfes, wo sie bald begann, mit einem Stuhl zu spielen und den anderen Kindern zu zeigen, wie man einen Schlitten schiebt.

»Los, Hunde, los!« rief sie und stemmte fest die Beine gegen den Boden.

Zum Mittagessen gab es Fisch. Montaine betrachtete den Fisch auf ihrem Teller und fragte eine Erwachsene:

»Wer hat den Fisch gefangen?«

Ferme des Villoings,
April–Juli 1995

DANKSAGUNGEN

Unser Dank gilt:

Den Wissenschaftlern von Pedigree Pal, die eigens für diese Reise eine erstklassige Hundenahrung für unsere Meute entwickelt haben.

Daniel Noury, Olivier Capet und Guy Vanbomlingem.

Air Canada für die Bereitstellung von Transportmitteln, die unseren etwas ausgefallenen Wünschen entsprachen.

Dem Fremdenverkehrsamt von British Columbia und insbesondere Catherine McCartney.

Meinem Freund Michel Klein, dem ich ein großes Dankeschön schulde für seinen Beitrag zum bestmöglichen Gelingen unseres Abenteuers und unseres Films.

Claude Berda für sein Vertrauen, seine Unterstützung und seine Großzügigkeit, ohne die der Film nicht zustandegekommen wäre.

Jérôme Allouc, der sich großartig um unsere Hundemeute gekümmert hat.

André Quinsa, dem Büchsenmacher von Lamotte-Beuvron, für eine besonders leistungsfähige Karabinermunition.

Der Sattlerei Phœnix in Toulouse für den hervorragenden Zweiersattel, auf dem Diane und Montaine wochenlang geritten sind.

Der Firma Zodiac für die Bereitstellung des Kanus »Jumbo«.

Und schließlich, in alphabetischer Reihenfolge, all denen, die uns so freundlich unterstützt haben: Marie-Laure Bonnemain, Thomas Bounoure, Alain Brenichot, Xavier Couture, Geneviève Coste, Roy Doucette, Karl Gérin, Marc de Gouvenain, Michelle Heleu, Nicole und Clarence Hogan, Hugues de Léon, Annick Paix, François Pedron, Bertrand Py, Alain Rastoin, Franck Turner, Jean Vayssade.

»LE CAMP DES ECORCES«

SERIE PIPER

Nicolas Vanier

Die weiße Odyssee

Aus dem Französischen von Reiner Pfleiderer. 318 Seiten mit 42 Farbfotos. Serie Piper

Nicolas Vanier hat sich seinen Traum erfüllt, als erster allein mit seinen Schlittenhunden vom Pazifik bis zum Atlantik zu fahren: 8600 Kilometer quer über den Kontinent. Sein Bericht ist nicht nur ein packendes Leseabenteuer – es ist auch die Geschichte einer unerschütterlichen Freundschaft zwischen einem Menschen und seinen Hunden, die sich in der Auseinandersetzung mit einer gnadenlosen Natur bewährt.

»Von den Strapazen der Fahrt berichtet Vanier in seinem Buch, von ihrem beinahe fatalen Ausgang, aber auch von der Weite und Schönheit der Landschaft im Norden. Vanier ist mehr als ein Draufgänger, er kann blendend erzählen. Ein moderner Jack London.«
Focus

05/1409/01/L

Nicolas Vanier

Der Sohn der Schneewüste

Roman. Aus dem Französischen von Reiner Pfleiderer. 509 Seiten. Serie Piper

Wie schon in seinem Bestseller »Das Schneekind« entführt Nicolas Vanier den Leser in die verschneiten Weiten Kanadas. In seinem packenden Roman erzählt er die Abenteuer des jungen Indianers Ohio, der mit seinem Hundegespann allein durch die Wildnis der Rocky Mountains zieht. Von seinem Stamm verstoßen und seiner Wurzeln beraubt, begibt er sich in der Welt des weißen Mannes auf die Suche nach dem Vater, den er nie gekannt hat. Doch er wird zutiefst enttäuscht – bis er der schönen Mayoke begegnet …

»Ein moderner Jack London.«
Süddeutsche Zeitung

05/1538/01/R